江西省耕地质量
长期定位监测报告
（2020年度）

邵 华 梁 丰 赵小敏 主编

中国农业科学技术出版社

图书在版编目（CIP）数据

江西省耕地质量长期定位监测报告 . 2020 年度／邵华，梁丰，赵小敏主编 . --北京：中国农业科学技术出版社，2021. 12

ISBN 978-7-5116-5666-7

Ⅰ.①江…　Ⅱ.①邵…②梁…③赵…　Ⅲ.①耕地资源-资源评价-研究报告-江西-2020　Ⅳ.①F323. 211

中国版本图书馆 CIP 数据核字（2021）第 275276 号

责任编辑	申　艳
责任校对	李向荣
责任印制	姜义伟　王思文

出 版 者	中国农业科学技术出版社
	北京市中关村南大街 12 号　邮编：100081
电　话	（010）82106636（编辑室）　（010）82109702（发行部）
	（010）82109709（读者服务部）
传　真	（010）82106636
网　址	http://www.castp.cn
经 销 者	各地新华书店
印 刷 者	北京地大彩印有限公司
开　本	185 mm×260 mm　1/16
印　张	17
字　数	413 千字
版　次	2021 年 12 月第 1 版　2021 年 12 月第 1 次印刷
定　价	88.00 元

《江西省耕地质量长期定位监测报告（2020年度）》
编委会

◎主　　任：赵小敏　兰永清

◎成　　员：（按姓氏笔画排序）

兰永清　何小林　张　嵚　陈永昌　邵　华
赵小敏　姜冠杰　郭　熙　梁　丰　谢　文
廖诗传

◎主　　编：邵　华　梁　丰　赵小敏

◎副主编：廖诗传　何小林　郭　熙　张　嵚　姜冠杰

◎编写人员：（按姓氏笔画排序）

刁惠玲	万成瑞	万晓梅	马承和	王宜豹
王胜华	方爱莲	尹　伟	邓金松	卢再杰
卢建平	叶祖鹏	叶毅成	付鹏鸿	冯　俊
冯　超	朱安繁	刘　敏	刘亚菲	刘凯丽
刘选明	刘艳琴	江岱恒	孙毛毛	苏一兵
李　萌	李小平	李小军	李小艳	李文芊
李荣丰	李模其	杨红兰	何小林	余木恩
余红英	余润辉	邹　慧	邹春生	辛会英
汪　咏	汪黎华	沈金水	宋志华	宋怀森
张　亚	张　嵚	张开峰	张龙华	张仕彬
张梅花	陈西凤	陈松圣	陈震清	邵　华
林严彪	林建华	林晓霞	罗文汉	罗华汉
周　荣	周　捷	周平圣	周志荣	周爱贤
郑　琴	郑艳华	郑晓瞧	赵小敏	胡　丹
胡红霞	胡建珍	柳龙堂	钟　厚	侯冰鑫
姜冠杰	洪少雄	袁　涛	袁任荣	顾　强
郭　熙	陶　峰	黄小龙	黄群招	黄德辉
龚建明	梁　丰	梁　潇	董　樑	稂晓嘉
温志余	廖芊意	廖诗传	廖建武	廖建武
熊才国	熊清华	缪玉琳	魏春霞	

前　言

　　耕地质量长期定位监测是《中华人民共和国农业法》《基本农田保护条例》《江西省基本农田保护办法》等法律法规赋予农业农村部门的重要职责之一，是贯彻落实《耕地质量调查监测与评价办法》的重要抓手，也是一项基础性、公益性和长期性的工作。

　　党的十八大以来，以习近平同志为核心的党中央始终高度重视耕地质量保护工作。习近平总书记明确提出，耕地红线不仅是数量上的，也是质量上的；保障粮食安全的根本在耕地，耕地是粮食生产的"命根子"，要像保护大熊猫一样保护耕地；切实实施"藏粮于技、藏粮于地"等指导思想。李克强总理也强调，要坚持数量与质量并重，严格划定永久基本农田，严格实行特殊保护，扎紧耕地保护的"篱笆"，筑牢国家粮食安全的基础。

　　耕地质量长期定位监测对揭示耕地质量变化规律、指导农民科学施肥、提高肥料利用效率、保护生态环境、促进农业可持续发展等具有十分重要的意义。开展耕地质量长期定位监测和研究是发展和建立耕地保护理论与制度、指导农业生产的重要基础和依据。江西省耕地质量长期定位监测工作始于 1984 年，至 2021 年已连续开展 37 年，全省耕地质量调查监测与保护机构始终致力于做好耕地质量长期定位监测工作。自中央实行最严格的耕地保护制度和最严格的节约用地制度以来，为进一步加强耕地质量保护工作，截至 2020 年，全省拥有耕地质量长期定位监测点 809 个，其中国家级耕地质量监测点 56 个，省级耕地质量监测点 258 个，市（县）级耕地质量监测点 495 个，基本覆盖了全省所有耕地土壤类型，涉及全省所有熟制和全部主要农作物。

　　《江西省耕地质量长期定位监测报告（2020 年度）》基于 2016—2020 年全省国家级、省级、市（县）级耕地质量长期定位监测数据，重点对土壤 pH、有机质、全氮、有效磷、速效钾和缓效钾等土壤养分指标进行解读，同时还对各监测点作物产量、施肥量、地力贡献率等进行分析，探讨耕地质量变化成因以及趋势预测，并为耕地质量保护与提升提出对策与建议。

　　因时间仓促，如有疏漏之处，敬请读者批评指正。

编　者
2021 年 10 月

目　　录

第一章　长期定位试验介绍···1

1.1　长期定位试验的意义 ··1

1.2　国外长期定位试验的发展 ···1

1.3　我国长期定位试验的发展 ···2

第二章　江西省长期定位试验概况···6

2.1　基本情况 ··6

2.2　监测点布局 ··8

2.3　主要监测内容 ···10

2.4　监测技术与方法 ··11

2.5　江西省监测点耕地质量等级评价··14

第三章　九江市监测点作物产量及土壤性质 ·····························22

3.1　九江市监测点情况介绍···22

3.2　九江市各监测点作物产量 ···34

3.3　九江市各监测点土壤性质 ···37

3.4　九江市各监测点耕地质量等级评价 ·····································43

第四章　上饶市监测点作物产量及土壤性质 ·····························45

4.1　上饶市监测点情况介绍···45

4.2　上饶市各监测点作物产量 ···56

4.3　上饶市各监测点土壤性质 ···59

4.4　上饶市各监测点耕地质量等级评价 ·····································65

第五章　景德镇市监测点作物产量及土壤性质 ·····························67

5.1　景德镇市监测点情况介绍···67

5.2　景德镇市各监测点作物产量 ···73

5.3　景德镇市各监测点土壤性质 ···76

5.4　景德镇市各监测点耕地质量等级评价·····································82

第六章　宜春市监测点作物产量及土壤性质 ·············· 83
　6.1　宜春市监测点情况介绍 ······························· 83
　6.2　宜春市各监测点作物产量 ··························· 95
　6.3　宜春市各监测点土壤性质 ··························· 98
　6.4　宜春市各监测点耕地质量等级评价 ··············· 104

第七章　南昌市监测点作物产量及土壤性质 ·············· 106
　7.1　南昌市监测点情况介绍 ······························ 106
　7.2　南昌市各监测点作物产量 ··························· 115
　7.3　南昌市各监测点土壤性质 ··························· 118
　7.4　南昌市各监测点耕地质量等级评价 ··············· 124

第八章　鹰潭市监测点作物产量及土壤性质 ·············· 125
　8.1　鹰潭市监测点情况介绍 ······························ 125
　8.2　鹰潭市各监测点作物产量 ··························· 127
　8.3　鹰潭市各监测点土壤性质 ··························· 130
　8.4　鹰潭市各监测点耕地质量等级评价 ··············· 136

第九章　萍乡市监测点作物产量及土壤性质 ·············· 137
　9.1　萍乡市监测点情况介绍 ······························ 137
　9.2　萍乡市各监测点作物产量 ··························· 141
　9.3　萍乡市各监测点土壤性质 ··························· 144
　9.4　萍乡市各监测点耕地质量等级评价 ··············· 150

第十章　新余市监测点作物产量及土壤性质 ·············· 152
　10.1　新余市监测点情况介绍 ···························· 152
　10.2　新余市各监测点作物产量 ························· 155
　10.3　新余市各监测点土壤性质 ························· 158
　10.4　新余市各监测点耕地质量等级评价 ············· 163

第十一章　抚州市监测点作物产量及土壤性质 ············ 164
　11.1　抚州市监测点情况介绍 ···························· 164
　11.2　抚州市各监测点作物产量 ························· 170
　11.3　抚州市各监测点土壤性质 ························· 173
　11.4　抚州市各监测点耕地质量等级评价 ············· 179

第十二章　吉安市监测点作物产量及土壤性质 ············ 181
　12.1　吉安市监测点情况介绍 ···························· 181

12.2 吉安市各监测点作物产量 ···································· 194

12.3 吉安市各监测点土壤性质 ···································· 197

12.4 吉安市各监测点耕地质量等级评价 ··························· 203

第十三章 赣州市监测点作物产量及土壤性质 ··················· 205

13.1 赣州市监测点情况介绍 ······································ 205

13.2 赣州市各监测点作物产量 ···································· 226

13.3 赣州市各监测点土壤性质 ···································· 229

13.4 赣州市各监测点耕地质量等级评价 ··························· 235

第十四章 江西省耕地质量等级现状 ··························· 237

14.1 江西省耕地质量等级现状 ···································· 237

14.2 耕地地力评价结果差异分析 ·································· 242

14.3 不同等级耕地的利用改良与维护提高 ························· 243

14.4 施肥及管理建议 ·· 245

第十五章 结论 ··· 248

15.1 结论 ··· 248

15.2 措施 ··· 248

参考文献 ··· 250

附录 ··· 253

附录1 监测点基本情况记载表 ···································· 253

附录2 监测点土壤剖面性状记载表 ································ 255

附录3 国家级耕地质量监测点年度监测数据汇总表 ················ 256

附录4 长江中下游地区耕地质量划分指标 ························· 258

第一章　长期定位试验介绍

1.1　长期定位试验的意义

　　长期定位试验，顾名思义，是一种既"长期"又"定位"的试验，它具有时间的长期性和气候的重复性等特点。信息量丰富、准确可靠、解释能力强，能为农业发展提供决策依据，所以它具有常规试验所不可比拟的优点。

　　目前，世界最早的长期定位试验是英国洛桑试验站的小麦连种施肥试验，迄今已有178 年的历史。长期的人类生产与生活严重影响了地球的生态环境，随着地球系统科学日益深入到全球变化研究领域，长期定位试验作为地球系统科学能力建设和地球环境长期而持续的监测手段在全球范围内日益发展和完善。由于长期定位试验能够将地球环境和生态系统进行长期动态的观测，因此在生态系统过程和功能研究中发挥着日益重要的作用。近年来通过对全球不同地区和气候带的观测资料进行对比、交叉和综合来研究、揭示地球系统的变化是地球系统科学的主要进展之一，正是这种研究趋势催生了长期试验站点网络化的诞生。当今世界，构建和完善一个全球土壤-生态系统长期试验网络平台是世界长期定位试验的重要一步。

1.2　国外长期定位试验的发展

　　19 世纪中叶，欧洲农业处于大变革前夕，有关植物营养和土壤肥料的学说及著作相继出现，英国学者于 1843 年在英国洛桑试验站开始了世界上第一个肥料长期定位研究。随后，美国、芬兰、挪威、丹麦、德国、法国、波兰、荷兰、奥地利、比利时、日本等国家相继设置了肥料长期定位试验。土壤肥料田间试验至今已有近 200 年的历史，在农业生产发展进程中解决了许多关于土壤养分供应、作物需肥规律和肥料性质及其施用方法等重大理论和实际问题，也越来越为世界各国土壤农化科学工作者所重视。化学肥料在农业上的大量施用，就是借助于田间试验，并因此推动了世界化肥工业的飞速发展。随着科技的发展，各国科研人员在全球土壤变化暨生态系统长期试验国际研讨会中达成共识：长期试验国际网络化组织成立长期试验与全球土壤变化工作组，专门用于发表长期试验研究的进展过程，在长期研究中不断创新，提高人们对全球土壤变化的认知。

　　欧洲是进行长期肥料试验最多的地区，而英国洛桑试验站是世界上进行长期肥料试验最多也是最为古老的试验站。目前，国外长期肥料试验主要成果表现在以下几个方面。①土壤养分的自然供给力。②化肥具有和有机肥一样持续的增产效果。③在相同施肥条件下，作物轮作较之连作可获得较好产量，但在施用足够的 N、P、K 化肥或厩肥的情况下，连作也可达到相当高的产量水平。④即使肥力低的土壤，只要合理耕作、施肥，也能获得高产。长期施用有机肥可明显改善土壤的物理、化学和生物学特性。通过长期施肥（化肥、有机肥）而建立起来的土壤养分库对作物的增产作用时常超过当季施用足量肥料的效果，这可以说明土壤培肥的重要性。⑤长期试验中养分的利用率显著高于短期试验的利用率。⑥长期施肥对土壤肥力的影响表现在能显著提高土壤养分贮量和有效性。⑦长期施用有机肥料对土壤氮素和有机质含量的影响。⑧长期施用无机氮肥对土壤氮素和有机质含量的影响。⑨热带长期施用无机氮肥的土壤酸化作用。⑩长期施用磷肥对土壤磷水平的影响。

1.3　我国长期定位试验的发展

长期定位试验虽然重要，但建立和维持这样的试验站需要花费大量物资和时间。因此，不可能也不应该随意设立一个试验站，设立长期定位试验需要选址、研究团队、资金支持等一系列的必需基础条件。多种原因致使我国的长期定位试验虽然发展较快但起步较晚，建立过程曲折，难以在许多学科呈现领先优势。20 世纪 50 年代，我国开始设立长期定位试验，但都中道而止了，直到 1978 年我国知名的土壤肥料专家姚源教授在青岛农业大学莱阳校区试验田中创立了我国持续时间最长的肥料长期定位试验，1988 年我国开始组建成立了中国生态观测研究网络，自此我国长期定位试验才开始逐步建立。目前，全国几乎每省都有试验布置，覆盖了我国主要的类型土壤、耕作制度和气候带。其中，全国化肥网和国家土壤肥力与肥料效益长期监测基地网的长期肥料试验是覆盖面最大、具有网络试验特征的大型长期肥料试验群。到目前为止，我国建立并持续进行的肥料长期定位试验大约有 50 个。通过近 30 年的持续监测，我国长期定位试验发展迅速，可为我国气候变化、生态安全、粮食安全和农业可持续发展提供决策依据和技术支撑。

虽然我国对于长期定位试验非常重视，但是我国长期定位试验方面存在诸多问题。例如，我国作物品种区域试验虽然有 60 年，但由于我国之前对其重视程度不够，所以并没有详细的记载，以前是油印的简单总结材料，没有详细的性状和环境因子变化等记载，再加上我国对试验资料整理出版和保留重视不够，许多材料遗失，远没有达到其监测 60 年所应有的价值。诸如此类的问题需要及时处理，相关部门也应给予重视且改进。

1.3.1　耕地质量监测网

耕地是粮食生产的载体，耕地质量关系到粮食安全、农产品质量安全及农业的可持续发展，如果能掌握耕地质量的演变规律，便可有效地调控和培肥土壤，为农业生产创造稳产高产的土壤条件。我国从 20 世纪 70 年代以来逐渐施用化肥，其用量逐年增加，目前成为化肥施用总量和单位面积用量最高的国家。我国用仅占世界 9% 的耕地养活了世界 21% 的人口，粮食增产中肥料的贡献占了 40% 左右。为探索化肥、有机肥等多种肥料的肥效，我国从 1980 年左右开始探索建立国家级耕地质量监测网络，至今已有 30 多年。截至 2019 年年底，国家级耕地质量长期定位监测点达 1 344 个，涵盖了主要耕地土壤类型，涉及全国主要种植制度。我国耕地质量的研究多采用长期定位试验的方式，重点关注有机质、全氮、有效磷、速效钾和 pH 等指标。

不同土地利用方式下农田土壤有机质、全氮及 pH 的变化趋势不同。长期施用化肥条件下，旱地土壤的有机质含量和 pH 随年份增长显著下降，而水田则保持相对稳定；旱地全氮随年份变化不明显，而水田则显著提高。大量研究结果表明，土壤有机质变化与气候、土壤理化性状及农业管理水平有关，农田有机物料的投入是影响土壤有机质平衡的第一要素。

我国局部区域耕地质量仍存在许多问题，问题比较典型的有：南方耕地红壤酸化、东北黑土区土壤退化以及西北土壤盐渍化问题。对于这些问题，我国已经采取一系列措施进行改善，一是健全监测网络，扩充国家、省、市、县 4 级耕地质量监测点，为因地制宜开展土壤培肥改良与治理修复提供数据支撑，同时为后续相关工作提供便捷条件。二是深化专项监测，完善监测指标，深化开展耕地质量专项监测，为科学评估重大项目实施成效提供依据。三是拓展监测范围，推进开展自动监测区、耕地质量监测区和培肥改良试验监测区相结合的综合监测点，努力扩大监测工作服务范围。四是强化总结宣传，对监测结果给予重视，及时总结宣传监测工作成效，依据《耕地质量调查监测与评价办法》按年度发布耕地质量监测信息，对相关信息进行宣传，努力营造全社会关心支持耕地质量保护工作的良好氛围。

1.3.2　耕地化肥网情况介绍

20 世纪 50 年代，我国开始布置长期肥料试验，但是现存的肥料试验主要是 20 世纪 70 年代后期建立的，虽然时间上比发达国家较短，但是我国的试验分布于各个省份，覆盖我国主要类型土壤、耕作制度与气候带，长期肥料试验意义深远，具有极大的研究价值，且至今仍然在我国农业领域发挥重要作用。国内长期定位施肥对土壤效应的研究状况从 3 个方面入手：土壤物理效应，土壤养分效应，土壤化学、生物学效应。通过长期的施肥研究，发现施用有机肥或有机无机肥配施能够降低土壤的体积质量，增加孔隙度、团粒结构和耕层结构等。各个长期定位研究地点生态类型、气候特点以及土壤类型等都存在较大的差异，对土壤物理特性中更为深层次的影响，如增加土壤颗粒的分形维数、各组分团聚体的含量以及微团聚体的发育等方面，我国仍需进一步深入研究和探索。

我国地域广阔，气候类型丰富，土壤类型复杂，需投入的长期定位试验的成本极大。我国化肥网包含的长期肥料试验位于全国 22 个省区市，试验均采用大田定位的方法。该类长期定位试验主要研究不同种植制度下化肥、化肥与有机肥配施对作物产量、肥料效应和土壤肥力变化的影响。试验采用两种设计，一种是以化肥为主，采用因素设计法，N、P、K 三因素（施与不施），共 8 个处理：CK、N、P、K、NP、NK、PK、NPK。另一种是有机肥配施化肥试验，采用裂区设计，主要处理为不施有机肥和施用有机肥，副处理为 N、P、K 化肥配施，设 CK、N、NP、NPK 4 个处理。

　　试验用化肥以尿素、普通过磷酸钙和氯化钾为主。一般每季作物施氮肥（N）150 kg/hm²，磷肥（P_2O_5）75 kg/hm²，钾肥（K_2O）112.5 kg/hm² 左右。有机肥北方以堆肥为主，用量为 30~75 t/hm²，大多每年施一次；南方以施用猪厩肥为主，用量为 15~22.5 t/hm²，或稻草 4.5~6.0 t/hm²，大多每年施 2 次。P 肥、K 肥和有机肥作底肥，N 肥按当地习惯分次施用。种植制度长江以南为双季稻，冬季休闲；长江流域为一季中稻，冬季种小麦、油菜或大麦；华北地区为冬小麦和夏玉米一年两熟；东北和西北主要为春小麦、春玉米、大豆、马铃薯、蚕豆等，一年一熟。

　　为探明长期施用有机肥、化肥、有机无机肥配施等不同施肥条件下作物的增产效果，探索实现作物持续稳产高产的有效途径，我国各个地区开始进行长期定位施肥试验。目前，有机肥、无机肥以及有机无机配施对作物产量与品质、土壤肥力以及农田 N 损失方面的影响取得了重要研究进展与结论，重点探讨有机无机配施在作物稳产高产、品质提升以及减轻环境负面效应方面的机理，分析影响有机无机配施效果的主要因素，以期为有机无机配施施肥制度提供理论依据。研究表明农田有机物料的投入是影响土壤有机质平衡的第一要素，外源养分投入数量与养分配比也会影响有机质消长变化，有机无机肥料配施可显著提高土壤有机质含量，单施或偏施化肥则导致土壤有机质含量降低，而长期秸秆还田、有机肥与化肥配施能提高土壤有机质和全氮含量。

　　目前，我国的长期肥料试验也取得了突破性的进展，从我国和世界肥料长期试验的发展和现状看，长期肥料试验应加强以下几方面的研究。一是长期施肥对作物产量、品质和土壤肥力的影响。二是施肥对生态环境影响的研究。三是长期试验跨区域的联网研究。四是有机肥与化肥、营养元素间相互作用研究。五是长期施肥对有机质组分、中微量元素、微量元素的影响研究。同时，还要把长期试验放在一个农业生态系统中进行研究，不断改进试验手段和监测方法。

1.3.3　中国生态系统研究网络

　　野外观测试验研究是了解自然规律、认识科学规律的重要科学方式。野外科学观测研究台站是重要的国家科技创新基地之一，是国家创新体系的重要组成部分。中国生态系统研究网络（CERN）于 1988 年由中国科学院建立，是国内外最有影响力的生态系统研究网络之一。依据我国自然条件的地理分布规律进行布局，通过长期定位观测获取科学数据，开展野外科学试验研究，加强科技资源共享，为科技创新提供基础支撑和条件保障。

1.3.4　长期定位试验的发展方向

　　对于目前的土壤情况，施肥是农业增产的主要措施，显著影响着土壤质量的变化。因此，长期施肥与土壤质量关系一直是植物营养与肥料学研究的热点。近 30 年来，我国农业生产投入不断增长，粮食产量自 20 世纪 90 年代起实现了"十二连增"，对土壤的养分收支影响巨大。研究我国近 30 年主要农田土壤质量的变化，对维持和提高土壤质量，保持粮食稳产高产有重要意义。土壤质量研究今后还应加强土壤生物指标、土壤生态和健康功能研究，加强土壤质量演变趋势研究，采用模型模拟、预测与预警土壤质量，并通过模型的选择和参数的确定促进模型在生产实践中的应用。

一是重视土壤生物指标和土壤健康功能研究。土壤质量包括土壤肥力质量、环境质量和健康质量。土壤肥力质量指土壤提供植物养分和生产生物质的能力，是保证粮食生产的根本；土壤环境质量指土壤容纳、吸收和降解各种环境污染物的能力；土壤健康质量指土壤生产安全和营养成分优质的食品，从而影响和促进人类及动物的生存能力。土壤生物与土壤健康功能密切相关，是健康功能的良好指示。因此，今后应该加强土壤健康功能及其生物指标的研究，传统微生物分析技术更能真实地反映土壤中微生物群落的复杂性和多样性，特别是土壤微生物多样性和群落结构多样性及其与碳氮循环的相互关系，今后关于这方面的内容需要进一步重视和研究。

二是重视模拟模型及土壤质量演变趋势研究。土壤质量及其指标的变化是复杂的地球生物化学过程，受气候、植物生长、土壤性质以及人类活动等众多因素的影响。目前关于长期施肥与土壤质量关系多采用单一因素分析，对多因素及其相互作用研究较少，就目前研究形式而言，开发和构建适用于我国复杂气候类型和多样化种植条件下的土壤有机碳预测模型，通过参数调整促进模型在生产实践中的作用，是今后的重要研究方向之一。

第二章　江西省长期定位试验概况

2.1　基本情况

江西省，简称赣，地处长江中下游交接处的南岸。位于北纬 24°29′~30°04′、东经 113°34′~118°28′，东邻浙江、福建，南连广东，西接湖南，北毗湖北、安徽。全省境内除北部较为平坦外，东、西、南三面环山，中部丘陵起伏，为一个整体向鄱阳湖倾斜而往北开口的巨大盆地。全境有大小河流 2 400 余条。2019 年全省平均气温为 18.9 ℃，降水量为 1 543 mm，日照 1 735 h。全年气候温暖，光照充足，雨量充沛，无霜期长，具有亚热带湿润气候特色。全省面积 16.69 万 km^2。全境以山地、丘陵为主，山地占全省总面积的 36%，丘陵占 42%，岗地、平原、水面占 22%。辖南昌、景德镇、萍乡、九江、新余、鹰潭、赣州、吉安、宜春、抚州、上饶 11 市，共 100 个县（市、区）。

2.1.1　地形地貌

江西省的地形以江南丘陵、山地为主；盆地、谷地广布，略带平原。在地质与地貌构造上，以锦江-信江一线为界，北部属扬子准地台江南台隆，南部属华南褶皱系，志留纪末的晚加里东运动使二者合并在一起，后又经印支、燕山和喜马拉雅运动多次改造，形成了一系列东北—西南走向的构造带，南部地区有大量花岗岩侵入，盆地中沉积了白垩系至老第三系的红色碎屑岩层，并夹有石膏和岩盐沉积；北部地区形成了以鄱阳湖为中心的断陷盆地，盆地边缘的山前地带有第四纪红土堆积。这是造成江西省地势向北倾斜的地质基础。

地貌上属江南丘陵的主要组成部分。境内东、西、南三面环山，中部丘陵和河谷平原交错分布，北部则为鄱阳湖平原。鄱阳湖平原为长江中下游的陷落低地，由长江和省内五大河流泥沙沉积而成，北狭南宽，面积近 2 万 km^2。地表主要覆盖红土及河流冲积物，红土已被切割，略呈波状起伏。湖滨地区还广泛发育有湖田洲地。水网稠密，河湾港汊交织，湖泊星罗棋布。

2.1.2　水文气候

江西省境内地形南高北低，有利于水源汇聚，水网稠密，降水充沛，但各河水量季节变化较大，对航运略有影响。地表径流赣东大于赣西、山区大于平原。全省共有大小河流 2 400 多条，总长度达 1.84 万 km，除边缘部分分属珠江、湘江流域及直接注入长江外，其余均分别发源于江西省境内山地，汇聚成赣江、抚河、信江、饶河、修河五大河系，最后注入鄱阳湖，经湖口县汇入长江，构成以鄱阳湖为中心的向心水系，其流域面积达 16.22 万 km²。鄱阳湖是中国第一大淡水湖，连同其外围一系列大小湖泊，成为天然水产资源宝库，并对航运、灌溉、养殖和调节长江水位及湖区气候均起重要作用。

江西省河川径流主要靠降水补给，季节性变化很大，具有夏季丰水、冬季枯水、春秋过渡的特点。年内波动较大：1—3 月占 14%～17%，4—6 月占 53%～60%，7—9 月占 18%～22%，10—12 月占 6%～10%。径流量一般是 5 月或 6 月最大，其径流量占全年径流量的 22% 左右；径流一般是 12 月或 1 月最小，其径流量占全年径流量的 3% 以下。

江西省气候属亚热带温暖湿润季风气候，年均温 16.3～19.5 ℃，一般自北向南递增。赣东北、赣西北山区与鄱阳湖平原，年均温为 16.3～17.5 ℃，赣南盆地则为 19.0～19.5 ℃。夏季较长，7 月均温，除周围山区在 26.9～28.0 ℃ 外，南北差异很小，均在 28.0～29.8 ℃。极端最高温几乎都在 40 ℃ 以上，是长江中游最热的地区之一。冬季较短，1 月均温赣北鄱阳湖平原为 3.6～5.0 ℃，赣南盆地为 6.2～8.5 ℃。全省冬暖夏热，无霜期长达 240～307 d。日均温稳定超过 10 ℃ 的持续期为 240～270 d，活动积温 5 000～6 000 ℃，对于发展以双季稻为主的三熟制及喜温的亚热带经济林木均有利。北部地形开敞，特大寒潮南侵时有不利影响。江西省为中国多雨省份之一，年降水量 1 341～1 943 mm，地区分布上是南多北少，东多西少；山地多，盆地少。庐山、武夷山、怀玉山和九岭山一带是全省 4 个多雨区，年均降水量 1 700～1 943 mm。德安是少雨区，年均降水量 1 341 mm。降水季节分配不均，其中 4—6 月占 42%～53%；降水的年际变化也很大，多雨与少雨年份降水量相差近一倍，二者是导致江西省旱涝灾害频繁发生的原因之一。

2.1.3　农业情况

江西省是全国粮食主产省区，2019 年粮食作物播种面积占作物总播种面积的 66.38%，种植区域广泛分布于赣鄱平原和河流平原附近，其他粮食作物中小麦的分布以赣北为主，甘薯主要分布于赣中、赣南，大豆则主产于鄱阳湖东岸、南岸及吉泰盆地；油料作物约占总播种面积的 12.26% 以上，主要包括油菜籽、花生、芝麻等，其中油菜籽占 71.23% 以上，种植区域遍布全省旱作区及部分水田区域。其他经济作物中棉花主要产于赣北、赣中和赣东北三大棉区，茶叶主要分布在赣东北的上饶、景德镇及赣西北的修水流域，柑橘等果树多数集中在抚河流域和赣南等处。

2019 年江西省粮食作物的播种面积为 366.514 万 hm²，单产为 5 886.4 kg/hm²，粮食总产量为 2 157.45 万 t，总产量比 2018 年下降了 1.5%。其中水稻的播种面积占全省粮食作物的 91.30%，总产量占粮食作物的 94.94%，均居全省最高。稻谷的播种面积为 334.620 万 hm²，单产为 6 121.3 kg/hm²，粮食总产量为 2 048.30 万 t，总产量比 2018 年下降了 2.1%。早稻的播种面积为 109.587 万 hm²，单产为 5 714.2 kg/hm²，粮食总产量为 626.20 万 t，总产量比 2018 年下降了 9.8%；晚稻的播种面积为 120.947 万 hm²，单产为 6 078.7 kg/hm²，粮食总产量为 735.20 万 t，总产量比 2018 年下降了 8.5%；对于一季稻来说，播种面积为 104.087 万 hm^2，单产为 6 599.3 kg/hm^2，粮食总产量为 686.90 万 t，总产量比 2018 年下降了 15.6%。油料作物的播种面积为 67.708 万 hm^2，单产为 1 784 kg/hm^2，总产量为 120.78 万 t，与 2018 年总体持平；蔬菜等的播种面积为 64.436 万 hm^2，单产为 24 548 kg/hm^2，总产量为 1 581.81 万 t，比 2018 年增长了 2.9%。2019 年江西省耕地面积 4 391 万亩（1 亩 ≈ 667 m^2）、永久基本农田 3 693 万亩、水面面积 2 500 万亩，可利用的荒山、荒坡、荒地、荒滩、荒水等资源 530 万亩。

2.1.4 土壤类型

江西省土壤类型多种多样且有明显的垂直地带性分布规律，主要有七大土类。一是红壤，分红壤、红壤性土、黄红壤 3 个亚类，广泛分布于全省山地、丘陵、低岗丘地；二是黄壤，主要分布于海拔 700~1 200 m 山地中上部；三是山地黄棕壤，主要分布于海拔 1 000~1 400 m 的山地；四是山地草甸土，主要分布于海拔 1 400~1 700 m 高山的顶部；五是紫色土，主要分布在赣州、抚州和上饶地区的丘陵地带，其他丘陵区也有小面积零星分布；六是潮土，主要分布在鄱阳湖沿岸、长江和江西省五大河流的河谷平原；七是水稻土，广泛分布于山地丘陵谷地及河湖平原阶地，自然土壤在水耕熟化条件下形成的特殊人工土壤，在全省均有分布，是省内主要的耕作土壤。

红壤和黄壤是江西省最有代表性的地带性土壤。以红壤分布最广，总面积 13 966 万亩，约占江西省总面积的 56%。黄壤面积约 2 500 万亩，约占江西省总面积的 10%，常与黄红壤和棕红壤交错分布，土体厚度不一，自然肥力一般较高，适于发展用材林和经济林。山地黄棕壤和山地草甸土面积很小，潮土面积也不大。耕作土壤以水稻土最为重要，面积约 3 000 万亩，占江西省耕地面积的 80%。

2.2 监测点布局

2.2.1 规划布局

截至 2020 年年底，江西省共有国家级耕地质量长期定位监测点（简称监测点）56 个，其中有 8 个国家级耕地质量监测点于 1998 年建立。按主要设区市分，国家级监测点分布于全省 11 个设区市 53 个县（市、区）中，平均 77 万亩耕地设置 1 个监测点。各国家级监测点的数量分别为南昌市 5 个、宜春市 11 个、上饶市 10 个、鹰潭市 2 个、九江市 8 个、景德镇市 1 个、新余市 1 个、吉安市 10 个、萍乡市 2 个、抚州市 3 个、赣州市 3 个。按土壤类型分，国家级监测点共涵盖 4 个土类，分别为水稻土、红壤、黄褐土和潮土，基本覆盖了全省主要耕作土类，主要分布在水稻土、红壤上。

截至 2020 年年底，江西省共有省级监测点 258 个，其中南昌市 25 个、宜春市 6 个、上饶市 39 个、鹰潭市 10 个、九江市 42 个、景德镇市 6 个、新余市 10 个、吉安市 17 个、萍乡市 25 个、抚州市 32 个、赣州市 46 个。

截至 2020 年年底，江西省共有市（县）级监测点 495 个，其中南昌市 40 个、宜春市 68 个、上饶市 24 个、鹰潭市 3 个、九江市 27 个、景德镇市 45 个、新余市 15 个、吉安市65个、萍乡市15个、抚州市17个、赣州市176个（图2-1）。

监测点分布的特点：一是监测点全部建立在基本农田保护区内，主要分布在水稻土、潮土、红壤等耕作土壤上，体现了监测工作为耕地资源保护、耕地质量建设服务的原则；二是根据农业生产和生态环境保护的需要，建立了4种类型监测点，包括粮棉油产地土壤肥力常规监测点、蔬菜园地土壤质量监测点、茶果园地土壤质量监测点、旱作耕地墒情监测点，体现了对大宗粮、棉、油、蔬菜生产基地土壤肥力质量进行重点监测，为主要农产品生产和有效供给服务的原则；三是监测点种植制度丰富多样，覆盖肥-稻-稻、稻-稻、油-稻、麦-稻，以及蔬菜、茶果园等多种典型种植类型，基本代表了江西省的主要种植制度。

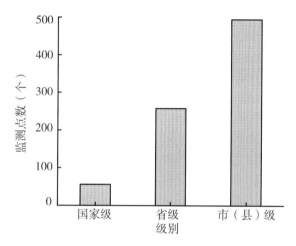

图2-1 江西省各级监测点个数分布

2.2.2 定点选址及单元划分

为保证监测点的代表性和延续性，监测点均选择在基本农田保护区内，远离城镇建设用地规划预留区，尽量避开城镇、村庄、道路，能代表当地的主要耕作制度、土壤类型、分布面积、生产能力、管理水平、技术投入等因素。各县区在乡镇实地选点时均优先选择在文化程度较高的科技示范户、种植大户的田块内，以确保田间管理、田间记载等工作按规范要求进行。监测点田间水利、田埂、道路等基础设施均按高标准农田要求进行建设，每个监测点均树立有大小为50 cm×35 cm的永久性示范标牌，牌面内容包括监测点代码、地点、位置、土壤种类、设立单位、设立时间等，起到定位监测点的提示、说明、宣传等多种作用。

监测点地块选定后在其中心用GPS定位。根据监测目的的不同，监测地块划分不同的监测小区，旱地监测小区面积66.7 m²以上，用设置保护行、垄区间小埂等方法隔离。水田小区面积均在50 m²左右，四周用砖石封水泥、混凝土隔板或是塑料薄膜做成防渗漏面进行隔离，防止串水串肥，隔板高0.6～0.8 m，埋深0.3～0.5 m，露出地面0.3 m。土壤肥力常规监测点设立长期无肥区和常规监测区。小区水渠、水沟等农田水利设施需按照标准粮田水利设施标准建设，并将小区进水口设在水渠、水沟上游位置，每个小区均制作有 20 cm×30 cm 的单独标识牌。

省级监测点标识牌的规格如图 2-2 所示。

江西省耕地质量监测标识的最小尺寸限制：外圆直径 35 mm，内圆直径 17 mm。中英文字体：黑体；弧度：100。颜色：绿色（RGB：0，255，0）

整个标识牌的最小尺寸限制：长 700 mm，宽 450 mm。中英文字体：黑体；弧度：100。"江西省耕地质量监测点"字样在上方居中，位置距上边缘 62.5 mm，字体为方正粗宋简体，字号 105，颜色为红色（RGB：255，0，0）。"江西省耕地质量监测标识"位于"江西省耕地质量监测点"字样左方 20 mm。监测点信息"编号""建点年份""地理位置""土壤类型""质量等级""设立单位"等字样自上而下等间距 15 mm 排列；距左边缘 150 mm。字体为方正大黑简体，字号 46，颜色为黑色（RGB：0，0，0）。

标识牌中的内容要求具体包括如下几个方面。①编号，填写江西省耕地质量监测点的标准 13 位编码。前 6 位是行政区域代码，JC 是"监测"的拼音首字母，后 5 位是建点年份与本地省级耕地质量监测点顺序号，如 360100JC20123。②建点年份，填写监测点建成年份，如 1998 年。③地理位置，填写监测点 GPS 定位信息，如东经 115°19′45″、北纬40°18′21″。④土壤类型，按国家标准《中国土壤分类与代码》（GB/T 17296—2009）填写土类、亚类、土属、土种名称，如水稻土-潴育型水稻土-潮泥田-新建潮砂泥田。⑤质量等级，按照国家标准《耕地质量等级》（GB/T 33469—2016）评价结果填写，如 5 等。⑥设立单位，填写"××县（市、区）农业农村局"。

图 2-2　江西省省级监测点标识牌内容及要求

2.3　主要监测内容

根据国家农业行业标准《耕地质量监测技术规程》（NY/T 1119—2019）要求，国家级耕地质量长期定位监测点主要监测耕地土壤理化性状、环境质量、作物种类、作物产量、施肥量等有关参数。

2.3.1 基础调查内容

一是监测点的立地条件和农业生产概况，主要包括常年降水量、有效积温、无霜期、地形部位、田面坡度、潜水埋深、排灌条件、种植制度、常年施肥量、作物产量、成土母质和土壤种类等。二是监测点剖面的理化性状，调查各发生层次深度、颜色、结构、紧实度、土壤容重、新生体、机械组成等，并分层采集土壤样品，检测土壤有机质、全氮、全磷、全钾、酸碱度、碳酸钙、阳离子交换量、微量元素和重金属元素等参数。

2.3.2 年度监测内容

年度监测内容主要包括田间作业情况、作物产量、施肥情况和土壤理化性状。田间作业情况，记载每一年度内每季作物的名称、品种、播期、播种方式、收获期、耕作情况、灌排、病虫害防治、自然灾害出现的时间与强度以及对作物产量的影响，以及其他对监测地块有影响的自然、人为因素等。作物产量是监测区作物的实际产量。施肥情况包括有机肥和化肥的施用日期、肥料品种、施肥次数和施肥用量等。土壤理化性状年度监测内容包括土壤 pH、有机质、全氮、有效磷、速效钾、缓效钾等。

2.3.3 五年监测内容

在年度监测内容的基础上，在每个"五年计划"的第一年增加监测全磷、全钾、中微量元素（交换性钙、镁，有效硅、铁、锰、铜、锌、钼、硼）和土壤重金属元素（镉、铬、砷、铅、汞）等。

2.4 监测技术与方法

2.4.1 监测小区设置

监测点在田间处理上设置不施肥区（空白区）和常规措施区（农田常年田间管理区）两个处理，目的是通过监测施肥和不施肥而引起的产量差异来计算施肥效应。为了防止常规措施区的肥料进入无肥区，在常规措施区和无肥区之间采用水泥板或砖混结构（内外做防水）进行隔离。水田地上部分 0.3 m、地下部分 0.5 m、厚度 0.10 m 左右，旱田地上部分 0.2 m、地下部分 0.5 m、厚度 0.10 m 左右，防止肥、水横向渗透。

2.4.2 田间管理

监测点的田间管理由指定的乡镇农技人员进行，若无特殊理由中途不能随意进行更换。管理工作主要包括大田水肥、温湿度（可通过地膜等进行控制）、防灾防病虫、中耕除草、作物看管等，同时市县农技人员在作物生长关键期也应到实地进行技术指导，并及时将气候变化、病虫害预警、化肥价格走势、新品种农资等情况通知到田间农技人员，帮助其掌握最新农业信息，及时做好田间管理工作，促进农作物正常生长，为耕地质量评价提供参考数据。

2.4.3 土壤样品采集与处理

该项工作主要包括取样、制样两部分。一是取样。土壤样品采集在每年最后一季作物收获后、施肥前进行。水稻田、旱地只采集耕层，蔬菜地采集耕层和亚耕层土样。每个样品由 20 个以上取样点采土混合。二是制样。样品在采集后装入专用小布袋内，自然风干后清除样品中的侵入体（如植物残体、砖石）。风干后的样品使用专用样品粉碎机进行碾压，压碎的土样用 2 mm 孔径尼龙筛过筛，未通过的土粒重新碾压，直至全部通过 2 mm 孔径为止，再用四分法取出一部分继续碾磨，使之全部通过 0.25 mm 孔径尼龙筛，制备好的样品装在专用的纸袋内，贴好标签依序放于样品柜中。设立固定的耕地质量监测土壤样品保存间，长期保存土壤样品，每个土壤样品应附有一个标签，标明采集年份、采样地点（经纬度）、土壤类型等基本信息，样品保留量为 1 kg，同时建立土壤样品电子数据库，便于样品查询。

2.4.4 土壤样品检测

所采取的土壤样品检测土壤容重、pH、有机质、全氮、碱解氮、有效磷、速效钾、缓效钾、全磷、全钾、钙、镁、硫、硅、铁、锰、铜、锌、硼、钼、铬、镉、铅、砷、汞 25 项指标。分析化验过程中，采用插测参比样、标准样和比对实验的方法，应用标准方法、达标试剂、达到国家计量标准的仪器等进行质量控制，对检测结果按程序核准，检测时每个指标做 3 次重复，取平均值并保留检验原始记录、试剂配置记录等文件，以便对检测结果进行溯源验证，确保数据真实、可信。所有土壤样品均按照《土壤检测》（NY/T 1121—2014）的标准方法进行检测。涉及的土壤样品参数检测方法如表 2-1 所示。

表 2-1 土壤参数检测方法

土壤参数	检测方法依据标准
pH	NY/T 1121.2—2006
机械组成	NY/T 1121.3—2006
土壤容重	NY/T 1121.4—2006
水分	NY/T 52—1987
阳离子交换量	中性、微酸性土壤：NY/T 295—1995 石灰性土壤：NY/T 1121.5—2006
有机质	NY/T 1121.6—2006
全氮	NY/T 53—1987
全磷	NY/T 88—1988
有效磷	NY/T 1121.7—2006

（续表）

土壤参数	检测方法依据标准
全钾	NY/T 87—1988
缓效钾	NY/T 889—2004
速效钾	NY/T 889—2004
交换性钙和镁	NY/T 1121.13—2006
有效硫	NY/T 1121.14—2006
有效硅	NY/T 1121.15—2006
有效铜、锌、铁、锰	NY/T 890—2004
有效硼	NY/T 1121.8—2006
有效钼	NY/T 1121.9—2006
总汞	NY/T 1121.10—2006
总砷	NY/T 1121.11—2006
总铬	NY/T 1121.12—2006
铅、镉	GB/T 17141—1997
水稳性大团聚体组成	NY/T 1121.19—2006
微生物量碳	NY/T 1119—2019

2.4.5　表格记载

　　表格记载包括田间记载和检测记载两方面。田间记载主要依托指定的乡镇农技人员进行，其记载内容包括：①监测点背景资料库，主要包括监测点的常年降水量、有效积温、无霜期、地形部位、坡度、潜水埋深、排灌条件、种植制度、常年施肥量、作物产量、成土母质、土壤种类等，以及调查剖面发生层次深度、颜色、结构、紧实度、土壤容重、新生体、机械组成、化学性状等；②监测点年度监测内容，主要包括田间作业情况、作物产量、施肥量等。其中，田间作业情况记载每一年度内每季作物的名称、品种（注明是常规品种或杂交品种）、播期、播种方式、收获期、耕作情况、灌排、病虫害防治、自然灾害出现的时间、强度以及对作物产量的影响，其他对监测地块有影响的自然、人为因素；作物产量与施肥量内容主要记载监测点当年常规作物产量，监测有机肥和化肥当年的施肥日期、肥料品种、施肥次数和施肥量。农技人员完成监测点全年田间记载后，上交纸质档至省土肥技术部门，同时上交表格的电子档。检测记载主要由实验室检测人员进行记录，其记载内容包括：①常规测试项目，按照《耕地质量监测技术规程》（NY/T 1119—2019）方法，观察、检测和记载土壤容重、pH、有机质、全氮、碱解氮、有效磷、速效钾、缓效钾、全磷、全钾等指标数据；②中微量元素项目，对监测点钙、镁、硫、硅、铁、锰、铜、锌、硼、钼等指标进行检测、记录；③环境质量项目，对监测点铬、镉、铅、砷、汞等指标进行检测、记录。实验室检测人员完成监测点检测记载后，上交纸质档至省土肥部门，同时上交表格的电子档，并自己留存原始记录。表格形式见附录 1~附录 3。

2.4.6　数据审核与上报

监测数据上报前进行数据完整性、变异性与符合性审核，确保监测数据准确。在进行数据完整性审核时，应按照工作要求，核对监测数据项是否存在漏报情况，对缺失遗漏项目要及时催报、补充完整。在进行数据变异性审核时，应重点对耕地质量主要性状、肥料投入与产量等数据近 3 年情况进行变异性分析，检查是否存在数据变异过大情况。如变异过大，应符合实际；检查数据是否能真实客观地反映当地实际情况，如出现异常，及时找出原因，核实数据；同时要分析肥料投入、土壤养分含量和作物产量三者的相关性，检查是否出现异常。数据审查应由分管耕地质量监测工作的主要负责人负责。审查结束后，审查人签字确认，并盖单位公章，按要求及时上报。

2.5　江西省监测点耕地质量等级评价

2.5.1　耕地质量等级评价的重要性

2.5.1.1　国家层面

在耕地保护方面，我国自 20 世纪 80 年代就已经开展了全国土壤普查，摸清土壤家底和土壤质量；2007 年农业部发布了《农业部办公厅关于做好耕地地力评价工作的通知》（农办农〔2007〕66 号），并在全国范围开展了耕地地力评价相关工作，经过近十年的探索和发展，产量不再是粮食安全的唯一目标，国家对耕地的绿色和健康方面越来越重视。

党的十九大提出，要建设的现代化是人与自然和谐共生的现代化，既要创造更多物质财富和精神财富以满足人民日益增长的美好生活需要，也要提供更多优质生态产品以满足人民日益增长的优美生态环境需要。乡村振兴战略是党的十九大做出的重要决策部署，是全面建成小康社会的重大历史任务。

与此同时，耕地质量保护责任机制也在同步发展并完善。要完善发展成果考核评价制度，纠正单纯以经济增长速度评定政绩的偏向，加快建立国家统一的经济核算制度，编制全国与地方资产负债表，探索编制自然资源资产负债表，对领导干部实行自然资源资产离任审计。建立生态环境损害责任终身追究制。经过多年实践，国家发展改革委等 11 部委印发《关于开展 2020 年度认真落实粮食安全省长责任制的通知》（发改粮食〔2020〕660 号），深入实施国家粮食安全战略、乡村振兴战略和健康中国战略，坚持质量兴农、质量兴粮发展理念。

经过几十年耕地保护工作的理论及实践探索，耕地保护从最初的数量保护发展为数量兼顾质量，在此基础上又发展为"数量、质量、生态"三位一体的耕地保护战略。为应对新时期形势的发展，迫切需要新思路、新方法，从而推动乡村振兴战略的具体实施。在这个过程中，国家发布了《农业部令　2016 年第 2 号　耕地质量调查监测与评价办法》，以全面推进耕地质量调查、监测与评价制度建设，促进农业可持续发展。随着近年"互联网+"在各行业的快速发展和成功应用，2019 年 12 月，农业农村部、中央网络安全和信息化委员会办公室联合印发了《数字农业农村发展规划（2019—2025年）》，提出以数字化引领驱动农业农村现代化，全面提升农业农村生产智能化、经营网络化、管理高效化、服务便捷化水平，为实现乡村全面振兴提供有力支撑。农业现代化对新型技术的应用有着迫切的需求。

2.5.1.2　省级层面

2014 年 5 月 30 日，国家发展改革委等 6 部委联合批复了《江西省生态文明先行示范区建设实施方案》，江西省成为全国首批生态文明先行示范区之一。

绿色生态是江西省的最大财富、最大优势、最大品牌。江西省将全力以赴推进国家生态文明试验区建设，探索建立大湖流域治理新模式，创新生态文明制度供给，加快培育绿色发展新动能，建立绿色价值共享机制。探索编制自然资源资产负债表是江西省生态文明先行示范区制度创新的重点任务之一。2017 年，在 2016 年试点的基础上，增加了萍乡、新余、鹰潭、吉安、于都县为试点。2018 年，江西省人民政府办公厅下发了《江西省人民政府办公厅关于印发江西省自然资源资产负债表编制制度（试行）的通知》（赣府厅字〔2018〕93 号），全省耕地质量等级实现全面更新。2020 年《关于制定我省 2020 年度粮食安全省长责任制工作方案的通知》（赣粮安考核办〔2020〕6 号），在江西省进一步深入实施国家粮食安全战略、乡村振兴战略和健康中国战略，坚持质量兴农、质量兴粮发展理念。

2.5.1.3　市县层面

建立协调统一的组织领导机制是顺利开展自然资源资产核算、编制自然资源资产负债表的重要保证。

在过去几年部分县区试点的基础上，江西省总结、借鉴其工作经验，在积累了耕地地力评价、耕地自然资源负债工作和耕地等级变更工作经验基础上，根据新时期的新要求，按照新方法，对江西省耕地质量等级进行评价，并依据耕地质量提升措施，更新耕地质量，形成自然资源负债表。

2.5.2　耕地质量等级评价的意义

耕地是人类赖以生存的基本资源，也是我国农业及社会可持续发展的基础。"十分珍惜、合理利用土地和切实保护耕地"是我国的基本国策，"18 亿亩耕地红线"是关乎国家经济建设与发展全局性的重大决策，具有长期战略性的意义。

落实最严格的耕地保护制度，扎紧耕地保护的"篱笆"，坚守耕地红线，是国家粮食安全的根本保障。实施耕地质量保护与提升行动，开展高标准农田建设，开展土壤改良、地力培肥、治理修复，遏制耕地退化趋势，提升耕地质量，是实现农业可持续发展的必由之路。落实耕地质量保护措施，制定科学的评价标准是主要的基础和前提。《耕地质量等级》国家标准的发布与实施，实现了全国耕地质量评价技术标准统一，有利于摸清耕地质量家底，掌握耕地质量变化趋势，科学评价耕地质量保护成效，推动

"藏粮于地、藏粮于技"战略的实施；有利于落实最严格的耕地保护制度、坚持耕地"数量、质量、生态"三位一体保护，推进耕地质量保护与提升行动的开展。同时，也有利于指导各地根据耕地质量状况，合理调整农业生产布局，推进农业供给侧结构性改革，缓解资源环境压力，提升农产品质量安全水平。

2.5.3 耕地地力评价理论基础、原则和依据

2.5.3.1 相关理论基础和技术

（1）**耕地及耕地地力的含义** 耕地是指种植农作物的土地，包括熟地，新开发、复垦、整理地，休闲地（含轮歇地、轮作地）；以种植农作物为主，间有零星果树、桑树和其他树木的土地；平均每年能保证收获一季的已垦荒地和滩涂。

耕地地力是指耕地的生产能力，是耕地内在的、基本素质的综合反映。耕地地力就是指耕地的基础地力，由耕地土壤的地形、地貌条件、成土母质特征、农田基础设施及培肥水平、土壤理化性状等综合形成的耕地生产能力。

（2）**土地评价和耕地地力评价的含义** 土地评价是一种针对一定的土地用途，对土地质量高低进行鉴定的过程。耕地地力评价就是针对耕地的生产能力高低进行评价的过程。

（3）**土地性质和土地质量的概念** 土地性质是土地的可估计量或可估计的属性，如坡度、降水量、土壤有效水容量、植被生物量、土壤质地、土层厚度等。土地性质对于某种土地利用方式不是单独起作用的。例如，养分有效性不仅决定于土壤中养分的含量，而且也与土壤的pH和土壤质地有关。因此，在进行土地适宜性评价时，要尽量使用由这些土地性质构成的土地综合属性，这类综合属性即为土地质量，可以定义为与利用有关，并由一组相互作用的简单土地性质组成的复杂土地属性。

（4）**层次分析法** 层次分析法是美国运筹学家Saaty教授于20世纪80年代提出的一种实用的多方案或多目标的决策方法。其主要特征是，它合理地将定性与定量的决策结合起来，按照思维、心理的规律把决策过程层次化、数量化。该方法自1982年被介绍到我国以来，以其定性与定量相结合地处理各种决策因素的特点，以及其系统灵活简洁的优点，迅速地在我国社会经济各个领域，如能源系统分析、城市规划、经济管理、科研评价等，得到了广泛的重视和应用。应用这种方法，决策者通过将复杂问题分解为若干层次和若干因素，在各因素之间进行简单的比较和计算，就可以得出不同方案的权重，为最佳方案的选择提供依据。

层次分析法采用先分解后综合的系统思想。整理和综合人们的主观判断，使定性分析与定量分析有机结合，实现定量化决策。首先将所要分析的问题层次化，根据问题的性质和要达到的总目标，将问题分解成不同的组成因素，按照因素间的相互关系及隶属关系，将因素按不同层次聚集组合，形成一个多层分析结构模型，最终归结为最低层（方案、措施、指标等）相对于最高层（总目标）相对重要程度的权值或相对优劣次序的问题。

运用层次分析法进行决策时，需要经历5个步骤：①建立系统的递阶层次结构；②构造两两比较判断矩阵（正互反矩阵）；③针对某一个标准，计算各备选元素的权

重；④计算当前一层元素关于总目标的排序权重；⑤进行一致性检验。

（5）**隶属函数的确定**　隶属函数（Membership function）是用于表征模糊集合的数学工具。对于普通集合 A，它可以理解为某个论域 U 上的一个子集。为了描述论域 U 中任一元素 u 是否属于集合 A，通常可以用 0 或 1 标记。用 0 表示 u 不属于 A，而用 1 表示 u 属于 A，从而得到了 U 上的一个二值函数 χA（u），它表征了 U 的元素 u 对普通集合的从属关系，通常称为 A 的特征函数，为了描述元素 u 对 U 上的一个模糊集合的隶属关系，由于这种关系的不分明性，它将用从区间［0，1］中所取的数值代替 0、1 这两值来描述，记为（u），数值（u）表示元素隶属于模糊集的程度，论域 U 上的函数 μ 即为模糊集的隶属函数，而（u）即为 u 对的隶属度。

（6）**克里格插值法**　克里格插值法（Kriging）又称空间局部插值法，是以变异函数理论和结构分析为基础，在有限区域内对区域化变量进行无偏最优估计的一种方法，是地统计学的主要内容。克里格插值法的适用条件为区域化变量存在空间相关性，即如果变异函数和结构分析的结果表明区域化变量存在空间相关性，则可以利用克里格插值法进行内插或外推；否则不能。其实质是利用区域化变量的原始数据和变异函数的结构特点，对未知样点进行线性无偏、最优估计。无偏是指偏差的数学期望为 0，最优是指估计值与实际值之差的平方和最小。也就是说，克里格插值法是根据未知样点有限邻域内的若干已知样本点数据，在考虑了样本点的形状、大小和空间方位，与未知样点的相互空间位置关系，以及变异函数提供的结构信息之后，对未知样点进行的一种线性无偏、最优估计。

利用克里格插值法进行预测，必须完成两个任务：一是揭示相关性规则；二是进行预测。要完成这两项任务，克里格插值法需要进行以下两个步骤：①生成变异函数和协方差函数，用于估算单元值间的统计相关（也叫空间自相关），而变异函数和协方差函数也取决于自相关模型（拟合模型）；②预测未知点的值。因为前面已经说过两个明确的任务，因此要用克里格插值法对数据进行两次运算：第一次是估算这些数据的空间自相关，而第二次是做出预测。本研究所运用到的插值方法是在地理信息系统的专业软件 ArcGIS DeskTop 9.3 里调入地统计分析模块，运用克里格插值法进行相关的分析和插值。

2.5.3.2　耕地地力评价的原则

耕地地力指由土壤本身特性、自然背景条件和耕作管理水平等要素综合构成的耕地生产能力。评价是通过调查获得的耕地自然环境要素、耕地土壤的理化性状、耕地的农田基础设施和管理水平为依据进行评价的。通过各因素对耕地地力影响的大小进行综合评定，确定不同的地力等级。耕地的自然环境要素包括耕地所处的地形地貌、水文地质、成土母质等；耕地土壤的理化性状包括土体构型、有效土层厚度、质地、土壤容重等物理性状和有机质、氮、磷、钾以及中微量元素、pH 等化学性状；农田基础设施和管理水平包括灌排条件、梯田化水平、水土保持、工程建设以及培肥管理水平等。在评价过程中应遵守以下原则。

（1）**综合因素研究与主导因素分析相结合原则**　土地是一个自然经济综合体，是人们利用的对象，对土地质量的鉴定涉及自然和社会经济多个方面，耕地地力也是各类要素的综合体现。所谓综合因素研究是指对地形地貌、土壤理化性状、相关社会经济因素之总体进行全面的研究、分析与评价，以全面了解耕地地力状况。主导因素是指对耕地地力起决定作用、相对稳定的因子，在评价中要着重对其进行研究分析。因此，把综合因素与主导因素结合起来进行评价可以对耕地地力做出科学准确的评定。

（2）**共性评价与专题研究相结合原则** 江西省国家级耕地质量监测点包括水田、菜地等耕地类型，存在土壤理化性状、环境条件、管理水平不一的现象，因此耕地地力水平有较大的差异。考虑江西省区域内的耕地地力系统及耕地利用状况不同等因素，应选用统一的评价指标和标准，即耕地地力的评价不针对某一特定的利用类型。另外，了解不同利用类型的耕地地力状况及其内部的差异情况，对有代表性的主要类型进行专题性的深入研究。共性评价与专题研究相结合，使整个评价和研究具有更大的应用价值。

（3）**定量分析与定性分析相结合原则** 土地系统是一个复杂的灰色系统，定量和定性要素共存，相互作用，相互影响。因此，为了保证评价结果的客观合理，宜采用定量分析和定性评价相结合的方法。在总体上，为了保证评价结果的客观合理，尽量采用定量评价方法，对可定量化的评价因子，如有机质等养分含量、土层厚度等按其数值进行计算；对非数量化的定性因子，如土壤表层质地、土体构型等则进行量化处理，确定相应的指数，并最终建立评价数据库，这样就尽量避免了人为因素的影响。在评价因素筛选，权重确定，评价标准、等级确定等评价过程中，尽量采用定量化的数学模型。在此基础上，充分运用人工智能和专家知识，对评价的中间过程和评价结果进行必要的定性调整，采用定量与定性相结合的方法，从而提高评价结果的准确性。

2.5.3.3 耕地地力评价的依据

（1）**评价所依据的相关文件** 包括《测土配方施肥技术规范（试行）修订稿》《2007 年全国测土配方施肥工作方案》《农业部办公厅关于做好耕地地力评价工作的通知》等。

（2）**评价所依据与耕地本身生产能力相关的因素** ①耕地地力的自然环境要素，包括耕地所处的地形地貌条件、水文地质条件、成土母质条件等。②耕地地力的土壤理化要素，包括土壤剖面与土体构型、耕层厚度、土壤质地等物理性状，主要养分（有机质、有效磷、速效钾）、微量元素、pH 等化学性状。③耕地地力的农田基础设施条件，包括耕地的灌排条件、水土保持工程建设、培肥管理条件等。

2.5.3.4 耕地地力评价技术路线的确定

根据《耕地地力评价指南》的要求，制订评价的主要任务和目标，确定工作技术路线（图 2-3）。

2.5.4 工作准备

（1）**硬件准备** 硬件准备主要包括高档微机、A0 幅面数字化仪、A0 幅面扫描仪、喷墨绘图仪等。微机主要用于数据和图件的处理分析，数字化仪、扫描仪用于图件的输入，喷墨绘图仪用于成果图的输出。

（2）**软件准备** 一是 Windows 操作系统软件；二是 MapGIS，ArcVIEW，ArcGIS 等

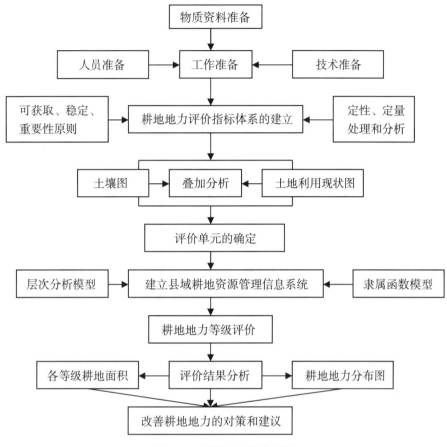

图 2-3　耕地地力评价过程

GIS 软件以及 ERADS 遥感图像处理等专业分析软件。

（3）**技术准备**　组织相关人员进行培训，学习先进的工作经验和方法。

（4）**评价过程**　主要包括如下 3 个步骤。

首先，确定评价指标体系及权重，根据对象所在的评价区域以及每个评价因子对耕地质量影响的程度不同，用层次分析法确定耕地质量等级评价指标及指标权重（表2-2）

其次，确定指标隶属度，对概念性型数据，不需要建立隶属函数模型，直接采取专家打分法获得相应的隶属度（表 2-3）。对于定量型数据，则采用特尔斐法与隶属函数法相结合的方法确定各评价因子的隶属函数，即根据专家打分评价，经系列运算生成戒上型、戒下型和峰型函数（表 2-4），最后将各评价因子的实测值代入隶属函数，计算相应的隶属度。

最后，根据计算的耕地质量综合指数，形成耕地质量综合指数分布曲线。根据曲线斜率的突变点确定最高等、最低等综合指数的临界点，再采用等距法将耕地按质量等级由高到低依次划分为 1 等至 10 等，最终确定耕地质量等级（表 2-5）。

表2-2　参评元素的选取和评价权重

长江中游平原农业水产区		江南丘陵山地林农区		南陵丘陵山地林农区	
指标名称	指标权重	指标名称	指标权重	指标名称	指标权重
排水能力	0.131 9	地形部位	0.140 4	地形部位	0.135 8
灌溉能力	0.109 0	灌溉能力	0.137 6	灌溉能力	0.128 6
地形部位	0.107 8	有机质	0.108 2	排水能力	0.100 5
有机质	0.092 4	耕层质地	0.075 4	有机质	0.091 7
耕层质地	0.072 1	pH	0.066 0	耕层质地	0.078 6
土壤容重	0.057 2	排水能力	0.064 6	pH	0.064 4
质地构型	0.056 9	有效磷	0.057 3	有效土层厚	0.057 4
障碍因素	0.055 9	速效钾	0.056 8	质地构型	0.054 6
pH	0.055 5	质地构型	0.053 9	速效钾	0.050 3
有效磷	0.055 4	有效土层厚	0.052 3	有效磷	0.048 8
速效钾	0.054 9	土壤容重	0.043 7	土壤容重	0.042 9
有效土层厚	0.047 8	障碍因素	0.042 8	障碍因素	0.041 9
生物多样性	0.038 7	生物多样性	0.040 7	农田林网化	0.038 3
农田林网化	0.035 3	农田林网化	0.032 4	生物多样性	0.037 8
清洁程度	0.029 1	清洁程度	0.027 9	清洁程度	0.028 5

表2-3　概念型指标隶属度

地形部位	山间盆地	宽谷盆地	平原低阶	平原中阶	平原高阶	丘陵上部	丘陵中部	丘陵下部	山地坡上	山地坡中	山地坡下
隶属度	0.8	0.95	1	0.95	0.9	0.6	0.7	0.8	0.3	0.45	0.68

耕层质地	砂土	砂壤	轻壤	中壤	重壤	黏土
隶属度	0.6	0.85	0.9	0.1	0.95	0.7

质地构型	薄层土	松散型	紧实型	夹层型	上紧下松型	上松下紧型	海绵型
隶属度	0.55	0.3	0.75	0.85	0.4	1	0.95

生物多样性	丰富	一般	不丰富
隶属度	1	0.8	0.6

清洁程度	清洁	尚清洁
隶属度	1	0.8

障碍因素	盐碱	瘠薄	酸化	渍潜	障碍层次	无
隶属度	0.5	0.65	0.7	0.55	0.6	1

（续表）

灌溉能力	充分满足	满足	基本满足	不满足
隶属度	1	0.8	0.6	0.3
排水能力	充分满足	满足	基本满足	不满足
隶属度	1	0.8	0.6	0.3
农田林网化	高	中	低	
隶属度	1	0.85	0.7	

表 2-4　数值型指标隶属函数

指标名称	函数类型	函数公式	a 值	c 值	u 的下限值	u 的上限值
pH	峰型	$y=1/\left[1+a\ (u-c)^2\right]$	0.221 129	6.811 204	3.0	10.0
有机质	戒上型	$y=1/\left[1+a\ (u-c)^2\right]$	0.001 842	33.656 446	0.0	33.7
有效磷	戒上型	$y=1/\left[1+a\ (u-c)^2\right]$	0.002 025	33.346 824	0.0	33.3
速效钾	戒上型	$y=1/\left[1+a\ (u-c)^2\right]$	0.000 081	181.622 535	0.0	182.0
有效土层厚度	戒上型	$y=1/\left[1+a\ (u-c)^2\right]$	0.000 205	99.092 342	10.0	99.0
土壤容重	峰型	$y=1/\left[1+a\ (u-c)^2\right]$	2.236 726	1.211 674	0.5	3.2

注：y 为隶属度；a 为系数；u 为实测值。c 为标准指标。当函数类型为戒上型，u 小于等于下限值时，y 为 0；u 大于等于上限值时，y 为 1；当函数类型为峰型，u 小于等于下限值或 u 大于等于上限值时，y 为 0。

表 2-5　耕地质量等级的确定

耕地质量等级	综合指数	耕地质量等级	综合指数
1 等	≥0.917 0	6 等	0.793 7~0.818 5
2 等	0.892 4~0.917 0	7 等	0.769 3~0.793 9
3 等	0.867 8~0.892 4	8 等	0.744 6~0.769 3
4 等	0.843 1~0.867 8	9 等	0.720 0~0.744 6
5 等	0.818 5~0.843 1	10 等	<0.720 0

第三章　九江市监测点作物产量及土壤性质

3.1　九江市监测点情况介绍

九江市主要包括国家级监测点（都昌县、武宁县、瑞昌市、庐山市、湖口县、德安县、柴桑区、修水县）、省级监测点（柴桑区马回岭镇、港口镇、新合镇；武宁县横路乡、鲁溪镇、清江乡、杨洲乡、罗坪镇；修水县太阳升镇、大桥镇、何市镇、渣津镇；永修县立新乡、马口镇、白槎镇、滩溪镇、江上乡；德安县河东乡、磨溪乡、车桥镇、爱民乡；庐山市白鹿镇、星子镇、蛟塘镇、温泉镇；都昌县汪墩乡、左里镇、鸣山乡、蔡岭镇；湖口县舜德乡、马影镇、流泗镇、付垅乡；彭泽县芙蓉农场、浪溪镇、芙蓉墩镇、棉船镇；瑞昌市桂林街道、范镇、白杨镇、赛湖农场）、市（县）级监测点（柴桑区新塘乡、狮子镇；武宁县官莲乡；修水县山口镇、杭口镇、路口乡；德安县邹桥乡；庐山市横塘镇、沙湖山管理处；都昌县和合乡、阳峰乡；湖口县城山镇、凰村乡、流芳乡、花园乡；濂溪区新港镇、威家镇；永修县立新乡、三溪桥镇、九合乡、涂埠镇；彭泽县马当镇、黄岭乡；共青城市苏家垱乡）共77个监测点位。

3.1.1　九江市国家级耕地质量监测点情况介绍

（1）**九江市都昌县国家级监测点**　代码为360723，建点于2009年，位于都昌县土塘镇杨垅村，东经116°25′30″，北纬29°23′30″，由当地农户管理；常年降水量1 390 mm，常年有效积温5 200 ℃，常年无霜期264 d，海拔高度26 m，地下水深4 m，无障碍因素，耕地地力水平中等，基本满足灌溉能力，排水能力强，农业区划分属于长江中下游区，一年两熟，作物类型为双季稻；成土母质为泥质岩类残积物，土类为水稻土，亚类为潴育型水稻土，土属为潴育型鳝泥田，土种为潴育型乌鳝泥田，质地构型为松散型，生物多样性丰富，农田林网化程度中等，土壤养分水平状况为潜在缺乏，无盐渍化。土壤剖面理化性状如下。

耕作层：0~15 cm，淡灰色，粒状，松，多量植物根系，质地为粉砂质黏壤土，pH 4.9，有机质含量为53.1 g/kg，全氮含量为1.57 g/kg，全磷含量为1.122 g/kg，全钾含量为13.31 g/kg，阳离子交换量为6.8 cmol/kg。

犁底层：15~20 cm，暗灰色，块状，较紧，少量植物根系，质地为粉砂质黏壤土，pH 5.7，有机质含量为15.6 g/kg，全氮含量为0.75 g/kg，全磷含量为0.819 g/kg，全钾含量为13.55 g/kg，阳离子交换量为8.3 cmol/kg。

潴育层：20~100 cm，棕灰色，棱块状，紧，无植物根系，质地为粉砂质黏壤土，pH 5.9，有机质含量为 14.5 g/kg，全氮含量为 0.33 g/kg，全磷含量为 1.392 g/kg，全钾含量为 9.73 g/kg，阳离子交换量为 9 cmol/kg。

（2）**九江市武宁县国家级监测点**　代码为 360745，建点于 2017 年，位于武宁县宋溪镇田段村，东经 115°05′44″，北纬 29°18′51″，由当地农户管理；常年降水量 1 450 mm，常年有效积温 4 800 ℃，常年无霜期 229 d，海拔高度 72 m，地下水深 5 m，无障碍因素，耕地地力水平中等，基本满足灌溉能力，排水能力中等，农业区划分属于长江中下游区，一年一熟，作物类型为单季稻；成土母质为紧砂岩，土类为水稻土，亚类为潴育型水稻土，土属为砂泥田，土种为其他砂泥田。土壤剖面理化性状如下。

耕作层：0~16 cm，灰棕色，块状，疏松，土壤容重为 1.28 g/cm³，有二氧化硅粉末，多量植物根系，质地为黏壤土，pH 8，有机质含量为 27.3 g/kg，全氮含量为 1.86 g/kg，全磷含量为 0.223 g/kg，全钾含量为 23.17 g/kg，阳离子交换量为 10.6 cmol/kg。

犁底层：16~29 cm，黄棕色，板状，紧实，土壤容重为 1.47 g/cm³，有锈纹，少量植物根系，质地为黏壤土，pH 7.2，有机质含量为 5.2 g/kg，全氮含量为 0.42 g/kg，全磷含量为 0.312 g/kg，全钾含量为 20.55 g/kg，阳离子交换量为 14.6 cmol/kg。

潴育层 1：29~35 cm，黄褐色，棱块状，稍坚实，土壤容重为 1.59 g/cm³，有锈斑，少量植物根系，质地为粉砂质黏土，pH 7.4，有机质含量为 4.5 g/kg，全氮含量为 0.41 g/kg，全磷含量为 0.111 g/kg，全钾含量为 20.17 g/kg，阳离子交换量为 2.8 cmol/kg。

潴育层 2：35~100 cm，淡黄色，棱块状，稍坚实，土壤容重为 1.71 g/cm³，有锈斑，少量植物根系，质地为粉砂质黏土，pH 7.9，有机质含量为 7.2 g/kg，全氮含量为 0.44 g/kg，全磷含量为 0.576 g/kg，全钾含量为 18.95 g/kg，阳离子交换量为 10.6 cmol/kg。

（3）**九江市瑞昌市国家级监测点**　代码为 360746，建点于 2017 年，位于瑞昌市南义朝阳，东经 115°22′03″，北纬 29°26′46″，由当地农户管理；常年降水量 1 584 mm，常年有效积温 5 560 ℃，常年无霜期 259 d，地下水 0.75 m 深，无障碍因素，耕地地力水平中等，满足灌溉能力，排水能力强，农业区划分属于长江中下游区，一年两熟，作物类型为油-稻；成土母质为冲积物，土类为水稻土，亚类为潴育型水稻土，土属为潴育型潮砂泥田，土种为中潴灰潮砂泥田。土壤剖面理化性状如下。

耕作层：0~15 cm，灰棕色，团粒状，疏松，锈纹锈斑稍多，根系集中，质地为黏土，pH 4.5，有机质含量为 51.0 g/kg，全氮含量为 2.44 g/kg，全磷含量为 1.020 g/kg，全钾含量为 20.8 g/kg。

犁底层：15~24 cm，青灰色，块状，较紧，有较多的锈纹锈斑，少量植物根系，质地为黏土，pH 4.8，有机质含量为 34.8 g/kg，全氮含量为 1.51 g/kg，全磷含量为 0.630 g/kg，全钾含量为 15.9 g/kg。

潴育层 1：24~62 cm，灰褐色，柱状，较紧，有较多的锈纹锈斑，无植物根系，质地为少砾质黏土，pH 4.7，有机质含量为 30.7 g/kg，全氮含量为 1.39 g/kg，全磷含量为 0.630 g/kg，全钾含量为 12.3 g/kg。

潴育层 2：62~100 cm，黄棕色，柱状，坚实，有锈纹锈斑，无植物根系，质地为粉砂质壤土，pH 4.8，有机质含量为 27.1 g/kg，全氮含量为 1.29 g/kg，全磷含量为 0.920 g/kg，全钾含量为 13.9 g/kg。

（4）**九江市庐山市国家级监测点**　代码为 360748，建点于 2017 年，位于庐山市温泉镇新塘畈，东经 115°53′25″，北纬 25°24′48″，由当地农户管理；常年降水量 1 437 mm，常年有效积温 4 207 ℃，常年无霜期 280 d，海拔高度 22 m，地下水 7 m 深，无障碍因素，耕地地力水平中等，基本满足灌溉能力，排水能力中等，农业区划分属于长江中下游区，一年一熟，作物类型为单季稻；成土母质为泥质岩类残积物，土类为水稻土，亚类为淹育型水稻土，土属为淹育型鳝泥田，土种为淹育型乌鳝泥田。土壤剖面理化性状如下。

耕作层：0~22 cm，乌褐色，团粒，稍松，土壤容重为 0.95 g/cm³，无新生体，有丰富植物根系，质地为壤土，pH 4.4，有机质含量为 25.6 g/kg，全氮含量为 1.62 g/kg，全磷含量为 1.281 g/kg，全钾含量为 8.41 g/kg，阳离子交换量为 8.0 cmol/kg。

犁底层：22~40 cm，淡棕黄，块状，紧实，土壤容重为 1.26 g/cm³，有锈斑锈纹，少量植物根系，质地为黏壤土，pH 4.5，有机质含量为 22.3 g/kg，全氮含量为 1.73 g/kg，全磷含量为 1.072 g/kg，全钾含量为 13.02 g/kg，阳离子交换量为 5.0 cmol/kg。

潴育层：40~70 cm，黄棕色，棱柱状，稍紧实，土壤容重为 1.31 g/cm³，有锈斑锈纹，无植物根系，质地为黏土，pH 4.6，有机质含量为 28.3 g/kg，全氮含量为 1.57 g/kg，全磷含量为 0.753 g/kg，全钾含量为 10.64 g/kg，阳离子交换量为 4.0 cmol/kg。

（5）**九江市湖口县国家级监测点**　代码为 360766，建点于 2011 年，位于湖口县武山镇埠堰村，东经 115°43′48″，北纬 29°19′12″，由当地农户管理；常年降水量 1 442 mm，常年有效积温 5 358 ℃，常年无霜期 240 d，海拔高度 21 m，地下水 10 m 深，无障碍因素，耕地地力水平中等，基本满足灌溉能力，排水能力强，农业区划分属于长江中下游区，一年两熟，作物类型为油菜-棉花；成土母质为下蜀系黄土，土类为黄褐土，亚类为黏盘黄褐土，土属为马肝泥土，土种为厚层灰马肝泥土，质地构型为上松下紧型，生物多样性一般，农田林网化程度低，土壤养分水平状况为最佳水平，无盐渍化。土壤剖面理化性状如下。

表土层：0~20 cm，乌灰色，块状，土壤容重为 1.10 g/cm³，无新生体，有水稻根系，质地为壤土，pH 5.2，有机质含量为 26.6 g/kg，全氮含量为 1.1 g/kg，全磷含量为 0.512 g/kg，全钾含量为 12.42 g/kg，阳离子交换量为 7.0 cmol/kg。

心土层：20~50 cm，青灰色，块状，土壤容重为 1.20 g/cm³，无新生体，有水稻根系，质地为粉砂质壤土，pH 5.5，有机质含量为 10.0 g/kg，全氮含量为 0.67 g/kg，全磷含量为 0.317 g/kg，全钾含量为 4.07 g/kg，阳离子交换量为 7.5 cmol/kg。

底土层：50 cm 以下，青灰色，块状，土壤容重为 1.40 g/cm³，有褐铁矿，质地为粉砂质黏壤土，pH 6.1，有机质含量为 24.2 g/kg，全氮含量为 0.41 g/kg，全磷含量为 0.310 g/kg，全钾含量为 7.55 g/kg，阳离子交换量为 3.3 cmol/kg。

（6）**九江市德安县国家级监测点**　代码为 360769，建点于 2011 年，位于德安县宝塔团山，东经 115°43′98″，北纬 29°19′12″，由当地农户管理；常年降水量 1 345 mm，常年有效积温 4 100 ℃，常年无霜期 248 d，海拔高度 23 m，地下水 3 m 深，无障碍因素，耕地地力水平低，基本满足灌溉能力，排水能力中等，农业区划分属于长江中下游区，一年一熟，作物类型为单季稻；成土母质为泥质岩类残积物，土类为水稻土，亚类为潴育型水稻土，土属为潴育型黄泥田，土种为潴育型灰黄泥田。土壤剖面理化性状如下。

耕作层：0～20 cm，灰色，碎块状，较松，稻根多，质地为轻黏土，pH 5.0，有机质含量为 55.1 g/kg，全氮含量为 2.51 g/kg，全磷含量为 0.777 g/kg，全钾含量为 5.00 g/kg，阳离子交换量为 6.3 cmol/kg。

犁底层：20～28 cm，淡黄色，菱块状，紧，无植物根系，质地为轻黏土，pH 4.8，有机质含量为 21.6 g/kg，全氮含量为 1.19 g/kg，全磷含量为 0.265 g/kg，全钾含量为 4.57 g/kg，阳离子交换量为 7.0 cmol/kg。

潴育层 1：28～45 cm，灰黄色，块状，较紧，无植物根系，质地为轻黏土，pH 5.1，有机质含量为 19.7 g/kg，全氮含量为 0.83 g/kg，全磷含量为 0.366 g/kg，全钾含量为 3.69 g/kg，阳离子交换量为 4.3 cmol/kg。

潴育层 2：45～100 cm，灰褐色，块状，较紧，无植物根系，质地为中黏土，pH 5.2，有机质含量为 18.1 g/kg，全氮含量为 0.69 g/kg，全磷含量为 0.178 g/kg，全钾含量为 3.43 g/kg，阳离子交换量为 4.8 cmol/kg。

（7）**九江市柴桑区国家级监测点**　代码为 360772，建点于 2015 年，位于柴桑区新洲垦殖场一分场，东经 116°12′53″，北纬 29°46′25″，由当地农户管理；常年降水量 1 300 mm，常年有效积温 5 200 ℃，常年无霜期 266 d，海拔高度 19 m，地下水深 1 m，无障碍因素，耕地地力水平高，满足灌溉能力，排水能力强，农业区划分属于长江中下游区，一年一熟；土类为潮土，亚类为典型潮土，土属为石灰性潮黏土，土种为其他石灰性潮黏土。土壤剖面理化性关如下。

耕作层：0～20 cm，灰色，块状，松散，土壤容重为 0.98 g/cm³，有锈斑锈纹，植物根系多，质地为粉质黏壤土，pH 4.6，有机质含量为 45.9 g/kg，全氮含量为 1.90 g/kg，全磷含量为 1.166 g/kg，全钾含量为 45.67 g/kg，阳离子交换量为 8.5 cmol/kg。

犁底层：20～25 cm，灰色，块状，紧实，土壤容重为 1.38 g/cm³，有锈斑锈纹，少量植物根系，质地为粉质黏壤土，pH 4.9，有机质含量为 32.9 g/kg，全氮含量为 1.58 g/kg，全磷含量为 1.071 g/kg，全钾含量为 29.44 g/kg，阳离子交换量为 7.3 cmol/kg。

潴育层：25～100 cm，棕黄色，棱柱状，稍紧实，土壤容重为 1.42 g/cm³，有铁锰结核、锈纹锈斑、灰色胶膜，少量植物根系，质地为粉质黏土，pH 5.0，有机质含量为 16.4 g/kg，全氮含量为 0.74 g/kg，全磷含量为 0.544 g/kg，全钾含量为 15.85 g/kg，阳离子交换量为 6.5 cmol/kg。

（8）**九江市修水县国家级监测点**　代码为 360776，建点于 2014 年，位于马坳镇东津村，东经 114°12′00″，北纬 29°00′36″，由当地农户管理；常年降水量 1 580 mm，常年有效积温 5 675 ℃，常年无霜期 248 d，海拔高度 112 m，地下水深 1 m，无障碍因素，耕地地力水平中等，满足灌溉能力，排水能力强，农业区划分属于长江中下游区，一年两熟；成土母质为河积物，土类为红壤，亚类为棕红壤，土属为红泥质棕红壤，土种为乘风棕红泥。土壤剖面理化性状如下。

耕作层：0~25 cm，灰色，团粒，坚实，土壤容重为 0.89 g/cm³，多量稻根，质地为中砾质壤土，pH 5.0，有机质含量为 51.0 g/kg，全氮含量为 1.82 g/kg，全磷含量为 0.606 g/kg，全钾含量为 19.58 g/kg，阳离子交换量为 4.5 cmol/kg。

犁底层：25~45 cm，暗灰色，团块，稍坚实，土壤容重为 0.91 g/cm³，少量稻根根锈，质地为少砾质黏壤土，pH 5.6，有机质含量为 25.0 g/kg，全氮含量为 1.09 g/kg，全磷含量为 0.545 g/kg，全钾含量为 25.94 g/kg，阳离子交换量为 3.8 cmol/kg。

渗育层：45~65 cm，棕色，块状，稍坚实，土壤容重为 0.95 g/cm³，较多棕色斑块状，少量稻根，质地为少砾质黏壤土，pH 5.9，有机质含量为 20.9 g/kg，全氮含量为 1.37 g/kg，全磷含量为 0.623 g/kg，全钾含量为 28.35 g/kg，阳离子交换量为 5.0 cmol/kg。

潴育层：65~85 cm，浅红色，棱块，稍松散，土壤容重为 0.99 g/cm³，有少量浅红色锈斑，无根系，质地为少砾质粉砂质黏土，pH 6.0，有机质含量为 22.3 g/kg，全氮含量为 0.83 g/kg，全磷含量为 0.399 g/kg，全钾含量为 13.06 g/kg，阳离子交换量为 7.3 cmol/kg。

漂洗层：85~115 cm，深紫色，棱柱，松散，土壤容重为 1.02 g/cm³，少量深紫色锈斑，无根系，质地为粉砂质黏土，pH 6.1，有机质含量为 16.3 g/kg，全氮含量为 0.68 g/kg，全磷含量为 0.280 g/kg，全钾含量为 11.22 g/kg，阳离子交换量为 3.3 cmol/kg。

3.1.2　九江市省级耕地质量监测点情况介绍

3.1.2.1　柴桑区

（1）**九江市柴桑区马回岭镇杨柳村省级监测点**　代码为 360421JC20102，建点于 2010 年，东经 115°51′07″，北纬 29°26′09″，由当地农户管理；土类为水稻土，亚类为潴育型水稻土，土属为潴育型马肝泥田，土种为潴育型灰马肝泥田；一年一熟，作物类型为玉米。

（2）**九江市柴桑区港口镇茶岭村省级监测点**　代码为 360421JC20106，建点于 2010 年，东经 115°42′18″，北纬 29°43′03″，由当地农户管理；土类为水稻土，亚类为潴育型水稻土，土属为潴育型马肝泥田，土种为弱潴灰马肝泥田；一年一熟，作物类型为单季稻。

（3）**九江市柴桑区新合镇涌塘村省级监测点**　代码为 360421JC20107，建点于 2010 年，东经 115°47′05″，北纬 29°43′03″，由当地农户管理；土类为潮土，亚类为灰潮土，土属为石灰性黏质潮土；一年一熟，作物类型为单季稻。

3.1.2.2　武宁县

（1）**九江市武宁县横路乡花园村省级监测点**　代码为 360423JC20161，建点于 2016

年，东经115°07′15″，北纬29°28′30″，由当地农户管理；土类为水稻土，亚类为潴育型水稻土，土属为潴育型鳝泥田，土种为潴育型灰鳝泥田；一年一熟，作物类型为单季稻。

（2）**九江市武宁县鲁溪镇梅颜村省级监测点** 代码为360423JC20162，建点于2016年，东经115°07′15″，北纬29°28′30″，由当地农户管理；土类为水稻土，亚类为潴育型水稻土，土属为潴育型鳝泥田，土种为潴育型灰鳝泥田；一年一熟，作物类型为单季稻。

（3）**九江市武宁县清江乡宴头村省级监测点** 代码为360423JC20164，建点于2016年，东经114°47′45″，北纬29°17′40″，由当地农户管理；土类为水稻土，亚类为潴育型水稻土，土属为潴育型鳝泥田，土种为潴育型灰鳝泥田；一年一熟，作物类型为单季稻。

（4）**九江市武宁县杨洲乡森峰村省级监测点** 代码为360423JC20165，建点于2016年，东经115°22′55″，北纬29°11′40″，由当地农户管理；土类为水稻土，亚类为潴育型水稻土，土属为潴育型鳝泥田，土种为潴育型灰鳝泥田；一年一熟，作物类型为单季稻。

（5）**九江市武宁县罗坪镇漾都村省级监测点** 代码为360423JC20176，建点于2017年，东经115°15′14″，北纬29°15′32″，由当地农户管理；土类为水稻土，亚类为潴育型水稻土，土属为潴育型鳝泥田，土种为潴育型灰鳝泥田；一年一熟，作物类型为单季稻。

3.1.2.3 修水县

（1）**九江市修水县太阳升镇农科所5组省级监测点** 代码为360424JC20155，建点于2015年，东经114°24′05″，北纬29°00′20″，由当地农户管理；土类为水稻土，亚类为潴育型紫砂泥田，土属为马肝泥田，土种为中潴马肝泥田；一年两熟，作物类型为双季稻。

（2）**九江市修水县大桥镇墩台村8组省级监测点** 代码为360424JC20162，建点于2016年，东经114°02′09″，北纬28°34′22″，由当地农户管理；土类为水稻土，亚类为潴育型麻砂泥田，土属为马肝泥田，土种为中潴马肝泥田；一年两熟，作物类型为双季稻。

（3）**九江市修水县何市镇火石村3组省级监测点** 代码为360424JC20162，建点于2016年，东经114°21′56″，北纬28°29′36″，由当地农户管理；土类为水稻土，亚类为潴育型麻砂泥田，土属为马肝泥田，土种为中潴马肝泥田；一年两熟，作物类型为双季稻。

（4）**九江市修水县渣津镇西堰村3组省级监测点** 代码为360424JC20164，建点于2016年，东经114°07′19″，北纬28°35′05″，由当地农户管理；土类为水稻土，亚类为潴育型红砂泥田，土属为马肝泥田，土种为中潴马肝泥田；一年两熟，作物类型为双季稻。

3.1.2.4 永修县

（1）**九江市永修县立新乡后岗村省级监测点** 代码为360425JC20161，建点于

2016年，东经115°44′16″，北纬29°00′44″，由当地农户管理；土类为水稻土，亚类为潴育型水稻土，土属为潴育型潮泥田，土种为中潴灰潮泥田；一年一熟，作物类型为单季稻。

（2）九江市永修县马口镇东波村省级监测点　代码为360425JC20162，建点于2016年，东经115°47′17″，北纬29°00′14″，由当地农户管理；土类为水稻土，亚类为潴育型水稻土，土属为潴育型湖泥田，土种为中潴湖泥田；一年一熟，作物类型为单季稻。

（3）九江市永修县白槎镇塘上村省级监测点　代码为3360425JC20163，建点于2016年，东经115°36′21″，北纬29°11′29″，由当地农户管理；土类为水稻土，亚类为潴育型水稻土，土属为潴育型黄泥田，土种为潴育型灰黄泥田；一年一熟，作物类型为单季稻。

（4）九江市永修县滩溪镇阳门村省级监测点　代码为360425JC20164，建点于2016年，东经115°42′36″，北纬29°01′25″，由当地农户管理；土类为水稻土，亚类为潴育型水稻土，土属为潴育型潮泥田，土种为中潴灰潮泥田；一年一熟，作物类型为单季稻。

（5）九江市永修县江上乡耕源村省级监测点　代码为360425JC20165，建点于2016年，东经115°36′32″，北纬29°09′13″，由当地农户管理；土类为水稻土，亚类为潴育型水稻土，土属为潴育型黄泥田，土种为潴育型灰黄泥田；一年一熟，作物类型为单季稻。

3.1.2.5　德安县

（1）九江市德安县河东乡石桥村省级监测点　代码为360426JC20092，建点于2009年，东经115°47′10″，北纬29°19′46″，由当地农户管理；土类为水稻土，亚类为潴育型水稻土，土属为潴育型黄泥田，土种为潴育型灰黄泥田；一年一熟，作物类型为单季稻。

（2）九江市德安县磨溪乡尖山村省级监测点　代码为360426JC20093，建点于2009年，东经115°32′48″，北纬29°21′48″，由当地农户管理；土类为水稻土，亚类为潴育型水稻土，土属为潴育型黄泥田，土种为潴育型灰黄泥田；一年一熟，作物类型为单季稻。

（3）九江市德安县车桥镇车桥村省级监测点　代码为360426JC20094，建点于2009年，东经115°27′39″，北纬29°20′47″，由当地农户管理；土类为水稻土，亚类为潴育型水稻土，土属为潴育型黄泥田，土种为潴育型灰黄泥田；一年一熟，作物类型为单季稻。

（4）九江市德安县爱民乡红岩村省级监测点　代码为360426JC20095，建点于2009年，东经115°32′43″，北纬29°26′31″，由当地农户管理；土类为水稻土，亚类为潴育型水稻土，土属为潴育型鳝泥田，土种为潴育型灰鳝泥田；一年一熟，作物类型为单季稻。

3.1.2.6　庐山市

（1）九江市庐山市白鹿镇玉京村省级监测点　代码为360427JC20091，建点于2009

年，东经 116°01′20″，北纬 29°30′04″，由当地农户管理；土类为水稻土，亚类为淹育型水稻土，土属为淹育型潮砂泥田，土种为淹育型浅潮砂泥田。

（2）九江市庐山市星子镇胜利村省级监测点　代码为 360427JC20092，建点于 2009 年，东经 116°00′32″，北纬 29°22′33″，由当地农户管理；土类为水稻土，亚类为潜育型水稻土，土属为潜育型潮砂泥田，土种为表潜灰潮砂泥田；一年一熟，作物类型为单季稻。

（3）九江市庐山市蛟塘镇芦花塘村省级监测点　代码为 360427JC20093，建点于 2009 年，东经 115°56′26″，北纬 29°18′48″，由当地农户管理；土类为水稻土，亚类为潜育型水稻土，土属为潜育型马肝泥田，土种为中潜马肝泥田；一年一熟，作物类型为单季稻。

（4）九江市庐山市温泉镇新塘畈村省级监测点　代码为 360427JC20095，建点于 2009 年，东经 115°57′21″，北纬 29°25′33″，由当地农户管理；土类为水稻土，亚类为淹育型水稻土，土属为淹育型潮砂泥田，土种为淹育型浅潮砂泥田；一年一熟，作物类型为单季稻。

3.1.2.7　都昌县

（1）九江市都昌县汪墩乡杨储村省级监测点　代码为 360428JC20091，建点于 2009 年，东经 116°18′21″，北纬 29°21′26″，由当地农户管理；土类为水稻土，亚类为潜育型马肝泥田，土属为潜育型马肝泥田，土种为潜育型灰马肝泥田；一年两熟，作物类型为双季稻。

（2）九江市都昌县左里镇城山村省级监测点　代码为 360428JC20092，建点于 2009 年，东经 114°11′05″，北纬 29°22′43″，由当地农户管理；土类为水稻土，亚类为潜育型马肝泥田，土属为潜育型马肝泥田，土种为潜育型灰马肝泥田；一年两熟，作物类型为双季稻。

（3）九江市都昌县鸣山乡程浪村省级监测点　代码为 360428JC20093，建点于 2009 年，东经 116°24′52″，北纬 29°26′46″，由当地农户管理；土类为水稻土，亚类为潜育型鳝泥田，土属为潜育型黄泥田，土种为潜育型灰黄泥田；一年两熟，作物类型为双季稻。

（4）九江市都昌县蔡岭镇华山村省级监测点　代码为 360428JC20095，建点于 2009 年，东经 116°23′00″，北纬 29°29′37″，由当地农户管理；土类为水稻土，亚类为潜育型马肝泥田，土属为潜育型马肝泥田，土种为潜育型灰马肝泥田；一年两熟，作物类型为双季稻。

3.1.2.8　湖口县

（1）九江市湖口县舜德乡南湾村2组省级监测点　代码为 360429JC20091，建点于 2009 年，东经 116°11′04″，北纬 29°34′17″，由当地农户管理；土类为水稻土，亚类为潜育型水稻土，土属为鳝泥田，土种为潜育灰鳝泥田；一年两熟，作物类型为双季稻。

（2）九江市湖口县马影镇马影社区4组省级监测点　代码为 360429JC20092，建点于 2009 年，东经 116°17′59″，北纬 29°43′19″，由当地农户管理；土类为水稻土，亚类为潜育型水稻土，土属为马肝泥田，土种为潜育型灰马肝泥田；一年两熟，作物类型为双季稻。

（3）**九江市湖口县流泗镇杨山村 9 组省级监测点** 代码为 360429JC20093，建点于 2009 年，东经 116°22′30″，北纬 29°49′02″，由当地农户管理；土类为水稻土，亚类为潴育型水稻土，土属为鳝泥田，土种为潴育型灰鳝泥田；一年两熟，作物类型为双季稻。

（4）**九江市湖口县付垅乡付垅村 12 组省级监测点** 代码为 360429JC20094，建点于 2009 年，东经 116°20′08″，北纬 29°38′34″，由当地农户管理；土类为黄褐土，亚类为粘盘黄褐土，土属为马肝泥土，土种为厚层灰马肝泥土；一年两熟，作物类型为油菜-棉花。

3.1.2.9 彭泽县

（1）**九江市彭泽县芙蓉农场四分场省级监测点** 代码为 360430JC20161，建点于 2016 年，东经 116°32′18″，北纬 29°45′52″，由当地农户管理；土类为潴育型水稻土，亚类为潴育型潮泥田，土属为中潜灰潮泥田；一年两熟，作物类型为双季稻。

（2）**九江市彭泽县芙蓉农场一分场省级监测点** 代码为 3360430JC20161，建点于 2016 年，东经 116°43′11″，北纬 29°45′52″，由当地农户管理；土类为潴育型水稻土，亚类为潴育型潮泥田，土属为中潜灰潮泥田；一年两熟，作物类型为双季稻。

（3）**九江市彭泽县浪溪镇浪溪村省级监测点** 代码为 360430JC20162，建点于 2016 年，东经 116°43′11″，北纬 29°54′58″，由当地农户管理；土类为黄棕壤，亚类为马肝土，土属为灰马肝土；一年两熟，作物类型为油菜-棉花。

（4）**九江市彭泽县芙蓉墩镇太字村省级监测点** 代码为 360430JC20163，建点于 2016 年，东经 116°30′15″，北纬 29°51′50″，由当地农户管理；土类为潮土，亚类为壤质潮土，土属为灰壤质潮土；一年两熟，作物类型为双季稻。

（5）**九江市彭泽县棉船镇金州村省级监测点** 代码为 360430JC20164，建点于 2016 年，东经 116°37′41″，北纬 30°00′16″，由当地农户管理；土类为潮土，亚类为壤质潮土，土属为灰壤质潮土；一年两熟，作物类型为双季稻。

3.1.2.10 瑞昌市

（1）**九江市瑞昌市桂林街道常丰省级监测点** 代码为 360481CJ20102，建点于 2010 年，东经 115°35′16″，北纬 29°35′27″，由当地农户管理；土类为水稻土，亚类为潴育型水稻土，土属为潴育型黄泥田；一年两熟，作物类型为油菜-水稻。

（2）**九江市瑞昌市范镇范镇村省级监测点** 代码为 360481JC20103，建点于 2010 年，东经 115°32′24″，北纬 29°33′27″，由当地农户管理；土类为水稻土，亚类为潴育型水稻土，土属为潴育型黄泥田，土种为弱潴灰潮砂泥田；一年两熟，作物类型为油-稻。

（3）**九江市瑞昌市白杨镇连山省级监测点** 代码为 360481JC20104，建点于 2010 年，东经 115°39′28″，北纬 29°45′27″，由当地农户管理；土类为潮土，亚类为典型潮土，土属为潮泥土，土种为灰潮泥土；一年一熟，作物类型为棉花。

（4）**九江市瑞昌市赛湖农场三分场省级监测点** 代码为 360481JC20175，建点于 2017 年，东经 115°43′49″，北纬 29°41′14″，由当地农户管理；土类为水稻土，亚类为潜育型水稻土，土属为潜育型潮泥田，土种为弱潜灰潮泥田；一年一熟，作物类型为单季稻。

3.1.3　九江市市（县）级耕地质量监测点情况介绍

3.1.3.1　柴桑区

（1）九江市柴桑区新塘乡前进村市（县）级监测点　代码为360421JC201002，建点于2017年，东经115°43′37″，北纬29°35′58″，由当地农户管理；土类为水稻土，亚类为潴育型水稻土，土属为潴育型石灰泥田，土种为潴育型灰石灰泥田；一年一熟，作物类型为单季稻。

（2）九江市柴桑区狮子镇龙岗村市（县）级监测点　代码为360421JC201701，建点于2017年，东经115°51′10″，北纬29°37′10″，由当地农户管理；土类为水稻土，亚类为潴育型水稻土，土属为潴育型马肝泥田，土种为潴育型灰马肝泥田；一年一熟，作物类型为单季稻。

3.1.3.2　武宁县

九江市武宁县官莲乡东山村市（县）级监测点　代码为360423JC20177，建点于2017年，东经115°15′27″，北纬29°23′54″，由当地农户管理；土类为水稻土，亚类为潴育型水稻土，土属为潴育型鳝泥田，土种为潴育型灰鳝泥田；一年一熟，作物类型为单季稻。

3.1.3.3　修水县

（1）九江市修水县山口镇桃坪村6组市（县）级监测点　代码为360424JC2012，建点于2012年，东经115°28′30″，北纬29°50′08″，由当地农户管理；土类为水稻土，亚类为潴育型潮砂泥田，土属为马肝泥田，土种为中潴马肝泥田；一年两熟，作物类型为双季稻。

（2）九江市修水县杭口镇中高塅村5组市（县）级监测点　代码为360424JC20156，建点于2015年，东经114°16′53″，北纬29°00′31″，由当地农户管理；土类为水稻土，亚类为潴育型潮砂泥田，土属为马肝泥田，土种为中潴马肝泥田；一年两熟，作物类型为双季稻。

（3）九江市修水县路口乡路口村5组市（县）级监测点　代码为360424JC20197，建点于2019年，东经114°04′16″，北纬29°02′35″，由当地农户管理；土类为水稻土，亚类为潴育型潮砂泥田，土属为马肝泥田，土种为中潴马肝泥田；一年两熟，作物类型为双季稻。

3.1.3.4　德安县

九江市德安县邹桥乡杨坊村市（县）级监测点　代码为360426JC20171，建点于2017年，东经115°28′17″，北纬29°25′35″，由当地农户管理；土类为水稻土，亚类为潴育型水稻土，土属为潴育型黄砂泥田，土种为中潴黄砂泥田；一年一熟，作物类型为单季稻。

3.1.3.5　庐山市

（1）九江市庐山市横塘镇故里垅村市（县）级监测点　代码为360427JC20171，建点于 2017 年，东经 115°53′25″，北纬 29°20′58″，由当地农户管理；土类为水稻土，亚类为淹育型水稻土，土属为淹育潮砂泥田。

（2）九江市庐山市砂湖山管理处长湖村市（县）级监测点　代码为 360427JC20191，建点于 2019 年，东经 115°53′35″，北纬 29°11′09″，由当地农户管理；土类为水稻土，亚类为淹育型水稻土，土属为淹育型潮砂泥田。

3.1.3.6　都昌县

（1）九江市都昌县和合乡南溪村市（县）级监测点　代码为 360428JC20171，建点于 2017 年，东经 116°17′47″，北纬 29°11′09″，由当地农户管理；土类为水稻土，亚类为潴育型水稻土，土属为鳝泥田，土种为潴育型灰鳝泥田；一年一熟，作物类型为单季稻。

（2）九江市都昌县阳峰乡株桥村市（县）级监测点　代码为 360428JC20172，建点于 2017 年，东经 116°21′36″，北纬 29°17′54″，由当地农户管理；土类为水稻土，亚类为潴育型水稻土，土属为潴育型鳝泥田，土种为潴育型灰鳝泥田；一年一熟，作物类型为单季稻。

3.1.3.7　湖口县

（1）九江市湖口县城山镇东庄村 15 组市（县）级监测点　代码为 360429JC20173，建点于 2017 年，东经 116°15′25″，北纬 29°36′48″，由当地农户管理；土类为黄褐土，亚类为黏盘黄褐土，土属为马肝泥土，土种为厚层灰马肝泥土；一年一熟，作物类型为棉花。

（2）九江市湖口县城山镇东庄村 15 组市（县）级监测点　代码为 360429JC20176，建点于 2017 年，东经 116°15′25″，北纬 29°36′48″，由当地农户管理；土类为黄褐土，亚类为黏盘黄褐土，土属为马肝泥土，土种为厚层灰马肝泥土；一年两熟，作物类型为油菜-棉花。

（3）九江市湖口县凰村乡新丰村 7 组市（县）级监测点　代码为 360429JC20174，建点于 2017 年，东经 116°19′32″，北纬 29°46′31″，由当地农户管理；土类为水稻土，亚类为潴育型水稻土，土属为马肝泥田，土种为潴育型灰马肝泥田；一年一熟，作物类型为单季稻。

（4）九江市湖口县流芳乡流芳村 4 组市（县）级监测点　代码为 360429JC20175，建点于 2017 年，东经 116°15′54″，北纬 29°52′24″，由当地农户管理；土类为水稻土，亚类为潴育型水稻土，土属为马肝泥田，土种为潴育型灰马肝泥田；一年一熟，作物类型为单季稻。

（5）九江市湖口县花园乡油市村市（县）级监测点　代码为 360481JC20186，建点于 2018 年，东经 115°19′55″，北纬 29°36′14″，由当地农户管理；土类为水稻土，亚类为潜育型水稻土；一年两熟，作物类型为双季稻。

3.1.3.8　濂溪区

（1）九江市濂溪区新港镇杨家场市级监测点　代码为 360400JC20111，建点于 2011 年，东经 116°10′40″，北纬 29°44′54″，由当地农户管理；土类为潮土，亚类为灰潮土，土属为壤质灰潮土，土种为灰壤质灰潮土；一年一熟，作物类型为棉花。

（2）**九江市濂溪区威家镇新华村市级监测点**　代码为 360400JC20114，建点于 2011 年，东经 116°00′24″，北纬 29°39′00″，由当地农户管理；土类为水稻土，亚类为潴育型水稻土，土属为潴育型马肝泥田，土种为潴育型灰马肝泥田；一年一熟，作物类型为单季稻。

（3）**九江市濂溪区威家镇积余村市级监测点**　代码为 360400JC20161，建点于 2016 年，东经 116°06′08″，北纬 29°44′46″，由当地农户管理；土类为水稻土，亚类为潴育型水稻土，土属为潴育型马肝泥田，土种为潴育型灰马肝泥田；一年一熟，作物类型为单季稻。

（4）**九江市濂溪区新港镇芳兰村市级监测点**　代码为 360400JC20113，建点于 2011 年，东经 116°04′20″，北纬 29°43′47″，由当地农户管理；土类为水稻土，亚类为潴育型水稻土，土属为潴育型马肝泥田，土种为潴育型灰马肝泥田；一年一熟，作物类型为单季稻。

3.1.3.9　永修县

（1）**九江市永修县立新乡北徐村市级监测点**　代码为 360425JC20171，建点于 2017 年，东经 115°42′57″，北纬 29°59′27″，由当地农户管理；土类为水稻土，亚类为潴育型水稻土，土属为潴育型潮泥田，土种为中潴灰潮泥田；一年一熟，作物类型为单季稻。

（2）**九江市永修县三溪桥镇三溪桥村市级监测点**　代码为 360425JC20172，建点于 2017 年，东经 115°34′01″，北纬 29°13′23″，由当地农户管理；土类为潮土，亚类为潮土，土属为壤质潮土，土种为中壤质潮土；一年一熟，作物类型为柑橘。

（3）**九江市永修县九合乡农科所（城南村附近）市级监测点**　代码为 360425JC20173，建点于 2017 年，东经 115°50′11″，北纬 29°06′01″，由当地农户管理；土类为水稻土，亚类为潴育型水稻土，土属为潴育型潮泥田，土种为中潴灰潮泥田；一年一熟，作物类型为单季稻。

（4）**九江市永修县涂埠镇兴杨村市级监测点**　代码为 360425JC20175，建点于 2017 年，东经 115°49′27″，北纬 29°11′00″，由当地农户管理；土类为水稻土，亚类为潴育型水稻土，土属为潴育型潮泥田，土种为中潴灰潮泥田；一年一熟，作物类型为单季稻。

3.1.3.10　彭泽县

（1）**九江市彭泽县马当镇跃进村市级监测点**　代码为 360430JC20165，建点于 2016 年，东经 116°37′22″，北纬 29°58′04″，由当地农户管理；土类为潮土，亚类为壤质潮土，土属为灰壤质潮土；一年两熟。

（2）**九江市彭泽县黄岭乡三畈村县级监测点**　代码为 360430JC20166，建点于 2016 年，东经 115°34′25″，北纬 29°47′38″，由当地农户管理；土类为水稻土，亚类为潴育型水稻土，土属为潴育型马肝泥田，土种为中潴灰马肝泥田；一年两熟，作物类型为双季稻。

3.1.3.11 共青城市

九江市共青城市苏家垱乡青山村市（县）级监测点 代码为360482JC20171，建点于2017年，东经115°03′13″，北纬29°14′02″，由当地农户管理；土类为水稻土，亚类为潴育型水稻土，土属为潴育型黄泥田，土种为潴育型灰黄泥田；一年一熟，作物类型为单季稻。

3.2 九江市各监测点作物产量

3.2.1 单季稻产量年际变化（2016—2020）

2016—2020年5个年份九江市水田常规施肥、无肥处理的单季稻分别有32个、32个、51个、39个和38个监测点。由于每年都有新增或减少的监测点位，且同一监测点位的稻作制度不完全相同，个别点位还有种植棉花、玉米、柑橘等作物的情况出现，因此不同年份之间监测点位数量不同。

九江市2016—2020年5个年份的无肥处理的单季稻年均产量分别为340.13 kg/亩、322.74 kg/亩、320.34 kg/亩、316.02 kg/亩和303.26 kg/亩；常规施肥处理的单季稻年均产量分别为491.01 kg/亩、483.67 kg/亩、463.20 kg/亩、453.80 kg/亩和458.20 kg/亩（图3-1）。相较于无肥处理，常规施肥处理2016—2020年5个年份的单季稻的产量分别提高了44.36%、49.86%、44.60%、43.60%、51.09%。

从图3-2可以看出，2016—2020年无肥处理单季稻的平均产量为320.50 kg/亩，常规施肥处理的单季稻平均产量为469.98 kg/亩。相较于无肥处理，常规施肥处理单季稻的平均产量提高了46.64%，这表明相较于不施肥处理，常规施肥处理可以显著提高单季稻产量。

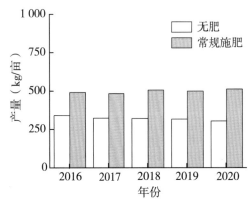
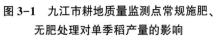
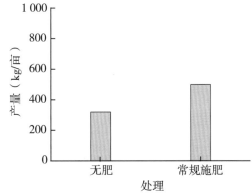

图3-1 九江市耕地质量监测点常规施肥、无肥处理对单季稻产量的影响　　图3-2 九江市耕地质量监测点2016—2020年常规施肥、无肥处理下的单季稻平均产量

3.2.2 双季稻产量年际变化（2016—2020）

2016—2020 年 5 个年份九江市常规施肥、无肥处理的双季稻分别有 18 个、16 个、12 个、13 个和 23 个监测点。与单季稻的情况类似，不同年份之间监测点位数量不同，原因包括：一是每年都有新增或减少的监测点位；二是同一监测点位的稻作制度不完全相同，个别点位还有种植棉花、玉米、柑橘等作物的情况。但本书仅有 2016—2017 年监测点部分数据。

3.2.2.1 早稻产量年际变化（2016—2020）

2016—2017 年两个年份九江市无肥处理的早稻年均产量分别为 213.37 kg/亩、252.85 kg/亩，常规施肥处理下两个年份早稻年均产量分别为 459.39 kg/亩、455.48 kg/亩（图 3-3）。相较于无肥处理，常规施肥处理下两个年份的早稻年均产量分别提高了 115.30%、80.14%。

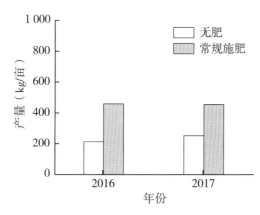

图 3-3　九江市耕地质量监测点常规施肥、　　图 3-4　九江市耕地质量监测点 2016—2017 年
无肥处理对早稻产量的影响　　　　　　　常规施肥、无肥处理下的早稻平均产量

从图 3-4 可以看出，2016—2017 年九江市耕地质量监测点无肥处理的早稻平均产量为 227.73 kg/亩，常规施肥处理早稻平均产量为 457.96 kg/亩。相较于无肥处理，常规施肥条件下 2016—2017 年两个年份九江市耕地质量监测点的早稻产量提高了 101.10%，这表明常规施肥处理能够显著提高早稻的产量。

3.2.2.2 晚稻产量年际变化（2016—2020）

2016—2017 年九江市无肥处理的晚稻年均产量分别为 237.19 kg/亩、266.90 kg/亩，常规施肥处理下的晚稻年均产量分别为 493.67 kg/亩、484.68 kg/亩（图 3-5）。相较于无肥处理，常规施肥处理两个年份的晚稻年均产量分别提高了 108.13%、81.60%。

从图 3-6 可以看出，2016—2017 年九江市耕地质量监测点无肥处理的晚稻平均产量为 247.99 kg/亩，常规施肥处理的晚稻平均产量为 490.40 kg/亩。相较于无肥处理，常规施肥处理 2016—2017 年九江市耕地质量监测点的晚稻产量提高了 97.75%，这表明常规施肥处理能够显著提高晚稻的产量。

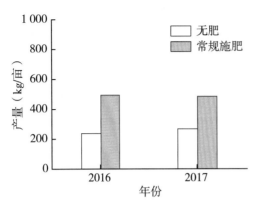

图 3-5　九江市耕地质量监测点常规施肥、无肥处理对晚稻产量的影响

图 3-6　九江市耕地质量监测点 2016—2017 年常规施肥、无肥处理下的晚稻平均产量

3.2.2.3　双季稻总产量年际变化（2016—2020）

2016—2017 两个年份九江市无肥处理的双季稻年均产量分别为 450.56 kg/亩、519.75 kg/亩，常规施肥处理的双季稻年均产量分别为 953.06 kg/亩、940.15 kg/亩（图 3-7）。相较于无肥处理，常规施肥处理下两个年份的双季稻年均产量分别提高了111.53%、80.89%。

从图 3-8 可以看出，2016—2017 年份九江市耕地质量监测点无肥处理的双季稻平均产量为 475.72 kg/亩，常规施肥处理的双季稻平均产量为 948.36 kg/亩。相较于无肥处理，常规施肥处理 2016—2017 年九江市耕地质量监测点的双季稻产量提高了99.35%，这表明常规施肥处理能够显著提高双季稻的产量。

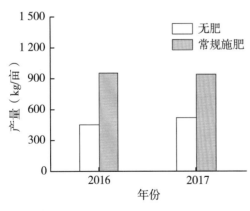
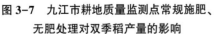
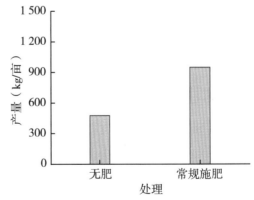

图 3-7　九江市耕地质量监测点常规施肥、无肥处理对双季稻产量的影响

图 3-8　九江市耕地质量监测点 2016—2017 年常规施肥、无肥处理下的双季稻平均产量

3.3 九江市各监测点土壤性质

九江市位于东经113°57′~116°53′、北纬28°47′~30°06′，地处赣北，在江西省最北部，长江、鄱阳湖、京九铁路三大经济开发带交叉点，号称"三江之口，七省通衢"与"天下眉目之地"，有"江西北大门"之称。本节汇总了九江市2016—2020年各级耕地质量监测点的土壤理化性质，明确了九江市常规施肥及无肥条件下土壤理化性质的差异。

2016—2019年4个年份九江市长期定位监测点分别有57个、67个、78个、74个，2020年又增至77个监测点。

3.3.1 土壤pH变化

2016—2020年5个年份九江市无肥处理的土壤pH分别为5.57、5.62、5.71、5.82和6.10，常规施肥处理的土壤pH分别为5.64、5.68、5.71、5.79和5.90。与2016年的土壤pH相比，2017—2020年4个年份无肥处理的土壤pH分别增加了0.05、0.14、0.25和0.53个单位；常规施肥处理的土壤pH分别增加了0.04、0.07、0.15和0.26个单位（图3-9）。相较于无肥处理，2016—2020年5个年份常规施肥处理的pH分别增加了0.07、0.06、0.00、-0.03和-0.20个单位。

从图3-10可以看出，九江市耕地质量监测点2016—2020年无肥处理的pH平均值为5.76，而常规施肥处理的pH平均值为5.74。相较于无肥处理，2016—2020年常规施肥处理的pH平均值降低了0.02个单位。

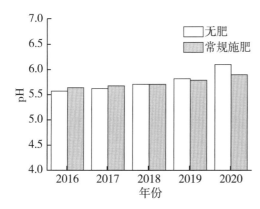

图3-9 九江市耕地质量监测点常规施肥、无肥处理对土壤pH的影响

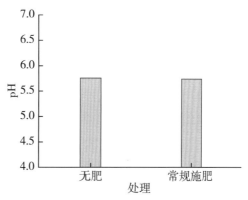

图3-10 九江市耕地质量监测点2016—2020年常规施肥、无肥处理土壤pH的平均值

3.3.2 土壤有机质年际变化

2016—2020年5个年份九江市无肥处理的土壤有机质分别为17.86 g/kg、

20.57 g/kg、20.68 g/kg、18.61 g/kg 和 21.04 g/kg，常规施肥处理的土壤有机质分别为 26.67 g/kg、26.10 g/kg、26.96 g/kg、25.62 g/kg 和 25.75 g/kg（图 3-11）。与 2016 年相比，2017—2020 年 4 个年份无肥处理的土壤有机质分别增加了 15.17%、15.79%、4.20% 和 17.81%；常规施肥处理的土壤有机质分别增加了 -2.14%、1.09%、-3.94% 和 -3.45%。相较于无肥处理，2016—2020 年 5 个年份常规施肥处理的土壤有机质分别增加了 49.33%、26.88%、30.37%、37.67% 和 22.39%。

从图 3-12 可以看出，九江市耕地质量监测点 2016—2020 年无肥处理的土壤有机质平均值为 19.75 g/kg，而常规施肥处理土壤有机质的平均值为 26.22 g/kg。相较于无肥处理，常规施肥处理 2016—2020 年土壤有机质的平均值增加了 32.76%。

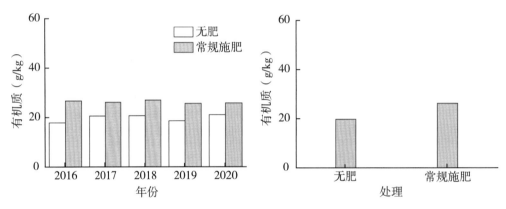

图 3-11　九江市耕地质量监测点常规施肥、　　　图 3-12　九江市耕地质量监测点 2016—2020 年
　　　　　无肥处理对土壤有机质的影响　　　　　　　　　常规施肥、无肥处理下土壤有机质的平均值

3.3.3　土壤全氮年际变化

2016—2020 年 5 个年份九江市无肥处理的土壤全氮分别为 1.38 g/kg、1.35 g/kg、1.38 g/kg、1.49 g/kg 和 1.34 g/kg，常规施肥处理的土壤全氮分别为 1.46 g/kg、1.49 g/kg、1.70 g/kg、1.66 g/kg 和 1.34 g/kg。与 2016 年的相比，2017—2020 年 4 个年份无肥处理的土壤全氮分别增加了 -2.17%、0.00%、7.97% 和 -2.90%；常规施肥处理的土壤全氮分别增加了 2.05%、16.44%、13.70% 和 -8.22%（图 3-13）。相较于无肥处理，2016—2020 年 5 个年份常规施肥处理的土壤全氮分别增加了 5.80%、10.37%、23.19%、11.41% 和 0.00%。

从图 3-14 可以看出，九江市耕地质量监测点 2016—2020 年无肥处理的土壤全氮平均值为 1.39 g/kg，而常规施肥处理土壤全氮的平均值为 1.53 g/kg。相较于无肥处理，常规施肥处理下 2016—2020 年土壤全氮的平均值增加了 10.07%。

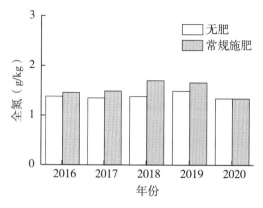 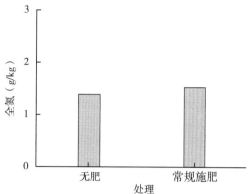

图 3-13　九江市耕地质量监测点常规施肥、
无肥处理对土壤全氮的影响

图 3-14　九江市耕地质量监测点 2016—2020 年
常规施肥、无肥处理下土壤全氮的平均值

3.3.4　土壤碱解氮年际变化

2016—2020 年 5 个年份九江市无肥处理的土壤碱解氮分别为 75.67 mg/kg、80.47 mg/kg、102.71 mg/kg、69.17 mg/kg 和 113.67 mg/kg，常规施肥处理的土壤碱解氮分别为 142.05 mg/kg、140.78 mg/kg、148.39 mg/kg、149.42 mg/kg 和 144.31 mg/kg。与 2016 年的相比，2017—2020 年 4 个年份无肥处理的土壤碱解氮分别增加了 6.34%、-35.73%、-8.59% 和 50.22%；常规施肥处理的土壤碱解氮分别增加了 -0.90%、4.50%、5.24% 和 1.61%（图 3-15）。相较于无肥处理，2016—2020 年 5 个年份常规施肥处理的土壤碱解氮分别增加了 87.72%、74.95%、44.47%、116.02% 和 26.96%。

从图 3-16 可以看出，九江市耕地质量监测点 2016—2020 年无肥处理的土壤碱解氮平均值为 88.34 mg/kg，而常规施肥处理土壤碱解氮的平均值为 144.99 mg/kg。相较于无肥处理，常规施肥处理 2016—2020 年土壤碱解氮的平均值增加了 64.13%。

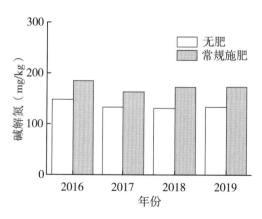 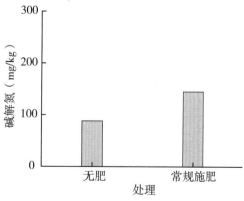

图 3-15　九江市耕地质量监测点常规施肥、
无肥处理对土壤碱解氮的影响

图 3-16　九江市耕地质量监测点 2016—2019 年
常规施肥、无肥处理下土壤碱解氮的平均值

3.3.5 土壤有效磷年际变化

2016—2020 年 5 个年份九江市无肥处理的土壤有效磷分别为 11.34 mg/kg、15.06 mg/kg、14.13 mg/kg、13.05 mg/kg 和 13.19 mg/kg，常规施肥处理的土壤有效磷分别为 21.01 mg/kg、21.93 mg/kg、19.7 mg/kg、21.77 mg/kg 和 20.81 mg/kg（图 3-17）。与 2016 年的相比，2017—2020 年 4 个年份无肥处理的土壤有效磷分别增加了 32.80%、24.60%、15.08%和 16.31%；常规施肥处理的土壤有效磷分别增加了 4.38%、-6.24%、3.62%和-0.95%。相较于无肥处理，2016—2020 年 5 个年份常规施肥处理的土壤有效磷分别增加了 85.27%、45.62%、39.42%、66.82%和 57.77%。

从图 3-18 可以看出，九江市耕地质量监测点 2016—2020 年无肥处理的土壤有效磷平均值为 13.36 mg/kg，而常规施肥处理土壤有效磷的平均值为 21.05 mg/kg。相较于无肥处理，常规施肥处理 2016—2020 年土壤有效磷的平均值增加了 57.56%。

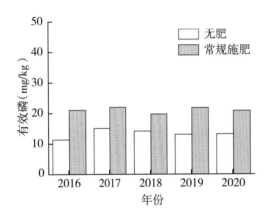

图 3-17 九江市耕地质量监测点常规施肥、无肥处理对土壤有效磷的影响　　**图 3-18** 九江市耕地质量监测点 **2016—2020** 年常规施肥、无肥处理下土壤有效磷的平均值

3.3.6 土壤速效钾年际变化

2016—2020 年 5 个年份九江市无肥处理的土壤速效钾分别为 62.41 mg/kg、83.84 mg/kg、75.1 mg/kg、72.68 mg/kg 和 91.49 mg/kg，常规施肥处理的土壤速效钾分别为 98.57 mg/kg、97.39 mg/kg、98.48 mg/kg、101.79 mg/kg 和 105.96 mg/kg。与 2016 年的相比，2017—2020 年 4 个年份无肥处理的土壤速效钾分别增加了 34.34%、20.33%、16.46%和 46.60%；常规施肥处理的土壤速效钾分别增加了-1.20%、-0.09%、3.27%和 7.50%（图 3-19）。相较于无肥处理，2016—2020 年 5 个年份常规施肥处理的土壤速效钾分别增加了 57.94%、16.16%、31.13%、40.05%和 15.82%。

从图 3-20 可以看出，九江市耕地质量监测点 2016—2020 年无肥处理的土壤速效钾平均值为 77.1 mg/kg，而常规施肥处理土壤速效钾的平均值为 100.44 mg/kg。相较于无肥处理，常规施肥处理 2016—2020 年土壤速效钾的平均值增加了 30.27%。

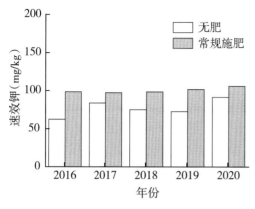
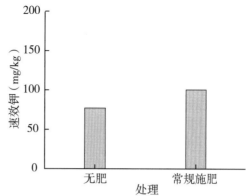

图 3-19 九江市耕地质量监测点常规施肥、无肥处理对土壤速效钾的影响

图 3-20 九江市耕地质量监测点 2016—2020 年常规施肥、无肥处理下土壤速效钾的平均值

3.3.7 土壤缓效钾年际变化

本书仅收集到 2018—2020 年九江市的部分土壤缓效钾数据（图 3-21）。2018—2020 年 3 个年份九江无肥处理的土壤缓效钾分别为 152.75 mg/kg、289.33 mg/kg 和 359.72 mg/kg，常规施肥处理的土壤缓效钾分别为 199.75 mg/kg、185.00 mg/kg 和 354.15 mg/kg。与 2018 年的相比，2019—2020 年两个年份无肥处理的土壤缓效钾分别增加了 89.41% 和 135.50%；常规施肥处理的土壤缓效钾分别增加了 -7.38% 和 77.30%。相较于无肥处理，2018—2020 年 3 个年份常规施肥处理的土壤缓效钾分别增加了 30.77%、-36.06% 和 -1.55%。

从图 3-22 可以看出，九江市耕地质量监测点 2018—2020 年无肥处理的土壤缓效钾平均值为 267.27 mg/kg，而常规施肥处理土壤缓效钾的平均值为 246.3 mg/kg。相较于无肥处理，常规施肥处理下 2018—2020 年土壤缓效钾的平均值降低了 7.85%。

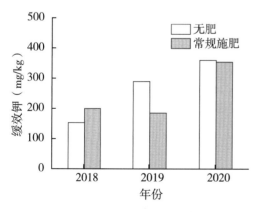
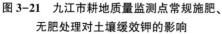
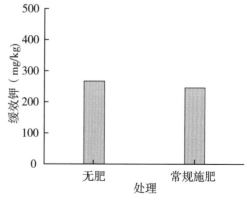

图 3-21 九江市耕地质量监测点常规施肥、无肥处理对土壤缓效钾的影响

图 3-22 九江市耕地质量监测点 2018—2020 年常规施肥、无肥处理下土壤缓效钾的平均值

3.3.8 耕层厚度及土壤容重

2016—2020 年 5 个年份九江市无肥处理的土壤耕层厚度分别为 20.36 cm、20.41 cm、20.65 cm、20.57 cm 和 20.63 cm，常规施肥处理的土壤耕层厚度分别为 20.94 cm、21.00 cm、21.20 cm、21.15 cm 和 21.15 cm。与 2016 年相比，2017—2020 年 4 个年份无肥处理的土壤耕层厚度分别增加了 0.05 cm、0.29 cm、0.21 cm、和 0.27 cm；常规施肥处理的土壤耕层厚度分别增加了 0.06 cm、0.08 cm、0.21 cm 和 0.21 cm（表 3-1）。相较于无肥处理，2016—2020 年 5 个年份常规施肥处理的土壤耕层厚度分别变化了 0.58 cm、0.59 cm、0.55 cm、0.58 cm 和 0.52 cm。

从表 3-1 可以看出，九江市耕地质量监测点 2016—2020 年无肥处理的土壤耕层厚度平均值为 20.53 cm，而常规施肥处理土壤耕层厚度的平均值为 21.09 cm。相较于无肥处理，常规施肥处理 2016—2020 年土壤耕层厚度的平均值增加了 0.56 cm。

表 3-1　2016—2020 年九江市耕地质量监测点常规施肥、无肥处理的土壤耕层厚度

单位：cm

年份	无肥处理	常规施肥处理
2016	20.36	20.94
2017	20.41	21.00
2018	20.65	21.20
2019	20.57	21.15
2020	20.63	21.15
平均	20.53	21.09

2016—2020 年 5 个年份九江市无肥处理的土壤容重分别为 1.36 g/cm^3、1.36 g/cm^3、1.33 g/cm^3、1.35 g/cm^3 和 1.19 g/cm^3，常规施肥处理的土壤容重分别为 1.40 g/cm^3、1.40 g/cm^3、1.35 g/cm^3、1.35 g/cm^3 和 1.23 g/cm^3。与 2016 年相比，2017—2020 年 4 个年份无肥处理的土壤容重分别降低了 0.0%、2.2%、0.7%和12.5%；常规施肥处理的土壤容重分别降低了 0.0%、3.6%、3.6%和 12.1%（表 3-2）。相较于无肥处理，2016—2020 年 5 个年份常规施肥处理的土壤容重分别增加了 2.9%、2.9%、1.5%、0.0%和 3.4%。

从表 3-2 可以看出，九江市耕地质量监测点 2016—2020 年无肥处理的土壤容重平均值为 1.32 g/cm^3，而常规施肥处理土壤容重的平均值为 1.34 g/cm^3。相较于无肥处理，常规施肥处理 2016—2020 年土壤容重的平均值增加了 1.5%。

表 3-2　2016—2020 年九江市耕地质量监测点常规施肥、无肥处理的土壤容重

单位：g/cm^3

年份	无肥处理	常规施肥处理
2016	1.36	1.40

（续表）

年份	无肥处理	常规施肥处理
2017	1.36	1.40
2018	1.33	1.35
2019	1.35	1.35
2020	1.19	1.23
平均	1.32	1.34

3.3.9　土壤理化性状小结

2016—2020 年九江市耕地质量监测点无肥处理的土壤 pH 为 5.57~6.10，常规施肥处理的土壤 pH 为 5.64~5.90，均为酸性和弱酸性土壤；无肥处理的土壤有机质为 17.86~21.04 g/kg，常规施肥处理的土壤有机质为 25.62~26.96 g/kg，均为三级；无肥处理的土壤全氮为 1.34~1.49 g/kg，为三级，常规施肥处理的土壤全氮为 1.34~1.7 g/kg，为三级至二级；监测点无肥处理的土壤碱解氮为 69.17~113.67 mg/kg，常规施肥处理的土壤碱解氮为 140.78~149.42 mg/kg；无肥处理的土壤有效磷为 11.34~15.06 mg/kg，为三级，常规施肥处理的土壤有效磷为 19.70~21.93 mg/kg，为三级至二级；无肥处理的土壤速效钾为 62.41~91.49 mg/kg，为四级至三级，常规施肥处理的土壤速效钾为 97.39~105.96 mg/kg，为三级；无肥处理的土壤缓效钾为 152.75~359.72 mg/kg，常规施肥处理的土壤缓效钾为 185.00~354.15 mg/kg，均为四级。

3.4　九江市各监测点耕地质量等级评价

九江市耕地质量监测点主要分布在柴桑区、德安县、都昌县、共青城市、湖口县、濂溪区、庐山市、彭泽县、瑞昌市、武宁县、修水县、永修县 12 个县（市、区）。2016—2020 年柴桑区长期定位监测点均有 6 个，其各点位综合耕地质量等级在 2016 年、2017 年和 2020 年均为 5 等（图 3-23），在 2018 年和 2019 年为 4 等；2016—2020 年德安县长期定位监测点分别有 5 个、5 个、6 个、6 个、6 个，其各点位综合耕地质量等级在 2016—2020 年均为 3 等；2016—2020 年都昌县耕地质量监测点分别有 5 个、5 个、7 个、7 个、7 个，其各点位综合耕地质量等级在 2017 年、2018 年和 2020 年为 6 等，在 2019 年为 5 等，在 2016 年为 4 等；2016—2020 年共青城长期定位监测点分别有 4 个、4 个、4 个、4 个、5 个，其各点位综合耕地质量等级在 2016 年为 3 等，在 2017—2020 年均为 2 等；2016—2020 年湖口县耕地质量监测点分别有 5 个、5 个、8 个、8 个、8 个，其各点位综合耕地质量等级在 2016 年和 2017 年为 4 等，在 2018—2020 年均降为 5 等；2016—2020 年濂溪区长期定位监测点均有 4 个，其各点位综合耕地质量等级在 2016—2019 年均为 5 等，在 2020 年升为 4 等；2016—2019 年庐山市长期定位监测点分别有 5 个、5 个、5 个、6 个，其各点位综合耕地质量等级在 2016—2019

年均为4等；2016—2020年彭泽县耕地质量监测点分别有5个、6个、6个、6个、5个，但有部分年份没有数据，其各点位综合耕地质量等级在2020年为5等（图3-23中未显示）；2016—2020年瑞昌市长期定位监测点分别有5个、6个、6个、7个、8个，其各点位综合耕地质量等级在2016年、2017年、2019年和2020年均为4等，在2018年为3等；2016—2020年武宁县耕地质量监测点分别有6个、5个、9个、8个、8个，其各点位综合耕地质量等级在2016—2018年和2020年为4等，在2019年为5等；2016—2020年修水县耕地质量监测点分别有7个、7个、7个、8个、8个，其各点位综合耕地质量等级在2016年和2017年为4等，在2018—2020年升为3等；2016—2020年永修县耕地质量监测点分别有5个、10个、10个、10个、10个，其各点位综合耕地质量等级在2016年和2020年为4等，在2017—2019年为3等。

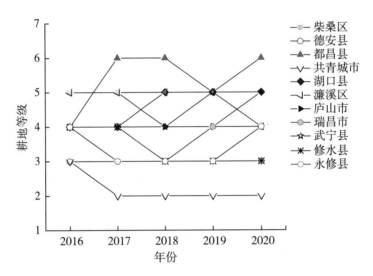

图3-23 九江市耕地质量监测点耕地质量等级年度变化

第四章 上饶市监测点作物产量及土壤性质

4.1 上饶市监测点情况介绍

上饶市主要有国家级监测点（广信区、万年县、信州区、德兴市、广丰区、弋阳县、鄱阳县、玉山县、铅山县、婺源县）、省级监测点（广信区石狮乡、上沪镇、田墩镇、清水乡；万年县齐埠乡；婺源县工业园、清华镇、中云镇、溪头乡；信州区朝阳镇、砂溪镇、秦峰镇；德兴市海口镇、黄柏乡、绕二镇、龙头山乡；广丰区湖丰镇、铜钹山镇、羊口镇；横峰县龙门乡；弋阳县朱坑镇、叠山镇、花亭乡、漆工镇；鄱阳县三庙前乡、游城乡、凰岗镇、县农科所、鸦鹊湖、枧田街、饶丰、莲湖；玉山县六都乡、怀玉乡；铅山县紫溪乡、湖坊镇、河口镇、永平镇）、市（县）级监测点（万年县裴梅镇、湖云乡、大源镇；玉山县文成街道、四股桥乡、横街镇、岩瑞镇；铅山县汪二镇、青溪服务中心、稼轩乡；余干县洪家嘴乡、三塘乡、康山乡、鹭鸶港乡、信丰垦殖场、石口镇、枫港乡、杨埠镇；婺源县中云镇；广丰区洋口镇；弋阳县葛溪乡、中畈乡）共72个监测点位。

4.1.1 上饶市国家级耕地质量监测点情况介绍

（1）**上饶市广信区国家级监测点** 代码为360749，建点于2016年，位于石狮乡吉阳村，东经117°58′12″，北纬28°31′48″，由当地农户管理；常年降水量1 980 mm，常年有效积温5 560 ℃，常年无霜期260 d，海拔高度55 m，地下水深1 m，无障碍因素，耕地地力水平中等，满足灌溉能力，排水能力中等，农业区划分属于长江中下游区，一年两熟，作物类型为油-稻；成土母质为砂砾岩类风化物，土类为水稻土，亚类为潴育型水稻土，土属为潮泥田，土种为新建潮砂泥田；质地构型为紧实型，生物多样性一般，农田林网化程度中等，土壤养分水平状况为潜在缺乏，无盐渍化。土壤剖面理化性状如下。

耕作层：0~15 cm，灰黑色，团粒状，土壤容重为1.15 g/cm^3，植物根系大量分布，质地为黏壤土，pH 4.9，有机质含量为49.0 g/kg，全氮含量为2.17 g/kg，全磷含量为0.937 g/kg，全钾含量为12.02 g/kg，阳离子交换为6.3 cmol/kg。

犁底层：15~25 cm，黄红色，块状，土壤容重为1.66 g/cm^3，植物根系少量分布，质地为少砾质黏壤土，pH 5.0，有机质含量为24.6 g/kg，全氮含量为1.25 g/kg，全磷含量为0.738 g/kg，全钾含量为12.13 g/kg，阳离子交换量为2.5 cmol/kg。

渗育层：25 ~ 40 cm，灰色，块状，土壤容重为 1.64 g/cm³，质地为黏壤土，pH 5.3，有机质含量为 17.1 g/kg，全氮含量为 1.0 g/kg，全磷含量为 0.316 g/kg，全钾含量为 10.74 g/kg，阳离子交换量为 4.0 cmol/kg。

潴育层：40~100 cm，土黄色，块状，土壤容重为 1.55 g/cm³，质地为壤质黏土，pH 5.5，有机质含量为 13.7 g/kg，全氮含量为 0.57 g/kg，全磷含量为 0.506 g/kg，全钾含量为 9.74 g/kg，阳离子交换量为 2.0 cmol/kg。

（2）**上饶市万年县国家级监测点** 代码为 360155，建点于 1998 年，位于汪家乡新建村，东经 116°58′48″，北纬 28°44′24″，由当地农户管理；常年降水量 1 700 mm，常年有效积温 500 ℃，常年无霜期 261 d，海拔高度 48 m，地下水深 1 m，无障碍因素，耕地地力水平中等，满足灌溉能力，排水能力强，农业区划分属于长江中下游区，一年两熟，作物类型为双季稻；成土母质为泥质岩类风化物，土类为水稻土，亚类为潴育型水稻土，土属为鳝泥田，土种为灰鳝泥田；质地构型为上松下紧型，生物多样性一般，农田林网化程度中等，土壤养分水平状况为潜在缺乏，无盐渍化。土壤剖面理化性状如下。

耕作层：0~20 cm，土壤容重为 0.91 g/cm³，质地为黏壤土，pH 5.0，有机质含量为 2.7 g/kg，全氮含量为 0.19 g/kg，全磷含量为 0.035 g/kg，全钾含量为 2.55 g/kg。

犁底层：20~30 cm，土壤容重为 1.30 g/cm³，质地为黏壤土，pH 5.0，有机质含量为 1.4 g/kg，全氮含量为 0.11 g/kg，全磷含量为 0.027 g/kg，全钾含量为 2.52 g/kg。

潴育层：30~100 cm，土壤容重为 1.47 g/cm³，质地为黏壤土，pH 5.4，有机质含量为 0.5 g/kg，全氮含量为 0.07 g/kg，全磷含量为 0.022 g/kg，全钾含量为 2.38 g/kg。

（3）**上饶市信州区国家级监测点** 代码为 360735，建点于 2017 年，位于秦峰镇占村村，东经 118°06′36″，北纬 28°30′36″，由当地农户管理；常年降水量 1 955 mm，常年有效积温 5 480 ℃，常年无霜期 288 d，海拔高度 78 m，地下水深 1 m，无障碍因素，耕地地力水平中等，满足灌溉能力，排水能力中等，农业区划分属于长江中下游区，一年一熟，作物类型为单季稻；成土母质为红砂岩风化物，土类为水稻土，亚类为潴育型水稻土，土属为红砂泥田，土种为其他红砂泥田。土壤剖面理化性状如下。

耕作层：0 ~ 12 cm，黑褐色，细块，较松，虫穴、根孔，根多，土壤容重为 1.10 g/cm³，质地为黏壤土，pH 5.1，有机质含量为 8.5 g/kg，全氮含量为 2.34 g/kg，全磷含量为 0.284 g/kg，全钾含量为 22.15 g/kg，阳离子交换量为 9.5 cmol/kg。

犁底层：12~32 cm，黄褐色，块状，紧实，偶见钙类物质，少量根，土壤容重为 1.8 g/cm³，质地为粉砂质黏壤土，pH 7.0，有机质含量为 7.7 g/kg，全氮含量为 0.57 g/kg，全磷含量为 0.196 g/kg，全钾含量为 25.25 g/kg，阳离子交换量为 9.8 cmol/kg。

潴育层 1：32~70 cm，锈迹斑灰褐色，块状，较紧，有亚铁化合物，无根系，土壤容重为 1.30 g/cm³，质地为壤黏土，pH 7.0，有机质含量为 3.8 g/kg，全氮含量为 0.26 g/kg，全磷含量为 0.079 g/kg，全钾含量为 24.25 g/kg，阳离子交换量为 13.7 cmol/kg。

潴育层 2：70~100 cm，锈迹棕色，棱柱状，紧实，有亚铁化合物，无根系，土壤容重为 1.7 g/cm^3。

（4）上饶市德兴市国家级监测点　代码为 360770，建点于 2011 年，位于万村乡万村村，东经 117°28′26″，北纬 28°43′19″，由当地农户管理；常年降水量 1 849 mm，常年有效积温 6 200 ℃，常年无霜期 252 d，海拔高度 76.6 m，无障碍因素，耕地地力水平中等，满足灌溉能力，排水能力中等，农业区划分属于长江中下游区，一年两熟，作物类型为双季稻；土类为水稻土，亚类为潴育型水稻土，土属为鳝泥田，土种为乌鳝泥田。土壤剖面理化性状如下。

耕作层：0~24 cm，浅棕灰色，粒状，松散，少量锈纹，多量植物根系，质地为中砾质砂质黏壤土，pH 5.1，有机质含量为 42.5 g/kg，全氮含量为 0.74 g/kg，全磷含量为 0.685 g/kg，全钾含量为 42.56 g/kg，阳离子交换量为 6.8 cmol/kg。

犁底层：24~30 cm，浅灰棕黄色，块状，较紧实，多量棕黄色锈纹，中量植物根系，质地为中砾质砂质黏壤土，pH 5.1，有机质含量为 40.7 g/kg，全氮含量为 0.51 g/kg，全磷含量为 0.29 g/kg，全钾含量为 31.23 g/kg，阳离子交换量为 5.8 cmol/kg。

渗育层：30~80 cm，棕黄色，大块状，稍坚实，微量植物根系，质地为多砾质砂质黏壤土，pH 5.0，有机质含量为 21.4 g/kg，全氮含量为 0.64 g/kg，全磷含量为 0.337 g/kg，全钾含量为 19.67 g/kg，阳离子交换量为 4.0 cmol/kg。

潴育层：80~100 cm，红黄色夹灰白色，块状，稍坚实，无植物根系，质地为中砾质砂质黏壤土，pH 5.4，有机质含量为 30.9 g/kg，全氮含量为 0.4 g/kg，全磷含量为 0.263 g/kg，全钾含量为 19.22 g/kg，阳离子交换量为 4.8 cmol/kg。

（5）上饶市广丰区国家级监测点　代码为 360741，建点于 2011 年，位于嵩峰乡杨柳村，东经 118°14′42″，北纬 28°21′46″，由当地农户管理；常年降水量 1 698 mm，常年有效积温 5 649 ℃，常年无霜期 264 d，海拔高度 155 m，地下水深 1 m，无障碍因素，耕地地力水平中等，满足灌溉能力，排水能力中等，农业区划分属于长江中下游区，一年一熟，作物类型为单季稻；成土母质为紫色泥岩，土类为水稻土，亚类为潴育型水稻土，土属为紫泥田，土种为灰紫泥田；质地构型为上松下紧型，生物多样性一般，农田林网化程度中等，土壤养分水平状况为潜在缺乏，无盐渍化。土壤剖面理化性状如下。

耕作层：0~17 cm，灰色，块状结构，稍松，有中量根锈和锈纹，植物根系多，质地为黏壤土，pH 5.3，有机质含量为 38.3 g/kg，全氮含量为 1.87 g/kg，全磷含量为 0.193 g/kg，全钾含量为 28.35 g/kg，阳离子交换量为 9.0 cmol/kg。

犁底层：17~26 cm，灰色，小块状结构，紧实，有中量胶膜，少量植物根系，质地为黏壤土，pH 7.8，有机质含量为 6.45 g/kg，全氮含量为 0.36 g/kg，全磷含量为 0.116 g/kg，全钾含量为 31.6 g/kg，阳离子交换量 4.2 cmol/kg。

潴育层：26~44 cm，黄棕色，棱柱状结构，较紧实，无植物根系，质地为黏壤土，pH 6.4，有机质含量为 16.7 g/kg，全氮含量为 0.70 g/kg，全磷含量为 0.323 g/kg，全钾含量为 28.96 g/kg，阳离子交换量 7.6 cmol/kg。

母质层：44~100 cm，浅棕色，块状结构，较紧，无植物根系，质地为粉砂质黏土，pH 6.9，有机质含量为 4.2 g/kg，全氮含量为 0.25 g/kg，全磷含量为 0.261 g/kg，全钾含量为 24.00 g/kg，阳离子交换量 12.3 cmol/kg。

（6）**上饶市弋阳县国家级监测点** 代码为 360757，建点于 2016 年，位于清湖乡龙山村，东经 117°13′12″，北纬 28°15′00″，由当地农户管理；常年降水量 1 816 mm，常年有效积温 6 587 ℃，常年无霜期 264 d，海拔高度 70 m，地下水深 5 m，耕地地力水平中等，满足灌溉能力，排水能力强，农业区划分属于长江中下游区，一年两熟，作物类型为双季稻；成土母质为河积物，土类为水稻土，亚类为潴育型水稻土，土属为潮砂泥田，土种为灰潮砂泥田；质地构型为上松下紧型，生物多样性一般，农田林网化程度中等，土壤养分水平状况为最佳水平，无盐渍化。土壤剖面理化性状如下。

耕作层：0~14 cm，浅灰色，小团块，稍松，较多锈纹，较多植物根系，质地为黏壤土。

犁底层：14~23 cm，灰黄色，块状，稍紧，少量根锈，少量植物根系，质地为黏壤土。

潴育层 1：23~63 cm，淡灰黄色，棱块状，较紧，少量结核，极少植物根系，质地为黏壤土。

潴育层 2：63~103 cm，棕黄色，棱块状，较紧，较多结核，无植物根系，质地为黏壤土。

（7）**上饶市鄱阳县国家级监测点** 代码为 360747，建点于 2011 年，位于乐丰镇茨山村，东经 116°46′11″，北纬 28°52′47″，由当地农户管理；常年降水量 1 560 mm，常年有效积温 5 860 ℃，常年无霜期 275 d，海拔高度 17 m，地下水深 1 m，无障碍因素，耕地地力水平高，满足灌溉能力，排水能力中等，农业区划分属于长江中下游区，一年两熟，作物类型为双季稻；成土母质为冲积物，土类为水稻土，亚类为潴育型水稻土，土属为潮泥砂田，土种为乌潮砂泥田；质地构型为上松下紧型，生物多样性一般，农田林网化程度中等，土壤养分水平状况为最佳水平，无盐渍化。土壤剖面理化性状如下。

耕作层：0~18 cm，灰色，粒状，松，植物根系多，质地为粉砂质壤土，pH 5.5，有机质含量为 26.5 g/kg，全氮含量为 1.74 g/kg，全磷含量为 0.221 g/kg，全钾含量为 27.10 g/kg，阳离子交换量为 7.3 cmol/kg。

犁底层：18~24.5 cm，浅黄色，块状，紧，有锈斑，无植物根系，质地为粉砂质黏壤土，pH 6.1，有机质含量为 10.9 g/kg，全氮含量为 0.89 g/kg，全磷含量为 0.272 g/kg，全钾含量为 28.00 g/kg，阳离子交换量为 6.2 cmol/kg。

潴育层：24.5~49 cm，褐色，棱块状，紧，有锰锈斑，无植物根系，质地为砂质黏壤土，pH 6.4，有机质含量为 5.6 g/kg，全氮含量为 0.46 g/kg，全磷含量为 0.313 g/kg，全钾含量为 29.44 g/kg，阳离子交换量为 7.0 cmol/kg。

（8）**上饶市玉山县国家级监测点** 代码为 360780，建点于 2016 年，位于岩瑞镇周佃村，东经 118°20′49″，北纬 28°43′42″，由当地农户管理；常年降水量 1 841 mm，常年有效积温 4 600 ℃，常年无霜期 260 d，海拔高度 102 m，地下水埋深为 12 m，无障碍因素，耕地地力水平中等，满足灌溉能力，排水能力中等，农业区划分属于长江中下游区，一年两熟，作物类型为油-稻；成土母质为石灰岩，土类为水稻土，亚类为潴育型水稻土，土属为石灰泥田，土种为中潜灰石灰泥田；质地构型为上松下紧型，生物多样性一般，农田林网化程度中等，土壤养分水平状况为潜在缺乏，无盐渍化。土壤剖面理化性状如下。

耕作层：0~15 cm，浅灰，块状，疏松，土壤容重为 1.21 g/cm³，有锈斑，多量植物根系，质地为中砾质粉砂质黏壤土，pH 4.9，有机质含量为 46.7 g/kg，全氮含量为 1.57 g/kg，全磷含量为 1.189 g/kg，全钾含量为 45.24 g/kg，阳离子交换量为 8.3 cmol/kg。

犁底层：15~23 cm，灰黄色，横柱状，极紧，土壤容重为 1.48 g/cm³，多铁锰胶膜，少量植物根系，质地为少砾质粉砂质黏壤土，pH 5.7，有机质含量为 22.5 g/kg，全氮含量为 0.99 g/kg，全磷含量为 0.701 g/kg，全钾含量为 42.26 g/kg，阳离子交换量为 10.0 cmol/kg。

潴育层：23~69 cm，棕黄色，粒状，松散，土壤容重为 1.44 g/cm³，有铁锰胶膜，少量植物根系，质地为壤质黏土，pH 5.9，有机质含量为 31.1 g/kg，全氮含量为 0.85 g/kg，全磷含量为 0.599 g/kg，全钾含量为 50.52 g/kg，阳离子交换量为 5.3 cmol/kg。

脱潜层：69~100 cm，浅黄色，片状，稍坚实，土壤容重为 1.51 g/cm³，少铁锰结核，极少植物根系，质地为粉砂质黏土，pH 5.8，有机质含量为 16.3 g/kg，全氮含量为 0.52 g/kg，全磷含量为 0.368 g/kg，全钾含量为 22.03 g/kg，阳离子交换量为 12.3 cmol/kg。

（9）上饶市铅山县国家级监测点　代码为 360729，建点于 2009 年，位于汪二镇火田村，东经 117°41′24″，北纬 28°17′24″，由当地农户管理；常年降水量 1 733 mm，常年有效积温 5 500 ℃，常年无霜期 249 d，海拔高度 65 m，地下水深 1 m，无障碍因素，耕地地力水平高，满足灌溉能力，排水能力强，农业区划分属于长江中下游区，一年两熟；成土母质为河流冲积物，土类为水稻土，亚类为潴育型水稻土，土属为潮泥砂田，土种为其他潮砂泥田；质地构型为上松下紧型，生物多样性丰富，农田林网化程度高，土壤养分水平状况为最佳水平，无盐渍化。土壤剖面理化性状如下。

耕作层：0~19 cm，棕黄色，屑粒状，松，土壤容重为 1.14 g/cm³，大量植物根系，质地为壤黏土，pH 4.5，有机质含量为 20.2 g/kg，全氮含量为 1.24 g/kg，全磷含量为 0.263 g/kg，全钾含量为 19.78 g/kg，阳离子交换量为 12.6 cmol/kg。

犁底层：19~31 cm，棕黄色，小块状，稍松，土壤容重为 1.35 g/cm³，少量植物根系，质地为壤黏土，pH 4.4，有机质含量为 15.1 g/kg，全氮含量为 0.93 g/kg，全磷含量为 0.472 g/kg，全钾含量为 20.32 g/kg，阳离子交换量为 12.3 cmol/kg。

潴育层：31~100 cm，黄棕色，块状，稍紧，土壤容重为 1.40 g/cm³，有大量锈纹，质地为粉砂质黏土，pH 4.6，有机质含量为 7.8 g/kg，全氮含量为 0.44 g/kg，全磷含量为 0.151 g/kg，全钾含量为 20.25 g/kg，阳离子交换量为 14.6 cmol/kg。

（10）上饶市婺源县国家级监测点　代码为 360774，建点于 2013 年，2016 年升为国家级监测点，位于思口镇长滩村，东经 117°47′53″，北纬 29°23′21″，由当地农户管理；常年降水量 1 850 mm，常年有效积温 4 287.5 ℃，常年无霜期 245 d，海拔高度

110 m，地下水深 1 m，无障碍因素，耕地地力水平高，满足灌溉能力，排水能力中等，农业区划分属于长江中下游区，一年两熟，作物类型为油-稻；成土母质为泥质岩类风化物，土类为水稻土，亚类为潴育型水稻土，土属为鳝泥田，土种为乌鳝泥田；剖面构型为松散型，生物多样性丰富，农田林网化程度中等，土壤养分水平状况为丰富，无盐渍化。土壤剖面理化性状如下。

耕作层：0~20 cm，灰色，块状，土壤容重为 0.98 g/cm^3，植物根系大量分布，质地为粉质黏壤土，pH 4.6，有机质含量为 45.9 g/kg，全氮含量为 1.90 g/kg，全磷含量为 1.166 g/kg，全钾含量为 45.67 g/kg，阳离子交换量 8.5 cmol/kg。

犁底层：20~25 cm，灰色，块状，土壤容重为 1.38 g/cm^3，植物根系少量分布，质地为少粉质黏壤土，pH 4.9，有机质含量为 32.9 g/kg，全氮含量为 1.58 g/kg，全磷含量为 1.071 g/kg，全钾含量为 29.44 g/kg，阳离子交换量 4.9 cmol/kg。

潴育层：25~100 cm，棕黄色，棱柱状，土壤容重为 1.42 g/cm^3，质地为粉质黏土，pH 5.0，有机质含量为 16.4 g/kg，全氮含量为 0.74 g/kg，全磷含量为 0.554 g/kg，全钾含量为 15.86 g/kg，阳离子交换量 6.5 cmol/kg。

4.1.2 上饶市省级耕地质量监测点情况介绍

4.1.2.1 广信区

（1）上饶市广信区石狮乡吉阳村省级监测点　代码为 361121JC20123，建点于 2012 年，东经 117°58′02″，北纬 28°31′41″，由当地农户管理；土类为水稻土，亚类为潴育型水稻土，土属为潴育型石灰泥田；一年两熟，作物类型为油-稻。

（2）上饶市广信区上沪镇上沪村省级监测点　代码为 361121JC20124，建点于 2012 年，东经 117°56′33″，北纬 28°13′39″，由当地农户管理；土类为水稻土，亚类为潴育型水稻土，土属为潴育型麻砂泥田，土种为弱潴灰麻砂泥田；一年一熟，作物类型为单季稻。

（3）上饶市广信区田墩镇黄石村省级监测点　代码为 36112JC20171，建点于 2017 年，东经 118°02′19″，北纬 28°20′30″，由当地农户管理；土类为水稻土，亚类为潴育型水稻土，土属为潴育型红砂泥田，土种为中潴型灰红砂泥田；一年一熟，作物类型为单季稻。

（4）上饶市广信区清水乡常阜村省级监测点　代码为 361121JC20121，建点于 2012 年，东经 117°52′43″，北纬 28°33′14″，由当地农户管理，土类为水稻土，亚类为潜育型水稻土，土属为潜育型红砂泥田，土种为中位中潜灰红砂泥田；一年一熟，作物类型为单季稻。

4.1.2.2 万年县

上饶市万年县齐埠乡齐埠村省级监测点　代码为 361129JC20105，建点于 2010 年，东经 116°51′56″，北纬 28°43′29″，由当地农户管理，土类为水稻土，亚类为潴育型水稻土，土属为潮砂泥田；一年两熟，作物类型为双季稻。

4.1.2.3 婺源县

（1）上饶市婺源县工业园岭下省级监测点　代码为 361130JC20111，建点于 2011

年，东经117°47′38″，北纬29°15′38″，由当地农户管理，土类为紫色土，亚类为酸性紫色土，土属为酸性紫泥土，土种为厚层灰酸性紫泥土；一年一熟，作物类型为茶树。

（2）上饶市婺源县清华镇里村省级监测点　代码为361130JC20095，建点于2009年，东经117°42′39″，北纬29°24′44″，由当地农户管理，土类为水稻土，亚类为潴育型水稻土，土属为鳝泥田，土种为灰鳝泥田；一年两熟，作物类型为双季稻。

（3）上饶市婺源县中云镇霞港省级监测点　代码为361130JC20161，建点于2016年，东经117°39′57″，北纬29°13′59″，由当地农户管理，土类为水稻土，亚类为潴育型水稻土，土属为鳝泥田，土种为乌鳝泥田；一年一熟，作物类型为单季稻。

（4）上饶市婺源县溪头乡城口省级监测点　代码为361130JC20151，建点于2015年，东经118°02′58″，北纬29°25′43″，由当地农户管理，土类为水稻土，亚类为潴育型水稻土，土属为鳝泥田，土种为灰鳝泥田；一年两熟，作物类型为油-稻。

4.1.2.4　信州区

（1）上饶市信州区朝阳镇青金村省级监测点　代码为361102JC20131，建点于2013年，东经118°05′51″，北纬28°26′26″，由当地农户管理，土类为水稻土，亚类为潴育型水稻土，土属为紫砂泥田，土种为中潴乌紫砂泥田；一年一熟，作物类型为单季稻。

（2）上饶市信州区砂溪镇英塘村省级监测点　代码为361102JC20132，建点于2013年，东经118°05′08″，北纬28°34′36″，由当地农户管理，土类为水稻土，亚类为潴育型水稻土，土属为红砂泥田，土种为中位弱潴灰红砂泥田；一年两熟，作物类型为油-稻。

（3）上饶市信州区砂溪镇青岩村省级监测点　代码为361102JC20133，建点于2013年，东经118°04′54″，北纬28°33′09″，由当地农户管理，土类为水稻土，亚类为潴育型水稻土，土属为红砂泥田，土种为中潴乌红砂泥田；一年两熟。

（4）上饶市信州区秦峰镇五石村省级监测点　代码为361102JC20135，建点于2013年，东经118°06′20″，北纬28°32′03″，由当地农户管理，土类为水稻土，亚类为潴育型水稻土，土属为红砂泥田，土种为中潴乌红砂泥田；一年一熟，作物类型为单季稻。

4.1.2.5　德兴市

（1）上饶市德兴市海口镇海口村省级监测点　代码为361181JC20104，建点于2010年，东经117°49′34″，北纬29°06′20″，由当地农户管理，土类为水稻土，亚类为潴育型水稻土，土属为鳝泥田，土种为灰鳝泥田；一年一熟，作物类型为单季稻。

（2）上饶市德兴市黄柏乡洋田村省级监测点　代码为361181JC20102，建点于2010年，东经117°25′17″，北纬28°48′43″，由当地农户管理，土类为水稻土，亚类为潴育型水稻土，土属为红砂泥田，土种为灰红砂泥田；一年两熟，作物类型为双季稻。

（3）上饶市德兴市绕二镇瑞港村省级监测点　代码为361181JC20103，建点于2010年，东经117°37′50″，北纬28°51′40″，由当地农户管理，土类为水稻土，亚类为潴育型水稻土，土属为鳝泥田，土种为中潴乌鳝泥田；一年一熟，作物类型为单季稻。

（4）上饶市德兴市龙头山乡暖水村省级监测点　代码为361181JC20105，建点于2010年，东经117°49′32″，北纬28°56′55″，由当地农户管理，土类为水稻土，亚类为潴育型水稻土，土属为鳝泥田，土种为灰鳝泥田；一年一熟，作物类型为单季稻。

4.1.2.6 广丰区

（1）上饶市广丰区湖丰镇湖丰省级监测点　代码为361122JC20125，建点于2012年，东经118°09′37″，北纬28°36′06″，由当地农户管理，土类为水稻土，亚类为潴育型水稻土，土属为鳝泥田，土种为乌鳝泥田；一年两熟，作物类型为油-稻。

（2）上饶市广丰区铜钹山镇高杨省级监测点　代码为361122JC20082，建点于2008年，东经118°17′06″，北纬28°14′49″，由当地农户管理，土类为水稻土，亚类为潴育型水稻土，土属为鳝泥田，土种为乌鳝泥田；一年两熟，作物类型为油-稻。

4.1.2.7 横峰县

上饶市横峰县龙门乡龙门村省级监测点　代码为361125JC20093，建点于2009年，东经117°41′41″，北纬28°30′55″，由当地农户管理，土类为水稻土，亚类为潴育型水稻土，土属为潮砂泥田，土种为灰潮砂泥田；一年两熟，作物类型为油-稻。

4.1.2.8 弋阳县

（1）上饶市弋阳县朱坑镇蔡家村省级监测点　代码为361126JC20131，建点于2013年，东经117°18′36″，北纬28°14′38″，由当地农户管理，土类为水稻土，亚类为潴育型水稻土，土属为红砂泥田，土种为灰红砂泥田；一年两熟，作物类型为双季稻。

（2）上饶市弋阳县叠山镇周潭村省级监测点　代码为361126JC20132，建点于2013年，东经117°15′44″，北纬28°07′29″，由当地农户管理，土类为水稻土，亚类为淹育型水稻土，土属为潮砂泥田，土种为黄潮砂泥田；一年两熟，作物类型为双季稻。

（3）上饶市弋阳县花亭乡花亭村省级监测点　代码为361126JC20133，建点于2013年，东经117°15′56″，北纬28°15′46″，由当地农户管理，土类为水稻土，亚类为潴育型水稻土，土属为潮砂泥田，土种为灰潮砂泥田；一年两熟，作物类型为油-稻。

（4）上饶市弋阳县漆工镇西坑村省级监测点　代码为361126JC20134，建点于2013年，东经117°29′39″，北纬28°33′04″，由当地农户管理，土类为水稻土，亚类为潴育型水稻土，土属为鳝泥田，土种为灰鳝泥田；一年两熟，作物类型为油-稻。

4.1.2.9 鄱阳县

（1）上饶市鄱阳县三庙前乡埠丰村省级监测点　代码为361128JC20162，建点于2016年，东经116°44′24″，北纬28°59′08″，由当地农户管理，土类为水稻土，亚类潴育型水稻土，土属为潮砂泥田，土种为乌潮砂泥田；一年两熟，作物类型为双季稻。

（2）上饶市鄱阳县游城乡北塘村省级监测点　代码为361128JC20163，建点于2016年，东经116°49′06″，北纬29°16′16″，由当地农户管理，土类为水稻土，亚类为潴育型水稻土，土属为鳝泥田，土种为灰鳝泥田；一年两熟，作物类型为双季稻。

（3）上饶市鄱阳县凤岗镇华山村省级监测点　代码为361128JC20164，建点于2016年，东经117°00′36″，北纬29°03′52″，由当地农户管理，土类为水稻土，亚类为潴育型水稻土，土属为黄泥田，土种为其他黄泥田；一年两熟，作物类型为双季稻。

（4）上饶市鄱阳县凤岗镇东源村省级监测点　代码为361128JC20165，建点于2016年，东经117°00′53″，北纬29°04′05″，由当地农户管理，土类为水稻土，亚类为潴育型水稻土，土属为黄泥田，土种为其他黄泥田；一年两熟，作物类型为双季稻。

（5）上饶市鄱阳县县农科所滨田村省级监测点　代码为361128JC20171，建点于2017年，东经116°53′49″，北纬29°12′37″，由当地农户管理，土类为水稻土，亚类为潴育型水稻土，土属为鳝泥田，土种为灰鳝泥田。

（6）上饶市鄱阳县鸦鹊湖独山分场省级监测点　代码为361128JC20181，建点于2018年，东经116°18′49″，北纬29°28′96″，由当地农户管理，土类为水稻土，亚类为潴育型水稻土，土属为潮砂泥田，土种为乌潮砂泥田。

（7）上饶市鄱阳县枧田街芋岭村省级监测点　代码为361128JC20182，建点于2018年，东经116°55′15″，北纬29°25′41″，由当地农户管理，土类为水稻土，亚类为潴育型水稻土，土属为鳝泥田，土种为灰鳝泥田。

（8）上饶市鄱阳县饶丰过水埂省级监测点　代码为361128JC20183，建点于2018年，东经116°42′29″，北纬28°57′49″，由当地农户管理，土类为水稻土，亚类为潴育型水稻土，土属为潮砂泥田，土种为乌潮砂泥田。

（9）上饶市鄱阳县莲湖裕丰村省级监测点　代码为361128JC20184，建点于2018年，东经116°56′03″，北纬29°05′04″，由当地农户管理，土类为水稻土，亚类为潴育型水稻土，土属为鳝泥田，土种为灰鳝泥田。

4.1.2.10　玉山县

（1）上饶市玉山县六都乡下濂溪村省级监测点　代码为361123JC20091，建点于2009年，东经118°23′29″，北纬28°31′02″，由当地农户管理，土类为水稻土，亚类为潴育型水稻土，土属为潴育型鳝泥田，土种为乌鳝泥田；一年两熟，作物类型为油-稻。

（2）上饶市玉山县怀玉乡玉峰村省级监测点　代码为361123JC20092，建点于2009年，东经117°58′08″，北纬28°53′16″，由当地农户管理，土类为水稻土，亚类为潴育型水稻土，土属为潴育型鳝泥田，土种为灰鳝泥田；一年两熟，作物类型为油-稻。

4.1.2.11　铅山县

（1）上饶市铅山县紫溪乡火星村省级监测点　代码为361124JC20095，建点于2009年，东经117°46′52″，北纬28°05′00″，由当地农户管理，土类为水稻土，亚类为潴育型水稻土，土属为鳝泥田，土种为灰鳝泥田。

（2）上饶市铅山县湖坊镇河东村省级监测点　代码为361124JC20172，建点于2017年，东经117°32′16″，北纬28°10′26″，由当地农户管理，土类为水稻土，亚类为潴育型水稻土，土属为鳝泥田，土种为灰鳝泥田。

（3）上饶市铅山县河口镇虞家村省级监测点　代码为361124JC20093，建点于2009年，东经117°42′45″，北纬28°17′42″，由当地农户管理，土类为潮土，亚类为典型潮土，土属为灰潮壤土，土种为其他灰潮壤土。

（4）上饶市铅山县永平镇下畈村省级监测点　代码为361124JC20094，建点于2009年，东经117°43′22″，北纬28°11′17″，由当地农户管理，土类为水稻土，亚类为潴育型水稻土，土属为鳝泥田，土种为灰鳝泥田。

4.1.3　上饶市市（县）级耕地质量监测点情况介绍

4.1.3.1　万年县

（1）上饶市万年县裴梅镇黄墩村市级监测点　代码为 361100JC201801，建点于 2018 年，东经 117°07′33″，北纬 28°36′44″，由当地农户管理，土类为水稻土，亚类为潴育型水稻土，土属为黄泥田，土种为灰黄泥田；一年两熟，作物类型为双季稻。

（2）上饶市万年县湖云乡刘夏村县级监测点　代码 361129JC20102，建点于 2010 年，东经 116°52′01″，北纬 28°49′22″，由当地农户管理，土类为水稻土，亚类为潴育型水稻土，土属为湖泥田，土种为灰湖泥田；一年两熟，作物类型为双季稻。

（3）上饶市万年县大源镇大源村市级监测点　代码为 361100JC202001，建点于 2020 年，东经 117°10′18″，北纬 28°43′54″，由当地农户管理，土类为水稻土，亚类为潴育型水稻土，土属为石灰泥田，土种为灰石灰泥田；一年两熟，作物类型为双季稻。

4.1.3.2　玉山县

（1）上饶市玉山县文成街道洪家村市级监测点　代码为 361123JC20181，建点于 2018 年，东经 118°07′11″，北纬 28°39′08″，由当地农户管理，土类为水稻土，亚类为潴育型水稻土，土属为潴育型潮砂泥田，土种为乌潮砂泥田。

（2）上饶市玉山县四股桥乡外山村市级监测点　代码为 361123JC20182，建点于 2018 年，东经 118°16′39″，北纬 28°45′44″，由当地农户管理，土类为水稻土，亚类为潴育型水稻土，土属为潴育型潮沙泥田，土种为灰潮砂泥田。

（3）上饶市玉山县四股桥乡潭头村县级监测点　代码为 361123JC20183，建点于 2018 年，东经 118°13′22″，北纬 28°43′24″，由当地农户管理，土类为水稻土，亚类为潴育型水稻土，土属为潴育型鳝泥田，土种为灰鳝泥田。

（4）上饶市玉山县横街镇塘尾村县级监测点　代码为 361123JC20184，建点于 2018 年，东经 118°10′31″，北纬 28°42′20″，由当地农户管理，土类为水稻土，亚类为潴育型水稻土，土属为潴育型鳝泥田，土种为灰鳝泥田。

（5）上饶市玉山县四股桥乡舒村县级监测点　代码为 361123JC20185，建点于 2018 年，东经 118°16′45″，北纬 28°45′02″，由当地农户管理，土类为水稻土，亚类为潴育型水稻土，土属为潴育型黄泥田，土种为潴育型灰黄泥田。

（6）上饶市玉山县岩瑞镇横塘村县级监测点　代码为 361123JC20186，建点于 2018 年，东经 118°17′57″，北纬 28°44′06″，由当地农户管理，土类为水稻土，亚类为潴育型水稻土，土属为潴育型鳝泥田，土种为灰鳝泥田。

4.1.3.3　铅山县

（1）上饶市铅山县汪二镇汪二村市级监测点　代码为 361100JC201803，建点于 2018 年，东经 117°31′39″，北纬 28°17′19″，由当地农户管理，土类为水稻土，亚类为潴育型水稻土，土属为潮砂泥田，土种为灰潮砂泥田。

（2）上饶市铅山县青溪服务中心孔家村县级监测点　代码为 361124JC20171，建点于 2017 年，东经 117°50′47″，北纬 28°17′49″，由当地农户管理，土类为水稻土，亚类为潴育型水稻土，土属为潮砂泥田，土种为乌潮砂泥田。

（3）上饶市铅山县稼轩乡西洋村县级监测点　代码为361124JC20172，建点于2017年，东经117°50′30″，北纬28°10′01″，由当地农户管理，土类为水稻土，亚类为潴育型水稻土，土属为灰泥田，土种为其他灰泥田。

4.1.3.4　余干县

（1）上饶市余干县洪家嘴乡黄岗村县级监测点　代码为361127JC20091，建点于2009年，东经116°37′55″，北纬28°43′32″，由当地农户管理，土类为水稻土，亚类为潴育型水稻土，土属为潴育型黄泥田，土种为中潴灰黄泥田；一年两熟，作物类型为双季稻。

（2）上饶市余干县三塘乡王坊村县级监测点　代码为361127JC20092，建点于2009年，东经116°32′14″，北纬28°44′11″，由当地农户管理，土类为水稻土，亚类为潴育型水稻土，土属为潴育黄泥田，土种为中潴灰黄泥田；一年两熟，作物类型为双季稻。

（3）上饶市余干县康山乡金山村县级监测点　代码为361127JC20093，建点于2009年，东经116°27′06″，北纬28°52′30″，由当地农户管理，土类为水稻土，亚类为淹育型水稻土，土属为淹育型湖泥田，土种为中淹灰湖泥田；一年两熟，作物类型为双季稻。

（4）上饶市余干县鹭鸶港乡三湖村县级监测点　代码为361127JC20094，建点于2009年，东经116°39′36″，北纬28°44′20″，由当地农户管理，土类为水稻土，亚类为潴育型水稻土，土属为潴育型黄泥田，土种为中潴灰黄泥田；一年两熟，作物类型为双季稻。

（5）上饶市余干县信丰垦殖场枫林湾村县级监测点　代码为361127JC20095，建点于2009年，东经116°37′23″，北纬28°51′23″，由当地农户管理，土类为水稻土，亚类为潴育型水稻土，土属为潴育型黄泥田，土种为强潴乌黄泥田。

（6）上饶市余干县石口镇石口村县级监测点　代码为361127JC20171，建点于2017年，东经116°38′14″，北纬28°50′00″，由当地农户管理，土类为水稻土，亚类为潴育型水稻土，土属为潴育型鳝泥田土，土种为中潴灰鳝泥田。

（7）上饶市余干县枫港乡郭平村县级监测点　代码为361127JC20191，建点于2019年，东经116°37′25″，北纬28°37′33″，由当地农户管理，土类为水稻土，亚类为潴育型水稻土，土属为潴育型潮砂泥田，土种为中潴灰潮砂泥田。

（8）上饶市余干县杨埠镇坪上村县级监测点　代码为361127JC20181，建点于2018年，东经116°46′11″，北纬28°32′14″，由当地农户管理，土类为水稻土，亚类为潴育型水稻土，土属为潴育型鳝泥田，土种为中潴灰鳝泥田。

4.1.3.5　婺源县

上饶市婺源县中云镇中云村县级监测点　代码为361130JC20171，建点于2017年，东经117°40′42″，北纬29°12′54″，由当地农户管理，土类为水稻土，亚类为潴育型水稻土，土属为红砂泥田，土种为灰红砂泥田；一年一熟，作物类型为单季稻。

4.1.3.6　广丰区

上饶市广丰区洋口镇洲头村县级监测点　代码为361122JC20191，建点于2019年，东经118°05′53″，北纬28°23′16″，由当地农户管理，土类为水稻土，亚类为潴育型水稻土，土属为潮砂泥田，土种为灰潮砂泥田；一年一熟，作物类型为单季稻。

4.1.3.7 弋阳县

（1）**上饶市弋阳县葛溪乡葛溪村市级监测点** 代码为 361100JC201804，建点于 2018 年，东经 117°27′55″，北纬 28°26′13″，由当地农户管理，土类为水稻土，亚类为潴育型水稻土，土属为潮泥田，土种为新建潮砂泥田。

（2）**上饶市弋阳县中畈乡中畈村县级监测点** 代码为 361126JC20171，建点于 2017 年，东经 117°22′15″，北纬 28°32′20″，由当地农户管理，土类为水稻土，亚类为潴育型水稻土，土属为潮泥田，土种为新建潮砂泥田。

4.2 上饶市各监测点作物产量

4.2.1 单季稻产量年际变化（2016—2020）

2016—2020 年 5 个年份上饶市水田常规施肥、无肥处理的单季稻分别有 27 个、33 个、39 个、25 个和 40 个监测点。由于每年都有新增或减少的监测点位，且 5 年间同一监测点位的稻作制度不完全相同，个别点位还有种植蔬菜、油菜等作物的情况出现，因此不同年份之间监测点位数量不同。

2016—2020 年 5 个年份上饶市无肥处理的单季稻年均产量分别为 264.24 kg/亩、266.10 kg/亩、274.08 kg/亩、277.90 kg/亩和 296.58 kg/亩；常规施肥处理的单季稻年均产量分别为 556.75 kg/亩、553.51 kg/亩、546.20 kg/亩、577.00 kg/亩和 552.05 kg/亩（图 4-1）。相较于无肥处理，常规施肥处理 5 个年份单季稻的产量分别提高了 110.70%、108.01%、99.28%、107.63%、86.14%。

从图 4-2 可以看出，2016—2020 年无肥处理单季稻的平均产量为 275.78 kg/亩，常规施肥处理的单季稻平均产量为 557.10 kg/亩。相较于无肥处理，常规施肥单季稻的平均产量提高 102.01%，这表明相较于无肥处理，常规施肥处理可以显著提高单季稻产量。

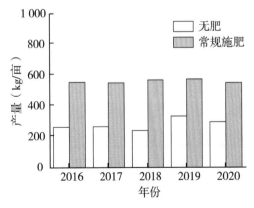

图 4-1 上饶市耕地质量监测点常规施肥、
无肥处理对单季稻产量的影响

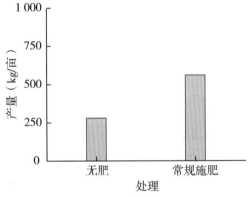

图 4-2 上饶市耕地质量监测点 2016—2020 年
常规施肥、无肥处理下的单季稻平均产量

4.2.2 双季稻产量年际变化（2016—2020）

2016—2020 年 5 个年份上饶市水田常规施肥、无肥处理的双季稻分别有 16 个、13 个、17 个、18 个和 20 个监测点。与单季稻的情况类似，由于每年都有新增或减少的监测点位，且 5 年间同一监测点位的稻作制度不完全相同，个别点位还有种植蔬菜、油菜等作物的情况。因此，不同年份之间监测点位数量不同。

4.2.2.1 早稻产量年际变化（2016—2020）

2016—2020 年 5 个年份上饶市无肥处理的早稻年均产量分别为 249.01 kg/亩、246.34 kg/亩、267.50 kg/亩、257.82 kg/亩和 299.91 kg/亩，常规施肥处理的早稻年均产量分别为 447.80 kg/亩、457.27 kg/亩、432.50 kg/亩、441.20 kg/亩和 403.90 kg/亩（图 4-3）。相较于无肥处理，常规施肥处理 5 个年份的早稻年均产量分别提高了 71.99%、85.63%、86.49%、87.80%、66.59%。

从图 4-4 可以看出，2016—2020 年上饶市耕地质量监测点无肥处理的早稻平均产量为 264.12 kg/亩，常规施肥处理的早稻平均产量为 436.53 kg/亩。相较于无肥处理，常规施肥条件下 2016—2020 年上饶市耕地质量监测点的早稻产量提高了 65.28%，这表明常规施肥处理能够显著提高早稻的产量。

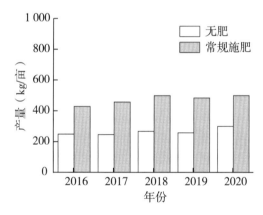

图 4-3 上饶市耕地质量监测点常规施肥、　　　　图 4-4 上饶市耕地质量监测点 2016—2020 年
无肥处理对早稻产量的影响　　　　　　　　常规施肥、无肥处理下的早稻平均产量

4.2.2.2 晚稻产量年际变化（2016—2020）

2016—2020 年 5 个年份上饶市无肥处理的晚稻年均产量分别为 303.67 kg/亩、290.68 kg/亩、298.46 kg/亩、286.74 kg/亩和 326.77 kg/亩，常规施肥处理的晚稻年均产量分别为 529.26 kg/亩、532.80 kg/亩、516.10 kg/亩、538.00 kg/亩和 517.30 kg/亩（图 4-5）。相较于无肥处理，常规施肥处理 5 个年份的晚稻年均产量分别提高了 74.29%、83.29%、81.79%、87.63%、63.70%。

从图 4-6 可以看出，2016—2020 年上饶市耕地质量监测点无肥处理的晚稻平均产量为 301.27 kg/亩，常规施肥处理的晚稻平均产量为 526.69 kg/亩。相较于无肥处理，常规施肥处理 2016—2020 年上饶市耕地质量监测点的晚稻产量提高了 74.83%，这表明常规施肥处理能够显著提高晚稻的产量。

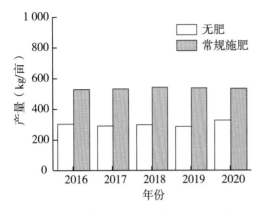 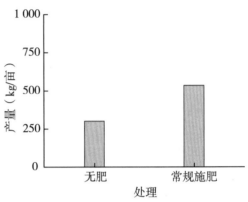

图 4-5　上饶市耕地质量监测点常规施肥、　　　图 4-6　上饶市耕地质量监测点 2016—2020 年
无肥处理对晚稻产量的影响　　　　　　　常规施肥、无肥处理下的晚稻平均产量

4.2.2.3　双季稻产量年际变化（2016—2020）

2016—2020 年 5 个年份上饶市无肥处理的双季稻年均产量分别为 552.68 kg/亩、537.03 kg/亩、565.96 kg/亩、544.96 kg/亩和 626.68 kg/亩，常规施肥处理的双季稻年均产量分别为 957.54 kg/亩、990.07 kg/亩、976.20 kg/亩、1 022.19 kg/亩和 943.60 kg/亩（图 4-7）。相较于无肥处理，常规施肥处理下 5 个年份的双季稻年均产量分别提高了73.25%、84.36%、72.49%、87.71%、50.57%。

从图 4-8 可以看出，2016—2020 年上饶市耕地质量监测点无肥处理条件下的双季稻平均产量为 565.38 kg/亩，常规施肥条件下的双季稻平均产量为 977.92 kg/亩。相较于无肥处理，常规施肥条件下 2016—2020 年上饶市耕地质量监测点的双季稻产量提高了 72.97%，这表明常规施肥处理能够显著提高双季稻的产量。

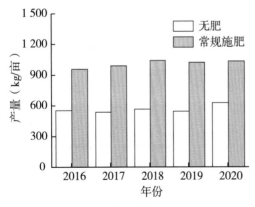 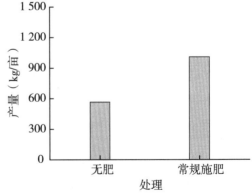

图 4-7　上饶市耕地质量监测点常规施肥、　　　图 4-8　上饶市耕地质量监测点 2016—2020 年
无肥处理对双季稻产量的影响　　　　　　　常规施肥、无肥处理下的双季稻平均产量

4.3 上饶市各监测点土壤性质

上饶市位于北纬 27°34′~29°34′，东经 116°13′~118°29′，为江西省下辖地级行政区，位于江西省东北部，本节汇总了上饶市 2016—2020 年各级耕地质量监测点的土壤理化性质，明确了上饶市常规施肥及无肥条件下土壤理化性质的差异。

2016—2020 年 5 个年份上饶市长期定位监测点分别有 53 个、59 个、73 个、56 个和 73 个监测点。

4.3.1 土壤 pH 变化

2016—2020 年 5 个年份上饶市无肥处理的土壤 pH 分别为 5.22、5.27、5.30 和 5.34 和 5.28，常规施肥处理的土壤 pH 分别为 5.30、5.33、5.31、5.33、5.26。与 2016 年的土壤 pH 相比，2017—2020 年 4 个年份无肥处理的土壤 pH 分别增加了 0.05、0.08、0.12 和 0.06 个单位；常规施肥处理的土壤 pH 分别增加了 0.03、0.01、0.03 和 -0.04 个单位（图 4-9）。相较于无肥处理，2016—2020 年 5 个年份常规施肥处理的 pH 分别增加了 0.08、0.06、0.01、-0.01 和 -0.02 个单位。

从图 4-10 可以看出，上饶市耕地质量监测点 2016—2020 年无肥处理的 pH 平均值为 5.28，而常规施肥处理的 pH 平均值为 5.31。相较于无肥处理，2016—2020 年常规施肥处理的 pH 平均值增加了 0.03 个单位。

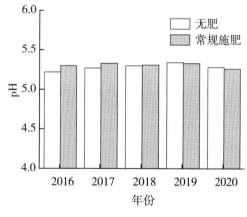
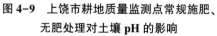
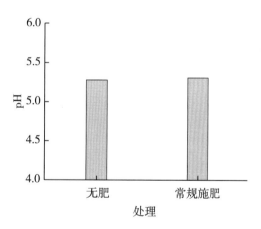

图 4-9　上饶市耕地质量监测点常规施肥、无肥处理对土壤 pH 的影响

图 4-10　上饶市耕地质量监测点 2016—2020 年常规施肥、无肥处理下土壤 pH 的平均值

4.3.2 土壤有机质年际变化

2016—2020 年 5 个年份上饶市无肥处理的土壤有机质分别为 24.96 g/kg、23.93 g/kg、26.06 g/kg、24.95 g/kg 和 29.32 g/kg，常规施肥处理的土壤有机质分别

为 33.15 g/kg、30.37 g/kg、30.78 g/kg、30.98 g/kg 和 34.83 g/kg。与 2016 年相比，2017—2020 年 4 个年份无肥处理的土壤有机质分别增加了-4.13%、4.41%、-0.04%和 17.47%；常规施肥处理的土壤有机质分别增加了-8.39%、-7.15%、-6.55%和 5.07%（图 4-11）。相较于无肥处理，2016—2020 年 5 个年份常规施肥处理的土壤有机质分别增加了 32.81%、26.91%、18.11%、24.17%和 18.79%。

从图 4-12 可以看出，上饶市耕地质量监测点 2016—2020 年无肥处理的土壤有机质平均值为 25.84 g/kg，而常规施肥处理土壤有机质的平均值为 32.02 g/kg。相较于无肥处理，常规施肥处理 2016—2020 年土壤有机质的平均值增加了 23.92%。

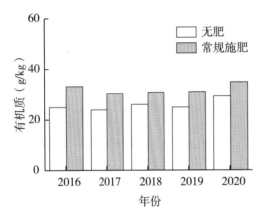

图 4-11　上饶市耕地质量监测点常规施肥、无肥处理对土壤有机质的影响　　　图 4-12　上饶市耕地质量监测点 2016—2020 年常规施肥、无肥处理下土壤有机质的平均值

4.3.3　土壤全氮年际变化

2016—2020 年 5 个年份上饶市无肥处理的土壤全氮分别为 1.49 g/kg、1.10 g/kg、1.26 g/kg、1.03 g/kg 和 1.25 g/kg，常规施肥处理的土壤全氮分别为 1.68 g/kg、1.60 g/kg、1.56 g/kg、1.29 g/kg 和 1.70 g/kg（图 4-13）。与 2016 年相比，2017—2020 年 4 个年份无肥处理的土壤全氮分别降低了 26.17%、15.44%、30.87%和 16.11%；常规施肥处理的土壤全氮分别增加了-4.76%、-7.14%、-23.21%和 1.19%。相较于无肥处理，2016—2020 年 5 个年份常规施肥处理的土壤全氮分别增加了 12.75%、45.45%、23.81%、25.24%和 36.00%。

从图 4-14 可以看出，上饶市耕地质量监测点 2016—2020 年无肥处理的土壤全氮平均值为 1.23 g/kg，而常规施肥处理土壤全氮的平均值为 1.57 g/kg。相较于无肥处理，常规施肥处理下 2016—2020 年土壤全氮的平均值增加了 27.64%。

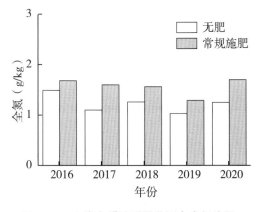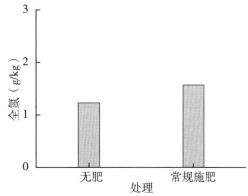

图4-13 上饶市耕地质量监测点常规施肥、无肥处理对土壤全氮的影响

图4-14 上饶市耕地质量监测点2016—2020年常规施肥、无肥处理下土壤全氮的平均值

4.3.4 土壤碱解氮年际变化

2016—2020年5个年份上饶市无肥处理的土壤碱解氮分别为141.74 mg/kg、133.54 mg/kg、144.86 mg/kg、144.58 mg/kg和168.13 mg/kg，常规施肥处理的土壤碱解氮分别为185.24 mg/kg、173.98 mg/kg、177.37 mg/kg、172.74 mg/kg和188.22 mg/kg（图4-15）。与2016年的相比，2017—2020年4个年份无肥处理的土壤碱解氮分别增加了-5.79%、2.20%、2.00%和18.62%；常规施肥处理的土壤碱解氮分别增加了-6.08%、-4.25%、-6.75%和1.61%。相较于无肥处理，2016—2020年5个年份常规施肥处理的土壤碱解氮分别增加了30.69%、30.28%、22.44%、19.48%和11.95%。

从图4-16可以看出，上饶市耕地质量监测点2016—2020年无肥处理的土壤碱解氮平均值为146.57 mg/kg，而常规施肥处理土壤碱解氮的平均值为179.51 mg/kg。相较于无肥处理，常规施肥处理2016—2020年土壤碱解氮的平均值增加了22.47%。

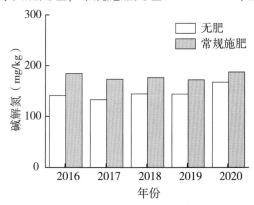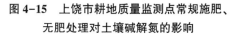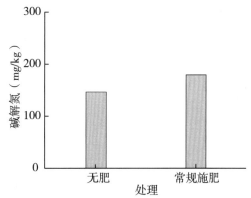

图4-15 上饶市耕地质量监测点常规施肥、无肥处理对土壤碱解氮的影响

图4-16 上饶市耕地质量监测点2016—2019年常规施肥、无肥处理下土壤碱解氮的平均值

4.3.5 土壤有效磷年际变化

2016—2020 年 5 个年份上饶市无肥处理的土壤有效磷分别为 15.37 mg/kg、18.79 mg/kg、21.58 mg/kg、24.38 mg/kg 和 26.29 mg/kg，常规施肥处理的土壤有效磷分别为 20.63 mg/kg、25.90 mg/kg、27.50 mg/kg、29.68 mg/kg 和 34.06 mg/kg（图4-17）。与 2016 年的相比，2017—2020 年 4 个年份无肥处理的土壤有效磷分别增加了22.25%、40.40%、58.62% 和 71.05%；常规施肥处理的土壤有效磷分别增加了25.55%、33.30%、43.87% 和 65.10%。相较于无肥处理，2016—2020 年 5 个年份常规施肥处理的土壤有效磷分别增加了 34.22%、37.84%、27.43%、21.74% 和 29.55%。

从图 4-18 可以看出，上饶市耕地质量监测点 2016—2020 年无肥处理的土壤有效磷平均值为 21.28 mg/kg，而常规施肥处理土壤有效磷的平均值为 27.56 mg/kg。相较于无肥处理，常规施肥处理下 2016—2020 年土壤有效磷的平均值增加了 29.51%。

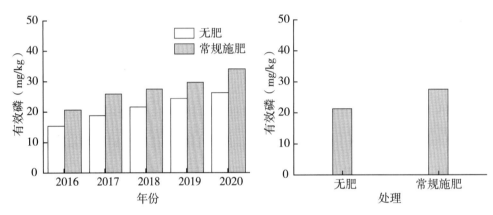

图 4-17 上饶市耕地质量监测点常规施肥、无肥处理对土壤有效磷的影响   **图 4-18** 上饶市耕地质量监测点 **2016—2020** 年常规施肥、无肥处理下土壤有效磷的平均值

4.3.6 土壤速效钾年际变化

2016—2020 年 5 个年份上饶市无肥处理的土壤速效钾分别为 64.33 mg/kg、66.28 mg/kg、72.62 mg/kg、75.71 mg/kg 和 62.98 mg/kg，常规施肥处理的土壤速效钾分别为 90.41 mg/kg、99.17 mg/kg、97.14 mg/kg、102.76 mg/kg 和 91.83 mg/kg（图 4-19）。与 2016 年相比，2017—2020 年 4 个年份无肥处理的土壤速效钾分别增加了3.03%、12.89%、17.69% 和 -2.10%；常规施肥处理的土壤速效钾分别增加了 9.69%、7.44%、13.66% 和 1.57%。相较于无肥处理，2016—2020 年 5 个年份常规施肥处理的土壤速效钾分别增加了 40.54%、49.62%、33.76%、35.73% 和 45.81%。

从图 4-20 可以看出，上饶市耕地质量监测点 2016—2020 年无肥处理的土壤速效钾平均值为 68.38 mg/kg，而常规施肥处理土壤速效钾的平均值为 96.26 mg/kg。相较于无肥处理，常规施肥处理 2016—2020 年土壤速效钾的平均值增加了 40.77%。

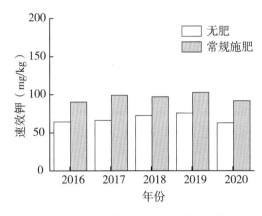

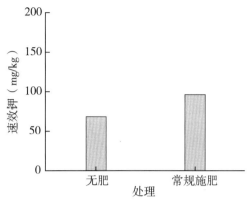

图 4-19　上饶市耕地质量监测点常规施肥、
无肥处理对土壤速效钾的影响

图 4-20　上饶市耕地质量监测点 2016—2020 年
常规施肥、无肥处理下土壤速效钾的平均值

4.3.7　土壤缓效钾年际变化

2017—2020 年 4 个年份上饶市无肥处理的土壤缓效钾分别为 130.50 mg/kg、130.67 mg/kg、112.25 mg/kg 和 173.36 mg/kg，常规施肥处理的土壤缓效钾分别为 185.20 mg/kg、160.83 mg/kg、151.50 mg/kg 和 196.62 mg/kg（图 4-21）。与 2017 年的相比，2018—2020 年 3 个年份无肥处理的土壤缓效钾分别增加了 0.13%、-13.98% 和 32.84%；常规施肥处理的土壤缓效钾分别增加了 -13.16%、-18.20% 和 6.17%。相较于无肥处理，2017—2020 年 4 个年份常规施肥处理的土壤缓效钾分别增加了 41.92%、23.08%、34.97% 和 13.42%。

从图 4-22 可以看出，上饶市耕地质量监测点 2017—2020 年无肥处理土壤缓效钾的平均值为 136.69 mg/kg，而常规施肥处理土壤缓效钾的平均值为 173.54 mg/kg。相较于无肥处理，常规施肥处理下 2017—2020 年土壤缓效钾的平均值增加了 26.96%。

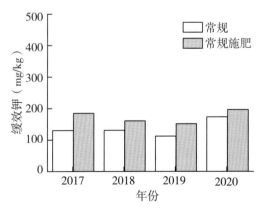

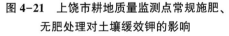

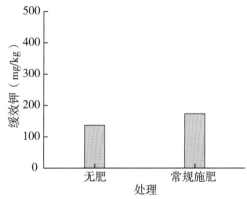

图 4-21　上饶市耕地质量监测点常规施肥、
无肥处理对土壤缓效钾的影响

图 4-22　上饶市耕地质量监测点 2017—2020 年
常规施肥、无肥处理下土壤缓效钾的平均值

4.3.8 耕层厚度及土壤容重

2016—2020 年 5 个年份上饶市无肥处理的土壤耕层厚度分别为 20.60 cm、20.17 cm、20.20 cm、20.07 cm 和 19.71 cm，常规施肥处理的土壤耕层厚度分别为 21.53 cm、21.31 cm、21.14 cm、21.00 cm 和 19.86 cm。与 2016 年相比，2017—2020 年 4 个年份无肥处理的土壤耕层厚度分别降低了 0.11 cm、0.40 cm、0.53 cm 和 0.89 cm；常规施肥处理的土壤耕层厚度分别降低了 0.22 cm、0.39 cm、0.39 cm 和 1.67 cm。相较于无肥处理，2016—2020 年常规施肥处理的土壤耕层厚度分别增加了-0.07 cm、0.14 cm、-0.06 cm、0.93 cm 和 0.15 cm。

从表 4-1 可以看出，上饶市耕地质量监测点 2016—2020 年无肥处理的土壤耕层厚度平均值为 20.15 cm，而常规施肥处理土壤耕层厚度的平均值为 20.97 cm。相较于无肥处理，常规施肥处理下 2016—2020 年土壤耕层厚度的平均值增加了 0.82 cm（表 4-1）。

表 4-1 上饶市耕地质量监测点 2016—2020 年常规施肥、无肥处理的土壤耕层厚度

单位：cm

年份	无肥处理	常规施肥处理
2016	20.60	21.53
2017	20.17	21.31
2018	20.20	21.14
2019	20.07	21.00
2020	19.71	19.86
平均	20.15	20.97

2016—2020 年 5 个年份上饶市无肥处理的土壤容重分别为 1.45 g/cm^3、1.45 g/cm^3、1.47 g/cm^3、1.46 g/cm^3 和 1.38 g/cm^3，常规施肥处理的土壤容重分别为 1.32 g/cm^3、1.30 g/cm^3、1.41 g/cm^3、1.39 g/cm^3 和 1.3 g/cm^3。与 2016 年相比，2017—2020 年 4 个年份无肥处理的土壤容重分别增加了 0.00%、0.02%、0.01% 和 -0.07%；常规施肥处理的土壤容重分别增加了 -0.02%、-0.09%、0.07% 和 -0.02%。相较于无肥处理，2016—2020 年 5 个年份常规施肥处理的土壤容重分别增加了 -0.13%、-0.15%、-0.06%、-0.07% 和 0.08%。

从表 4-2 可以看出，上饶市耕地质量监测点 2016—2020 年无肥处理的土壤容重平均值为 1.44 g/cm^3，而常规施肥处理土壤容重的平均值为 1.34 g/cm^3。相较于无肥处理，常规施肥处理下 2016—2020 年土壤容重的平均值减少了 0.10 g/cm^3。

表 4-2 上饶市耕地质量监测点 2016—2020 年常规施肥、无肥处理的土壤容重

单位：g/cm^3

年份	无肥处理	常规施肥处理
2016	1.45	1.32

（续表）

年份	无肥处理	常规施肥处理
2017	1.45	1.3
2018	1.47	1.41
2019	1.46	1.39
2020	1.38	1.3
平均	1.44	1.34

4.3.9　土壤理化性状小结

2016—2020 年上饶市耕地质量监测点无肥处理的土壤 pH 为 5.22~5.34，常规施肥处理的土壤 pH 为 5.26~5.33，均为酸性和弱酸性土壤；无肥处理的土壤有机质为 23.93~29.32 g/kg，为三级，常规施肥处理的土壤有机质为 30.37~34.83 g/kg，为二级；无肥处理的土壤全氮为 1.03~1.49 g/kg，为三级，常规施肥处理的土壤全氮为 1.29~1.70 g/kg，为三级至二级；无肥处理的土壤碱解氮为 133.54~168.13 mg/kg，常规施肥处理的土壤碱解氮为 172.74~188.22 mg/kg；无肥处理的土壤有效磷为 15.37~26.29 mg/kg，为三级至二级，常规施肥处理的土壤有效磷为 20.63~34.06 mg/kg，为二级；无肥处理的土壤速效钾为 62.98~75.71 mg/kg，为四级，常规施肥处理的土壤速效钾为 90.41~102.76 mg/kg，为三级；无肥处理的土壤缓效钾为 112.25~173.36 mg/kg，常规施肥处理的土壤缓效钾为 151.5~196.62 mg/kg，均为五级。

4.4　上饶市各监测点耕地质量等级评价

上饶市耕地质量监测点主要分布在德兴市、广丰区、横峰县、鄱阳县、铅山县、广信区、万年县、婺源县、信州区、弋阳县、余干县、玉山县。2016—2020 年德兴市耕地质量监测点均为 5 个，其各点位综合耕地质量等级在 2016—2018 年为 3 等，在 2020 年降为 4 等（图 4-23）；2016—2020 年广丰区耕地质量监测点分别有 4 个、4 个、4 个、5 个、4 个，其各点位综合耕地质量等级在 2016 年为 5 等，在 2017—2020 年均为 3 等；2016—2020 年横峰县耕地质量监测点分别有 1 个、1 个、1 个、1 个、1 个，其各点位综合耕地质量等级在 2016—2020 年均为 3 等；2016—2020 年鄱阳县耕地质量监测点分别有 10 个、10 个、10 个、11 个、10 个，其各点位综合耕地质量等级在 2016 和 2020 年为 5 等，在 2017—2019 年均为 4 等；2016—2020 年铅山县耕地质量监测点分别有 5 个、7 个、7 个、8 个、8 个，但有部分年份没有数据，其各点位综合耕地质量等级在 2020 年为 5 等；2016—2020 年广信区耕地质量监测点分别有 4 个、5 个、5 个、5 个、5 个，其各点位综合耕地质量等级在 2016—2020 年均为 5 等；2016—2020 年万年县耕地质量监测点均为 5 个，其各点位综合耕地质量等级在 2016—2020 年均为 4 等；2016—2020 年婺源县耕地质量监测点分别有 4 个、5 个、5 个、5 个、6 个，其各点位综合耕地质量等级在2016—2019年均为4等，在2019年升为3等；2016—2020年信州区耕地质量监测点均为5个，其各点位综合耕地质量等级在2016—2020年均为4等；2016—2020年弋阳县耕地质量监测点分别有5个、5个、5个、5个、7个，但有部分年份没有数据，其各点位综合耕地质量等级在2020年为4等；2016—2020年余干县耕地质量监测点分别有5个、6个、7个、8个、8个，但有部分年份没有数据，其各点位综合耕地质量等级在2020年为3等；2016—2020年玉山县耕地质量监测点均为9个，其各点位综合耕地质量等级在2016年为5等，在2017—2020年为4等。

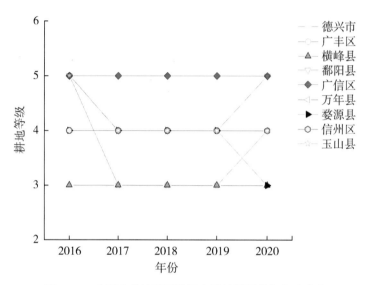

图4-23 上饶市耕地质量监测点耕地质量等级年度变化

第五章　景德镇市监测点作物产量及土壤性质

5.1　景德镇市监测点情况介绍

景德镇市主要有国家级监测点（浮梁县）、省级监测点（浮梁县鹅湖镇、蛟潭镇、王港乡、寿安镇、经公桥镇）、市（县）级监测点（浮梁县瑶里镇、黄坛乡、湘湖镇、江村乡、经公桥镇、勒公乡、西湖乡、峙滩镇、兴田乡、鹅湖镇、瑶里镇、臧湾乡、王港乡、湘湖镇、寿安镇、洪源镇、浮梁镇、三龙镇、蛟谭镇；乐平市临港镇、名口镇、塔前镇、镇桥镇、涌山镇、浯口镇、众埠镇、后港镇、礼林镇、双田镇；昌江区鱼山镇、丽阳镇）共 52 个监测点位。

5.1.1　景德镇市国家级耕地质量监测点情况介绍

景德镇市浮梁县国家级监测点　代码为 360733，建点于 2010 年，位于浮梁县鹅湖镇桥溪村，东经 117° 26′ 57″，北纬 29° 30′ 10″，由当地农户管理；常年降水量 1 804.8 mm，常年有效积温 5 375 ℃，常年无霜期 286 d，海拔高度 62 m，地下水深 1 m，无障碍因素，耕地地力水平中等，满足灌溉能力，排水能力中等，农业区划分属于长江中下游区，一年两熟，作物类型为双季稻；成土母质为花岗岩类风化物，土类为水稻土，亚类为潴育型水稻土，土属为潴育型麻砂泥田，土种为中潴灰麻砂泥田，质地构型为夹层型，生物多样性丰富，农田林网化程度中等，土壤养分水平状况为最佳水平。土壤剖面理化性状如下。

耕作层：0~20 cm，灰色，团块，疏松，土壤容重为 1.23 g/cm³，植物根系多，质地为少砾质黏壤土，pH 5.0，有机质含量为 37.1 g/kg，全氮含量为 1.51 g/kg，全磷含量为 1.022 g/kg，全钾含量为 11.81 g/kg，阳离子交换量为 6.3 cmol/kg。

犁底层：20~30 cm，淡黄色，团块，稍坚实，土壤容重为 1.51 g/cm³，植物根系少，质地为少砾质黏壤土，pH 5.0，有机质含量为 22.7 g/kg，全氮含量为 1.07 g/kg，全磷含量为 0.604 g/kg，全钾含量为 10.11 g/kg，阳离子交换量为 7.5 cmol/kg。

过渡潴育层：30~44 cm，淡灰色，团块，稍坚实，土壤容重为 1.67 g/cm³，植物根系少，质地为少砾质黏壤土，pH 5.2，有机质含量为 26.4 g/kg，全氮含量为 0.50 g/kg，全磷含量为 0.516 g/kg，全钾含量为 10.49 g/kg，阳离子交换量为 3.5 cmol/kg。

潴育层：44~100 cm，铁红色，团块，稍坚实，土壤容重为 1.56 g/cm³，植物根系少，质地为黏壤土，pH 5.6，有机质含量为 26.3 g/kg，全氮含量为 0.63 g/kg，全磷含量为 0.614 g/kg，全钾含量为 7.48 g/kg，阳离子交换量为 5.3 cmol/kg。

5.1.2 景德镇市省级耕地质量监测点情况介绍

浮梁县

（1）景德镇市浮梁县鹅湖镇桥溪村省级监测点 代码为 360222JC20091，建点于 2009 年，东经 117°26′57″，北纬 29°30′07″，由当地农户管理；土类为水稻土，亚类为潴育型水稻土，土属为潴育型麻砂泥田，土种为中潴灰麻砂泥田；一年两熟，作物类型为双季稻。

（2）景德镇市浮梁县蛟潭镇蛟潭村省级监测点 代码为 360222JC20092，建点于 2009 年，东经 117°12′17″，北纬 29°33′37″，由当地农户管理；土类为水稻土，亚类为潴育型水稻土，土属为潴育型鳝泥田，土种为中潴灰鳝泥田；一年一熟，作物类型为单季稻。

（3）景德镇市浮梁县王港乡高砂村省级监测点 代码为 360222JC20093，建点于 2009 年，东经 117°17′03″，北纬 29°22′55″，由当地农户管理；土类为水稻土，亚类为潴育型水稻土，土属为潴育型潮泥田，土种为中潴潮砂泥田；一年一熟，作物类型为单季稻。

（4）景德镇市浮梁县寿安镇柳溪村省级监测点 代码为 360222JC20094，建点于 2009 年，东经 117°20′13″，北纬 29°14′21″，由当地农户管理；土类为水稻土，亚类为潴育型水稻土，土属为潴育型灰泥田，土种为中潴灰泥田；一年一熟，作物类型为单季稻。

（5）景德镇市浮梁县经公桥镇经公桥村省级监测点 代码为 360222JC20095，建点于 2009 年，东经 117°13′26″，北纬 29°45′53″，由当地农户管理；土类为水稻土，亚类为潴育型水稻土，土属为潴育型鳝泥田，土种为中潴灰鳝泥田；一年一熟，作物类型为单季稻。

（6）景德镇市浮梁县寿安镇月山村省级监测点 代码为 333401C20180327A，建点于 2018 年，东经 117°30′52″，北纬 29°25′44″，由当地农户管理；土类为水稻土，亚类为潴育型水稻土，土属为潴育型石灰泥田，土种为中潴乌石灰泥田。

5.1.3 景德镇市市（县）级耕地质量监测点情况介绍

5.1.3.1 浮梁县

（1）景德镇市浮梁县瑶里镇勺溪村市级监测点 代码为 360222JC201701，建点于 2017 年，东经 117°31′11″，北纬 29°30′09″，由当地农户管理；土类为水稻土，亚类为潴育型水稻土，土属为潴育型麻砂泥田，土种为灰麻砂泥田；一年两熟，作物类型为双季稻。

（2）景德镇市浮梁县黄坛乡七甲村市级监测点 代码为 360222JC201702，建点于 2017 年，东经 117°05′09″，北纬 29°30′58″，由当地农户管理；土类为水稻土，亚类为潴育型水稻土，土属为潴育型鳝泥田，土种为灰鳝泥田；一年两熟，作物类型为双季稻。

（3）**景德镇市浮梁县湘湖镇灵安村市级监测点** 代码为360222JC201803，建点于2018年，东经117°21′36″，北纬29°17′05″，由当地农户管理；土类为水稻土，亚类为潴育型水稻土，土属为潴育型鳝泥田，土种为灰鳝泥田；一年两熟，作物类型为双季稻。

（4）**景德镇市浮梁县江村乡沽演村市级监测点** 代码为360222JC201804，建点于2018年，东经117°19′25″，北纬28°43′22″，由当地农户管理；土类为水稻土，亚类为潴育型水稻土，土属为潴育型鳝泥田，土种为灰鳝泥田；一年两熟，作物类型为双季稻。

（5）**景德镇市浮梁县经公桥镇储田村县级监测点** 代码为333423C20180325A010，建点于2018年，东经117°16′05″，北纬29°40′56″，由当地农户管理；土类为水稻土，亚类为潴育型水稻土，土属为潴育型鳝泥田，土种为灰鳝泥田；一年两熟，作物类型为双季稻。

（6）**景德镇市浮梁县经公桥镇储田村（茶园）县级监测点** 代码为333423C20180325A011，建点于2018年，东经117°14′03″，北纬29°40′31″，由当地农户管理；土类为红壤，亚类为红壤，土属为泥质岩类红壤，土种为中层中有机质中泥质岩红壤；一年两熟，作物类型为茶树。

（7）**景德镇市浮梁县江村乡中州村县级监测点** 代码为333422C20180325A012，建点于2018年，东经117°21′52″，北纬29°44′46″，由当地农户管理；土类为红壤，土属为泥质岩类红壤，土种为中层少有机质中泥质岩红壤；一年两熟，作物类型为茶树。

（8）**景德镇市浮梁县勒公乡查村村县级监测点** 代码为333425C20180325A013，建点于2018年，东经117°16′04″，北纬29°46′30″，由当地农户管理；土类为水稻土，亚类为潴育型水稻土，土属为潴育型鳝泥田，土种为灰鳝泥田；一年两熟，作物类型为油-稻。

（9）**景德镇市浮梁县西湖乡拓坪村县级监测点** 代码为333424C20180325A014，建点于2018年，东经117°11′50″，北纬29°49′38″，由当地农户管理；土类为水稻土，亚类为潴育型水稻土，土属为潴育型鳝泥田，土种为灰鳝泥田；一年两熟，作物类型为双季稻。

（10）**景德镇市浮梁县西湖乡西溪村县级监测点** 代码为333424C20180325A015，建点于2018年，东经117°14′45″，北纬29°53′12″，由当地农户管理；土类为红壤，土属为泥质岩类红壤，土种为中层中有机质中泥质岩红壤；一年两熟，作物类型为茶树。

（11）**景德镇市浮梁县峙滩镇佁溪村县级监测点** 代码为333419C20180325A016，建点于2018年，东经117°17′07″，北纬29°39′21″，由当地农户管理；土类为水稻土，亚类为潴育型水稻土，土属为潴育型鳝泥田，土种为灰鳝泥田；一年两熟，作物类型为双季稻。

（12）**景德镇市浮梁县峙滩镇梅湖村县级监测点** 代码为333419C20180325A017，建点于2018年，东经117°14′38″，北纬29°38′23″，由当地农户管理；土类为水稻土，亚类为潴育型水稻土，土属为潴育型鳝泥田，土种为灰鳝泥田；一年两熟，作物类型为双季稻。

（13）**景德镇市浮梁县兴田乡兴田村县级监测点** 代码为 3334021C20180326A018，建点于 2018 年，东经 117°27′03″，北纬 29°39′14″，由当地农户管理；土类为水稻土，亚类为潴育型水稻土，土属为潴育型鳝泥田，土种为灰鳝泥田；一年两熟，作物类型为双季稻。

（14）**景德镇市浮梁县鹅湖镇柳溪村县级监测点** 代码为 333409C20180326A019，建点于 2018 年，东经 117°28′23″，北纬 29°26′14″，由当地农户管理；土类为水稻土，亚类为潴育型水稻土，土属为潴育型麻砂泥田，土种为灰麻砂泥田；一年两熟，作物类型为双季稻。

（15）**景德镇市浮梁县鹅湖镇潘村县级监测点** 代码为 333409C20180326A020，建点于 2018 年，东经 117°20′06″，北纬 29°26′52″，由当地农户管理；土类为红壤，土属为酸性结晶岩类棕红壤，土种为薄层结晶岩类棕红壤；一年两熟，作物类型为茶树。

（16）**景德镇市浮梁县鹅湖镇创业村县级监测点** 代码为 333409C20180326A021，建点于 2018 年，东经 117°26′44″，北纬 29°27′17″，由当地农户管理；土类为水稻土，亚类为潴育型水稻土，土属为潴育型麻砂泥田，土种为灰麻砂泥田；一年两熟，作物类型为双季稻。

（17）**景德镇市浮梁县瑶里镇五华村县级监测点** 代码为 333411C20180326A022，建点于 2018 年，东经 117°38′05″，北纬 29°33′39″，由当地农户管理；土类为红壤，土属为泥质岩类红壤，土种为中层中有机质中泥质岩红壤；一年两熟，作物类型为茶树。

（18）**景德镇市浮梁县臧湾乡臧湾村县级监测点** 代码为 333408C20180327A023，建点于 2018 年，东经 117°23′39″，北纬 29°27′51″，由当地农户管理；土类为水稻土，亚类为潴育型水稻土，土属为潴育型麻砂泥田，土种为灰麻砂泥田；一年两熟，作物类型为双季稻。

（19）**景德镇市浮梁县臧湾乡仓下村（茶园）县级监测点** 代码为 333408C20180327A024，建点于 2018 年，东经 117°23′26″，北纬 29°29′03″，由当地农户管理；土类为红壤，土属为酸性结晶岩类棕红壤，土种为薄层结晶岩类棕红壤；一年两熟，作物类型为茶树。

（20）**景德镇市浮梁县王港乡墩口村县级监测点** 代码为 333432C20180327A25，建点于 2018 年，东经 117°22′44″，北纬 29°25′20″，由当地农户管理；土类为水稻土，亚类为潴育型水稻土，土属为潴育型砂泥田，土种为中潴砂泥田；一年两熟，作物类型为双季稻。

（21）**景德镇市浮梁县湘湖镇兰田村县级监测点** 代码为 333403C20180327A026，建点于 2018 年，东经 117°20′35″，北纬 29°20′50″，由当地农户管理；土类为水稻土，亚类为潴育型水稻土，土属为潴育型鳝泥田，土种为灰鳝泥田；一年两熟，作物类型为双季稻。

（22）**景德镇市浮梁县湘湖镇西安村县级监测点** 代码为 333403C20180327A027，建点于 2018 年，东经 117°22′55″，北纬 29°20′41″，由当地农户管理；土类为水稻土，亚类为潴育型水稻土，土属为潴育型鳝泥田，土种为灰鳝泥田；一年两熟，作物类型为双季稻。

（23）景德镇市浮梁县寿安镇月山村县级监测点　代码为 333410C20180327A028，建点于 2018 年，东经 117°18′19″，北纬 29°15′16″，由当地农户管理；土类为水稻土，亚类为潴育型水稻土，土属为潴育型鳝泥田，土种为灰鳝泥田；一年两熟，作物类型为双季稻。

（24）景德镇市浮梁县洪源镇洗马村县级监测点　代码为 333400C20180328A029，建点于 2018 年，东经 117°04′46″，北纬 29°22′42″，由当地农户管理；土类为水稻土，亚类为潴育型水稻土，土属为潴育型鳝泥田，土种为灰鳝泥田；一年两熟，作物类型为双季稻。

（25）景德镇市浮梁县洪源镇桂花村县级监测点　代码为 333400C20180328A030，建点于 2018 年，东经 117°05′43″，北纬 29°19′37″，由当地农户管理；土类为水稻土，亚类为潴育型水稻土，土属为潴育型鳝泥田，土种为灰鳝泥田；一年两熟，作物类型为双季稻。

（26）景德镇市浮梁县浮梁镇韩源村县级监测点　代码为 333400C20180328A031，建点于 2018 年，东经 117°15′29″，北纬 29°25′13″，由当地农户管理；土类为水稻土，亚类为潴育型水稻土，土属为潴育型鳝泥田，土种为灰鳝泥田；一年两熟，作物类型为双季稻。

（27）景德镇市浮梁县浮梁镇金竹村县级监测点　代码为 333400C20180328A032，建点于 2018 年，东经 117°12′46″，北纬 29°27′26″，由当地农户管理；土类为水稻土，亚类为潴育型水稻土，土属为潴育型鳝泥田，土种为灰鳝泥田；一年两熟，作物类型为双季稻。

（28）景德镇市浮梁县浮梁镇茶培村县级监测点　代码为 333400C20180328A033，建点于 2018 年，东经 117°12′45″，北纬 29°25′44″，由当地农户管理；土类为水稻土，亚类为潴育型水稻土，土属为潴育型鳝泥田，土种为灰鳝泥田；一年两熟，作物类型为双季稻。

（29）景德镇市浮梁县三龙镇双蓬村县级监测点　代码为 333414C20180328A034，建点于 2018 年，东经 117°08′11″，北纬 29°22′33″，由当地农户管理；土类为水稻土，亚类为潴育型水稻土，土属为潴育型鳝泥田，土种为灰鳝泥田；一年两熟，作物类型为双季稻。

（30）景德镇市浮梁县三龙镇杨家村县级监测点　代码为 333414C20180328A035，建点于 2018 年，东经 117°10′48″，北纬 29°25′36″，由当地农户管理；土类为水稻土，亚类为潴育型水稻土，土属为潴育型鳝泥田，土种为灰鳝泥田；一年两熟，作物类型为双季稻。

（31）景德镇市浮梁县蛟潭镇南村村县级监测点　代码为 333416C20180328A036，建点于 2018 年，东经 117°11′19″，北纬 29°34′35″，由当地农户管理；土类为水稻土，亚类为潴育型水稻土，土属为潴育型鳝泥田，土种为灰鳝泥田；一年两熟，作物类型为双季稻。

（32）景德镇市浮梁县蛟谭镇礼芳村县级监测点　代码为333416C20180328A037，建点于2018年，东经117°10′08″，北纬29°34′56″，由当地农户管理；土类为水稻土，亚类为潴育型水稻土，土属为潴育型鳝泥田，土种为灰鳝泥田；一年两熟，作物类型为双季稻。

（33）景德镇市浮梁县蛟谭镇洪村村县级监测点　代码为333416C20180328B038，建点于2018年，东经117°13′52″，北纬29°34′56″，由当地农户管理；土类为水稻土，亚类为潴育型水稻土，土属为潴育型鳝泥田，土种为灰鳝泥田；一年两熟，作物类型为双季稻。

5.1.3.2　乐平市

（1）景德镇市乐平市临港镇罗家村市级监测点　代码为360281JC201613，建点于2016年，东经117°17′26″，北纬28°00′52″，由当地农户管理；土类为水稻土，亚类为潴育型水稻土，土属为潴育型鳝泥田，土种为潴育型灰鳝泥田；一年两熟，作物类型为双季稻。

（2）景德镇市乐平市名口镇朱坞村市级监测点　代码为360281JC201815，建点于2016年，东经117°25′21″，北纬28°57′16″，由当地农户管理；土类为水稻土，亚类为潴育型水稻土，土属为潴育型石灰泥田，土种为潴育型灰石灰泥田；一年一熟，作物类型为单季稻。

（3）景德镇市乐平市塔前镇同心桥村市级监测点　代码为360281JC201811，建点于2018年，东经117°07′01″，北纬28°02′21″，由当地农户管理；土类为水稻土，亚类为潴育型水稻土，土属为潴育型鳝泥田，土种为灰鳝泥田；一年两熟，作物类型为双季稻。

（4）景德镇市乐平市镇桥镇古塘村市级监测点　代码为360281JC201814，建点于2018年，东经117°01′15″，北纬28°52′04″，由当地农户管理；土类为水稻土，亚类为潴育型水稻土，土属为潴育型鳝泥田，土种为灰鳝泥田；一年两熟，作物类型为双季稻。

（5）景德镇市乐平市涌山镇古今山村市级监测点　代码为360281JC201815，建点于2018年，东经117°20′25″，北纬29°06′26″，由当地农户管理；土类为水稻土，亚类为潴育型水稻土，土属为潴育型石灰泥田，土种为灰石灰泥田；一年两熟，作物类型为双季稻。

（6）景德镇市乐平市浯口镇江村村市级监测点　代码为360281JC201816，建点于2018年，东经117°16′02″，北纬28°59′16″，由当地农户管理；土类为水稻土，亚类为潴育型水稻土，土属为潴育型鳝泥田，土种为灰鳝泥田；一年两熟，作物类型为双季稻。

（7）景德镇市乐平市众埠镇界首村县级监测点　代码为360281JC201601，建点于2016年，东经117°18′18″，北纬28°48′44″，由当地农户管理；土类为水稻土，亚类为潴育型水稻土，土属为潴育型鳝泥田，土种为潴育型灰鳝泥田；一年两熟，作物类型为双季稻。

（8）景德镇市乐平市后港镇官将村县级监测点　代码为360281JC201602，建点于

2016 年，东经 117°52′01″，北纬 28°12′06″，由当地农户管理；土类为水稻土，亚类为潴育型水稻土，土属为潴育型麻砂泥田，土种为中潴灰麻砂泥田；一年两熟，作物类型为双季稻。

（9）**景德镇市乐平市礼林镇朱桥村县级监测点**　代码为 3360281JC201603，建点于 2016 年，东经 117°15′77″，北纬 28°90′81″，由当地农户管理；土类为水稻土，亚类为潴育型水稻土，土属为潴育型石灰泥田，土种为潴育型灰石灰泥田；一年一熟，作物类型为单季稻。

（10）**景德镇市乐平市双田镇上河村县级监测点**　代码为 360281JC201604，建点于 2016 年，东经 117°18′17″，北纬 28°07′05″，由当地农户管理；土类为水稻土，亚类为潴育型水稻土，土属为潴育型石灰泥田，土种为潴育型灰石灰泥田；一年一熟，作物类型为单季稻。

5.1.3.3　昌江区

（1）**景德镇市昌江区鱼山镇吕蒙村市级监测点**　代码为 360202JC201821，建点于 2018 年，东经 117°7′51″，北纬 29°13′36″，由当地农户管理；土类为水稻土，亚类为潴育型水稻土，土属为潴育型灰鳝泥田，土种为灰鳝泥田；一年两熟，作物类型为双季稻。

（2）**景德镇市昌江区丽阳镇枫林村市级监测点**　代码为 360203JC201822，建点于 2018 年，东经 117°7′56″，北纬 29°23′67″，由当地农户管理；土类为水稻土，亚类为潴育型水稻土，土属为潴育型鳝泥田，土种为灰鳝泥田；一年两熟，作物类型为双季稻。

5.2　景德镇市各监测点作物产量

5.2.1　单季稻产量年际变化（2016—2020）

2016—2020 年 5 个年份景德镇市水田常规施肥、无肥处理的单季稻分别有 9 个、9 个、9 个、9 个和 7 个监测点。由于每年都有新增或减少的监测点位，且 5 年间同一监测点位的稻作制度不完全相同，个别点位还种植茶叶等作物的情况，因此不同年份之间监测点位数量不同。

2016—2020 年 5 个年份景德镇市无肥处理的单季稻年均产量分别为 323.78 kg/亩、296.33 kg/亩、324.53 kg/亩、342.74 kg/亩和 317.71 kg/亩；常规施肥处理的单季稻年均产量分别为 571.33 kg/亩、572.33 kg/亩、568.74 kg/亩、543.20 kg/亩和 526.15 kg/亩（图 5-1）。相较于无肥处理，常规施肥处理 2016—2020 年 5 个年份单季稻的产量分别提高了 76.46%、93.14%、75.25%、58.49%、65.61%。

从图 5-2 可以看出，2016—2020 年无肥处理下单季稻的平均产量为 326.88 kg/亩，常规施肥处理的单季稻平均产量为 546.15 kg/亩。相较于无肥处理，常规施肥处理单季稻的平均产量提高 67.08%，这表明相较于不施肥的处理，常规施肥处理可以显著提高单季稻产量。

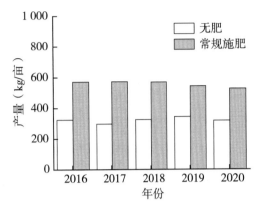 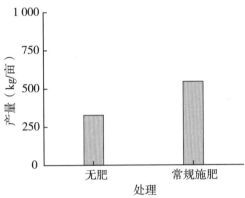

图 5-1 景德镇市耕地质量监测点常规施肥、
无肥处理对单季稻产量的影响

图 5-2 景德镇市耕地质量监测点 2016—2020 年
常规施肥、无肥处理下的单季稻平均产量

5.2.2 双季稻产量年际变化（2016—2020）

2016—2020 年 5 个年份景德镇市常规施肥、无肥处理的双季稻分别有 7 个、7 个、13 个、47 个和 37 个监测点。与单季稻的情况类似，不同年份之间监测点位数量不同，主要原因每年都有新增或减少的监测点位，且 4 年间同一监测点位的稻作制度不完全相同，个别点位还有种植茶叶等作物的情况出现。本书仅收集到 2016—2019 年的双季稻产量数据。

5.2.2.1 早稻产量年际变化（2016—2020）

2016—2019 年 4 个年份景德镇市无肥处理的早稻年均产量分别为 300.14 kg/亩、296.14 kg/亩、301.71 kg/亩和 250.70 kg/亩，常规施肥处理的早稻年均产量分别为 499.57 kg/亩、504.86 kg/亩、517.29 kg/亩和 472.00 kg/亩（图 5-3）。相较于无肥处理，常规施肥处理下 4 个年份的早稻年均产量分别提高了 66.45%、70.48%、71.45%、88.27%。

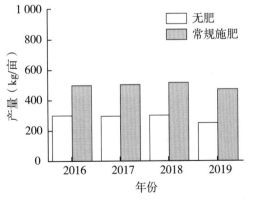 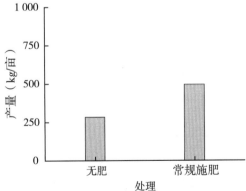

图 5-3 景德镇市耕地质量监测点常规施肥、
无肥处理对早稻产量的影响

图 5-4 景德镇市耕地质量监测点 2016—2019 年
常规施肥、无肥处理下的早稻平均产量

从图 5-4 可以看出，2016—2019 年景德镇市耕地质量监测点无肥处理条件下的早稻平均产量为 283.65 kg/亩，常规施肥条件下早稻平均产量为 495.87 kg/亩。相较于无肥处理，常规施肥条件下 2016—2019 年景德镇市耕地质量监测点的早稻产量提高了 74.82%，这表明常规施肥处理能够显著提高早稻的产量。

5.2.2.2 晚稻产量年际变化（2016—2020）

景德镇市 2016—2019 年 4 个年份无肥处理的晚稻年均产量分别为 352.86 kg/亩、350.71 kg/亩、351.00 kg/亩和 352.10 kg/亩，常规施肥处理的晚稻年均产量分别为 640.71 kg/亩、643.29 kg/亩、618.86 kg/亩和 624.20 kg/亩（图 5-5）。相较于无肥处理，常规施肥处理 4 个年份的早稻年均产量分别提高了 81.58%、83.43%、76.31%、77.28%。

从图 5-6 可以看出，2016—2019 年景德镇市耕地质量监测点无肥处理的晚稻平均产量为 351.71 kg/亩，常规施肥处理的晚稻平均产量为 631.03 kg/亩。相较于无肥处理，常规施肥处理 2016—2019 年景德镇市耕地质量监测点的晚稻产量提高了 79.42%，这表明常规施肥处理能够显著提高晚稻的产量。

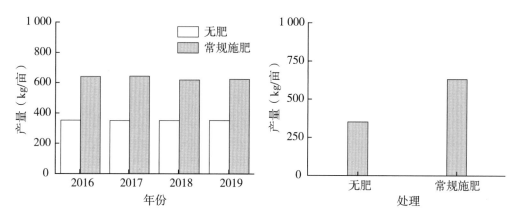

图 5-5 景德镇市耕地质量监测点常规施肥、无肥处理对晚稻产量的影响　**图 5-6** 景德镇市耕地质量监测点 **2016—2019** 年常规施肥、无肥处理下的晚稻平均产量

5.2.2.3 双季稻产量年际变化（2016—2020）

2016—2019 年 4 个年份景德镇市无肥处理的双季稻年均产量分别为 653.00 kg/亩、646.86 kg/亩、652.71 kg/亩和 602.80 kg/亩，常规施肥处理的双季稻年均产量分别为 1 140.29 kg/亩、1 148.14 kg/亩、1 136.14 kg/亩和 1 096.20 kg/亩（图 5-7）。相较于无肥处理，常规施肥处理 4 个年份的双季稻年均产量分别提高了 74.62%、77.49%、74.07%、81.85%。

从图 5-8 可以看出，2016—2019 年景德镇市耕地质量监测点无肥处理的双季稻平均产量为 635.35 kg/亩，常规施肥处理的双季稻平均产量为 1 126.90 kg/亩。相较于无肥处理，常规施肥处理 2016—2019 年景德镇市耕地质量监测点的双季稻产量提高了 77.37%，这表明常规施肥处理能够显著提高双季稻的产量。

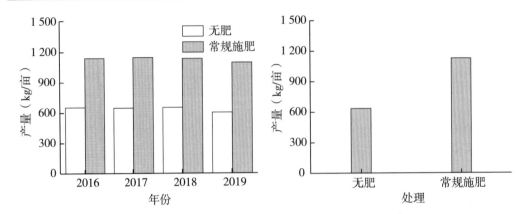

图 5-7 景德镇市耕地质量监测点常规施肥、无肥处理对双季稻产量的影响　　**图 5-8** 景德镇市耕地质量监测点 2016—2019 年常规施肥、无肥处理下的双季稻平均产量

5.3 景德镇市各监测点土壤性质

景德镇市位于东经 116°57′~117°42′，北纬 28°44′~29°56′，为江西省地级市，位于江西省东北部，本节汇总了景德镇市 2016—2020 年各级耕地质量监测点的土壤理化性质，明确了景德镇市常规施肥及无肥条件下土壤理化性质的差异。

2016—2020 年 5 个年份景德镇市长期定位监测点分别有 16 个、16 个、22 个、63 个和 52 个监测点。

5.3.1 土壤 pH 变化

2016—2020 年 5 个年份景德镇市无肥处理的土壤 pH 分别为 5.36、5.38、5.35、5.07 和 5.17，常规施肥处理的土壤 pH 分别为 5.38、5.38、5.28、5.32 和 5.31（图 5-9）。与 2016 年的土壤 pH 相比，2017—2020 年 4 个年份无肥处理的土壤 pH 分别增

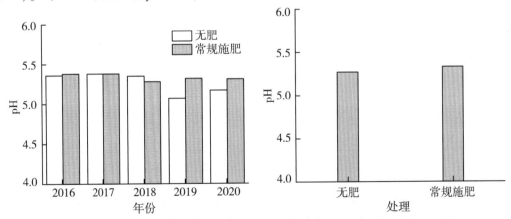

图 5-9 景德镇市耕地质量监测点常规施肥、无肥处理对土壤 pH 的影响　　**图 5-10** 景德镇市耕地质量监测点 2016—2020 年常规施肥、无肥处理下土壤 pH 的平均值

加了 0.02、-0.01、-0.29 和-0.19 个单位；常规施肥处理的土壤 pH 分别增加了 0.00、-0.10、-0.06 和-0.07 个单位。相较于无肥处理，2016—2020 年 5 个年份常规施肥处理的 pH 分别增加了 0.02、0.00、-0.07、0.25 和 0.14 个单位。

从图 5-10 可以看出，景德镇市耕地质量监测点 2016—2020 年无肥处理的 pH 平均值为 5.27，而常规施肥处理的 pH 平均值为 5.33。相较于无肥处理，2016—2020 年常规施肥处理的 pH 平均值增加了 0.06 个单位。

5.3.2　土壤有机质年际变化

2016—2020 年 5 个年份景德镇市无肥处理的土壤有机质分别为 28.06 g/kg、27.23 g/kg、29.45 g/kg、33.57 g/kg 和 28.39 g/kg，常规施肥处理的土壤有机质分别为 28.81 g/kg、28.91 g/kg、30.50 g/kg、38.96 g/kg 和 32.18 g/kg（图 5-11）。与 2016 年的相比，2017—2020 年 4 个年份无肥处理的土壤有机质分别增加了 -2.96%、4.95%、19.64% 和 1.18%；常规施肥处理的土壤有机质分别增加了 0.35%、5.87%、35.23% 和 11.70%。相较于无肥处理，2016—2020 年 5 个年份常规施肥处理的土壤有机质分别增加了 2.67%、6.17%、3.57%、16.06% 和 13.35%。

从图 5-12 可以看出，景德镇市耕地质量监测点 2016—2020 年无肥处理的土壤有机质平均值为 29.34 g/kg，而常规施肥处理土壤有机质的平均值为 31.87 g/kg。相较于无肥处理，常规施肥处理下 2016—2020 年土壤有机质的平均值增加了 8.62%。

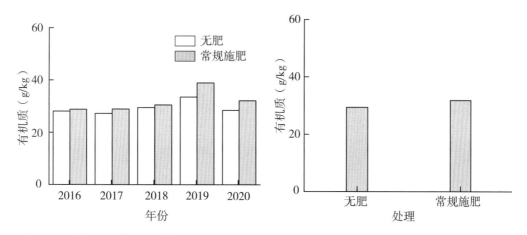

图 5-11　景德镇市耕地质量监测点常规施肥、无肥处理对土壤有机质的影响　　图 5-12　景德镇市耕地质量监测点 2016—2020 年常规施肥、无肥处理下土壤有机质的平均值

5.3.3　土壤全氮年际变化

2018—2020 年 3 个年份景德镇市无肥处理的土壤全氮分别为 1.72 g/kg、1.52 g/kg 和 1.96 g/kg，常规施肥处理的土壤全氮分别为 1.65 g/kg、1.57 g/kg 和 2.41 g/kg（图 5-13）。与 2018 年的相比，2019—2020 年两个年份无肥处理的土壤全氮分别增加了 -11.63% 和 13.95%；常规施肥处理的土壤全氮分别增加了 -4.85% 和 46.06%。相较于无肥处理，2018—

2020 年 3 个年份常规施肥处理的土壤全氮分别增加了-4.07%、3.29%和 22.96%。

从图 5-14 可以看出，景德镇市耕地质量监测点 2018—2020 年无肥处理的土壤全氮平均值为 1.74 g/kg，而常规施肥处理土壤全氮的平均值为 1.88 g/kg。相较于无肥处理，常规施肥处理 2018—2020 年土壤全氮的平均值增加了 8.05%。

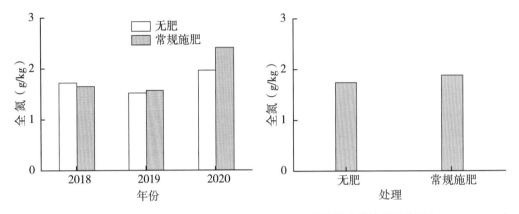

图 5-13　景德镇市耕地质量监测点常规施肥、　图 5-14　景德镇市耕地质量监测点 2016—2020 年
无肥处理对土壤全氮的影响　　　　　常规施肥、无肥处理下土壤全氮的平均值

5.3.4　土壤碱解氮年际变化

2016—2020 年 5 个年份景德镇市无肥处理的土壤碱解氮分别为 118.73 mg/kg、112.03 mg/kg、99.35 mg/kg、99.56 mg/kg 和 174.18 mg/kg，常规施肥处理的土壤碱解氮分别为 147.7 mg/kg、144.46 mg/kg、128.95 mg/kg、99.57 mg/kg 和 178.94 mg/kg（图 5-15）。与 2016 年的相比，2017—2020 年 4 个年份无肥处理的土壤碱解氮分别增加了-5.64%、-16.32%、-16.15%和 46.70%；常规施肥处理的土壤碱解氮分别增加了-2.19%、-12.69%、-32.59%和 21.15%。相较于无肥处理，2016—2020 年 5 个年份常规施肥处理的土壤碱解氮分别增加了 24.40%、28.95%、29.79%、0.01%和 2.73%。

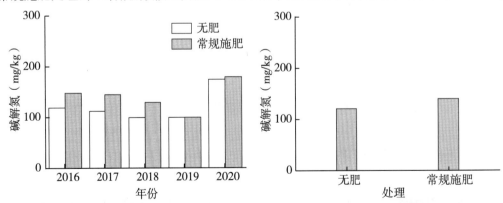

图 5-15　景德镇市耕地质量监测点常规施肥、　图 5-16　景德镇市耕地质量监测点 2016—2019 年
无肥处理对土壤碱解氮的影响　　　　常规施肥、无肥处理下土壤碱解氮的平均值

从图 5-16 可以看出，景德镇市耕地质量监测点 2016—2020 年无肥处理的土壤碱解氮平均值为 120.77 mg/kg，而常规施肥处理土壤碱解氮的平均值为 139.93 mg/kg。相较于无肥处理，常规施肥处理下 2016—2020 年土壤碱解氮的平均值增加了 15.86%。

5.3.5 土壤有效磷年际变化

2016—2020 年 5 个年份景德镇市无肥处理的土壤有效磷分别为 29.9 mg/kg、30.07 mg/kg、26.21 mg/kg、23.14 mg/kg 和 16.57 mg/kg，常规施肥处理的土壤有效磷分别为 32.62 mg/kg、33.31 mg/kg、25.84 mg/kg、20.8 mg/kg 和 27.93 mg/kg（图 5-17）。与 2016 年的相比，2017—2020 年 4 个年份无肥处理的土壤有效磷分别增加了 0.57%、−12.34%、−22.61% 和 −44.58%；常规施肥处理的土壤有效磷分别增加 2.12%、−20.78%、−36.24% 和 −14.38%。相较于无肥处理，2016—2020 年 5 个年份常规施肥处理的土壤有效磷分别增加了 9.10%、10.77%、−1.41%、−10.11% 和 68.56%。

从图 5-18 可以看出，景德镇市耕地质量监测点 2016—2020 年无肥处理的土壤有效磷平均值为 25.18 mg/kg，而常规施肥处理土壤有效磷的平均值为 28.1 mg/kg。相较于无肥处理，常规施肥处理下 2016—2020 年土壤有效磷的平均值增加了 11.60%。

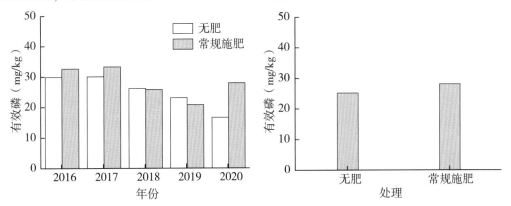

图 5-17 景德镇市耕地质量监测点常规施肥、无肥处理对土壤有效磷的影响　**图 5-18** 景德镇市耕地质量监测点 2016—2020 年常规施肥、无肥处理下土壤有效磷的平均值

5.3.6 土壤速效钾年际变化

2016—2020 年 5 个年份景德镇市无肥处理的土壤速效钾分别为 61.26 mg/kg、58.33 mg/kg、63.12 mg/kg、67.34 mg/kg 和 74.88 mg/kg，常规施肥处理的土壤速效钾分别为 80.38 mg/kg、82.33 mg/kg、58.91 mg/kg、96.09 mg/kg 和 103.86 mg/kg（图 5-19）。与 2016 年的相比，2017—2020 年 4 个年份无肥处理的土壤速效钾分别增加了 −4.78%、3.04%、9.92% 和 22.23%；常规施肥处理的土壤速效钾分别增加了 2.43%、−26.71%、19.54% 和 29.21%。相较于无肥处理，2016—2020 年 5 个年份常规施肥处理的土壤速效钾分别增加了 31.21%、41.15%、−6.67%、42.69% 和 38.70%。

从图 5-20 可以看出，景德镇市耕地质量监测点 2016—2020 年无肥处理的土壤速效钾平均值为64.98 mg/kg，而常规施肥处理土壤速效钾的平均值为84.31 mg/kg。相较于无肥处理，常规施肥处理2016—2020年土壤速效钾的平均值增加了29.75%。

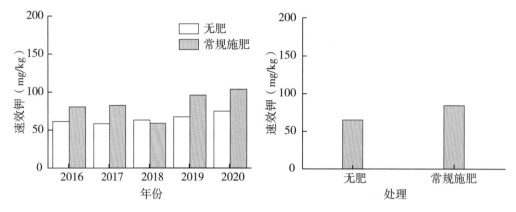

图5-19　景德镇市耕地质量监测点常规施肥、　图5-20　景德镇市耕地质量监测点2016—2020年
无肥处理对土壤速效钾的影响　　　　　　常规施肥、无肥处理下土壤速效钾的平均值

5.3.7　土壤缓效钾年际变化

2018—2020年3个年份景德镇市无肥处理的土壤缓效钾分别为274.67 mg/kg、251.29 mg/kg和141.02 mg/kg，常规施肥处理的土壤缓效钾分别为235.75 mg/kg、257.00 mg/kg和148.77 mg/kg（图5-21）。与2018年的相比，2019—2020年两个年份无肥处理的土壤缓效钾分别减少了8.51%和48.66%；常规施肥处理的土壤缓效钾分别增加了9.01%和-36.90%。相较于无肥处理，2018—2020年3个年份常规施肥处理的土壤缓效钾分别增加了-14.17%、2.27%和5.50%。

从图5-22可以看出，景德镇市耕地质量监测点2018—2020年无肥处理的土壤缓效钾平均值为222.33 mg/kg，而常规施肥处理土壤缓效钾的平均值为213.84 mg/kg。相较于无肥处理，常规施肥处理2018—2020年土壤缓效钾的平均值减少了3.82%。

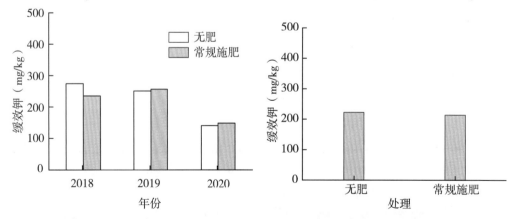

图5-21　景德镇市耕地质量监测点常规施肥、　图5-22　景德镇市耕地质量监测点2017—2020年
无肥处理对土壤缓效钾的影响　　　　　　常规施肥、无肥处理下土壤缓效钾的平均值

5.3.8 耕层厚度

2016—2020 年 5 个年份景德镇市无肥处理的土壤耕层厚度分别为 15.50 cm、15.50 cm、14.17 cm、13.34 cm 和 13.43 cm，常规施肥处理的土壤耕层厚度分别为 16.25 cm、16.19 cm、15.27 cm、14.68 cm 和 14.28 cm（表 5-1）。与 2016 年的相比，2017—2020 年 4 个年份无肥处理的土壤耕层厚度分别减少了 0.00 cm、1.33 cm、2.16 cm 和 1.11 cm；常规施肥处理的土壤耕层厚度分别减少了 0.06 cm、0.98 cm、1.57 cm 和 1.97 cm；常规施肥处理的土壤耕层厚度分别增加了 0.75 cm、0.69 cm、1.10 cm、1.34 cm 和 0.85 cm。

从表 5-1 可以看出，景德镇市耕地质量监测点 2016—2020 年无肥处理的土壤耕层厚度平均值为 14.39 cm，而常规施肥处理土壤耕层厚度的平均值为 15.33 cm。相较于无肥处理，常规施肥处理下 2016—2020 年土壤耕层厚度的平均值增加了 0.94 cm。

表 5-1 景德镇市耕地质量监测点 2016—2020 年常规施肥、无肥处理的土壤耕层厚度

单位：cm

年份	无肥处理	常规施肥处理
2016	15.50	16.25
2017	15.50	16.19
2018	14.17	15.27
2019	13.34	14.68
2020	13.43	14.28
平均	14.39	15.33

5.3.9 土壤理化性状小结

2016—2020 年景德镇市耕地质量监测点无肥处理的土壤 pH 为 5.07~5.38，常规施肥处理的土壤 pH 为 5.28~5.38，均为酸性和弱酸性土壤；监测点无肥处理的土壤有机质为 27.23~33.57 g/kg，常规施肥处理的土壤有机质为 28.39~38.96 g/kg，均为三级至二级；监测点无肥处理的土壤全氮为 1.52~1.96 g/kg，为二级，常规施肥处理的土壤全氮为 1.57~2.41 g/kg，为二级至一级；监测点无肥处理的土壤碱解氮为 99.35~174.18 mg/kg，常规施肥处理的土壤碱解氮为 99.57~178.94 mg/kg；监测点无肥处理的土壤有效磷为 16.57~30.07 mg/kg，为三级至二级，常规施肥处理的土壤有效磷为 20.80~33.31 mg/kg，为二级；监测点无肥处理的土壤速效钾为 58.33~74.88 mg/kg，为四级，常规施肥处理的土壤速效钾为 58.91~103.86 mg/kg，为四级至三级；监测点无肥处理的土壤缓效钾为 141.02~274.67 mg/kg，常规施肥处理的土壤缓效钾为 148.77~257 mg/kg，均为五级至四级。

5.4 景德镇市各监测点耕地质量等级评价

景德镇市耕地质量监测点主要分布在昌江区、浮梁县、乐平市。2018—2020年3个年份昌江区长期定位监测点分别有1个、2个、2个，其各点位综合耕地质量等级在2018和2020年为5等，2019年为4等（图5-23）；2016—2020年5个年份浮梁县耕地质量监测点分别有6个、6个、9个、45个、40个，其各点位综合耕地质量等级在2019年为5等，在2016年、2017年、2019年和2020年为4等；2016—2020年5个年份乐平市长期定位监测点分别有10个、10个、12个、16个、10个，其各点位综合耕地质量等级在2016—2018年和2020年为2等，2019年为1等。

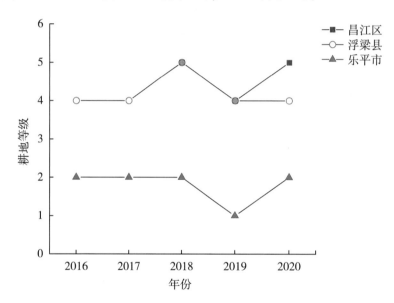

图 5-23　景德镇市耕地质量监测点耕地质量等级年度变化

第六章　宜春市监测点作物产量及土壤性质

6.1　宜春市监测点情况介绍

宜春市主要有国家级监测点（上高县、宜丰县、丰城市、高安市、奉新县、万载县、靖安县、铜鼓县）、省级监测点（宜丰县芳溪镇、澄塘镇、桥西乡；丰城市杜市镇、隍城镇、小港镇）、市（县）级监测点（上高县泗溪镇、野市乡、蒙山镇、新界埠镇、南港镇、蒙山镇；丰城市张巷镇、同田乡、洛市镇、荷湖乡、泉港镇、丽村镇、筱塘乡、白土镇、拖船镇、小港镇、蕉坑乡、董家镇、曲江镇；奉新县赤岸镇、赤田镇、会埠镇、上富镇、干洲镇、宋埠镇、澡下镇、罗市镇、甘坊镇、澡溪乡；靖安县水口乡、香田乡；宜丰县潭山镇、新昌镇、石市镇、石花尖垦殖场、天宝乡、棠浦镇、新庄镇；樟树市张家山街道、吴城乡、大桥街道、店下镇、洋湖乡、刘公庙镇、双金园艺场、中洲乡、黄土岗镇、昌付镇；高安市灰埠镇、太阳镇、村前镇、荷岭镇、伍桥镇、新街镇、杨墟镇、相城镇、黄砂镇；铜鼓县三都镇、温泉镇；万载县三兴镇、高城乡、罗城镇、双桥镇、马步乡、鹅峰乡、潭卜镇、赤兴乡、株潭镇）共85个监测点。

6.1.1　宜春市国家级耕地质量监测点情况介绍

（1）**宜春市上高县旱地国家级监测点**　代码为360154，建点于1998年，位于芦洲乡黄山村，东经115°01′12″，北纬28°13′21″，由当地农户管理；常年降水量1 668 mm，常年有效积温5 538 ℃，常年无霜期269 d，海拔高度50 m，无障碍因素，耕地地力水平中等，基本满足灌溉能力，排水能力强，农业区划分属于长江中下游区，一年三熟，作物类型为花生-油菜或甘薯-萝卜；成土母质为第四纪红色黏土，土类为红壤，亚类为典型红壤，土属为暗泥质红壤，土种为红黏泥；质地构型为夹层型，生物多样性丰富，农田林网化程度中等，土壤养分水平状况为潜在缺乏，无盐渍化。土壤剖面理化性状如下。

耕作层：0~20 cm，灰棕色，碎块，土壤容重为1.02 g/cm³，新生体多，质地为粉砂质黏壤土，pH 6.5，有机质含量为15.4 g/kg，全氮含量为0.90 g/kg，全磷含量为0.650 g/kg，全钾含量为21.60 g/kg。

犁底层：20~35 cm，棕色，块状，新生体较多，有软结核，质地为粉砂质黏壤土，pH 6.6，有机质含量为4.3 g/kg，全氮含量为0.70 g/kg，全磷含量为0.440 g/kg，全钾含量为18.60 g/kg。

母质层：35～100 cm，黄棕色，块状，新生体少，有软结核，质地为粉砂质黏壤土，pH 6.5，有机质含量为 4.0 g/kg，全氮含量为 0.60 g/kg，全磷含量为 0.420 g/kg，全钾含量为 13.70 g/kg。

（2）**宜春市上高县水田国家级监测点** 代码为 360157，建点于 1998 年，位于芦洲乡黄山村，东经 114°51′36″，北纬 28°12′36″，由当地农户管理；常年降水量 1668 mm，常年有效积温 5538 ℃，常年无霜期 269 d，海拔高度 50 m，地下水埋深为 1 m，无障碍因素，耕地地力水平中等，满足灌溉能力，排水能力中等，农业区划分属于长江中下游区，一年两熟，作物类型为双季稻；成土母质为第四纪红色黏土，土类为水稻土，亚类为潴育型水稻土，土属为黄泥田，土种为灰黄泥田；质地构型为夹层型，生物多样性丰富，农田林网化程度中等，土壤养分水平状况为潜在缺乏，无盐渍化。土壤剖面理化性状如下。

耕作层：0～15 cm，灰棕色，块状，土壤容重为 1.19 g/cm³，多新生体，质地为粉砂质黏土，pH 5.3，有机质含量为 35.7 g/kg，全氮含量为 1.23 g/kg，全磷含量为 0.520 g/kg，全钾含量为 21.60 g/kg。

犁底层：15～23 cm，黄棕色，块状，土壤容重为 1.62 g/cm³，有新生体，质地为粉砂质黏壤土，pH 7.3，有机质含量为 10.0 g/kg，全氮含量为 0.80 g/kg，全磷含量为 0.440 g/kg，全钾含量为 17.5 g/kg。

潴育层：23～50 cm，黄棕色，块状，土壤容重为 1.56 g/cm³，少量新生体，有结核，质地为粉砂质黏壤土，pH 7.3，有机质含量为 8.0 g/kg，全氮含量为 0.50 g/kg，全磷含量为 0.350 g/kg，全钾含量为 15.70 g/kg。

潜育层：50～100 cm，棕黄色，块状，无新生体，有胶斑，质地为中砾质砂质黏壤土，pH 7.4，有机质含量为 4.0 g/kg，全氮含量为 0.50 g/kg，全钾含量为 15.10 g/kg。

（3）**宜春市宜丰县国家级监测点** 代码为 360160，建点于 1998 年，位于花桥乡社溪村，东经 114°57′48″，北纬 28°34′12″，由当地农户管理；常年降水量 2 370 mm，常年有效积温 4 100 ℃，常年无霜期 260 d，海拔高度 80 m，地下水埋深 1 m，无障碍因素，耕地地力水平中等，满足灌溉能力，排水能力中等，农业区划分属于长江中下游区，一年两熟，作物类型为双季稻；成土母质为酸性结晶岩类红壤，土类为水稻土，亚类为潴育型水稻土，土属为麻砂泥田，土种为灰麻砂泥田。土壤剖面理化性状如下。

耕作层：0～15 cm，暗灰色，小团状，土壤容重为 1.01 g/cm³，多新生体，有锈纹斑，质地为壤土，pH 5.2，有机质含量为 34.0 g/kg，全氮含量为 1.90 g/kg，全磷含量为 0.880 g/kg，全钾含量为 26.90 g/kg。

犁底层：15～23 cm，暗灰色，块状，土壤容重为 1.58 g/cm³，少量新生体，有锈纹斑，质地为黏壤土，pH 5.7，有机质含量为 14.0 g/kg，全氮含量为 0.90 g/kg，全磷含量为 0.530 g/kg，全钾含量为 26.70 g/kg。

潴育层：23～60 cm，黄灰色，棱块状，土壤容重为 1.62 g/cm³，可见新生体，有结核，质地为黏壤土，pH 6.3，有机质含量为 7.0 g/kg，全氮含量为 0.30 g/kg，全磷含量为 0.350 g/kg，全钾含量为 24.50 g/kg。

（4）**宜春市丰城市国家级监测点** 代码为 360724，建点于 2016 年，位于荣塘镇店里村，东经 115°42′49″，北纬 28°07′21″，由当地农户管理；常年降水量 1 500 mm，常年有效积温 5 581 ℃，常年无霜期 270 d，海拔高度 29 m，地下水埋深 16 m，无障碍因素，耕地地力水平中等，基本满足灌溉能力，排水能力中等，农业区划分属于长江中下游区，一年两熟，作物类型为双季稻；成土母质为泥质岩残坡积物，土类为水稻土，亚类为潴育型水稻土，土属为潴育型鳝泥田，土种为中潴灰鳝泥田。土壤剖面理化性状如下。

耕作层：0~21 cm，灰褐色，块状，疏松，土壤容重为 1.15 g/cm³，无新生体，多植物根系，质地为中砾质黏壤土，pH 5，有机质含量为 54.7 g/kg，全氮含量为 1.15 g/kg，全磷含量为 0.469 g/kg，全钾含量为 29.93 g/kg，阳离子交换量为 6.3 cmol/kg。

犁底层：21~31 cm，棕灰色，片状，极紧，土壤容重为 1.45 g/cm³，有铁锰结核，少量植物根系，质地为少砾质壤土，pH 4.5，有机质含量为 11.9 g/kg，全氮含量为 0.46 g/kg，全磷含量为 0.717 g/kg，全钾含量为 25.54 g/kg，阳离子交换量为 9.8 cmol/kg。

渗育层：31~81 cm，棕黄色，片状，极紧，土壤容重为 1.49 g/cm³，有锈斑，少量植物根系，质地为中砾质黏壤土，pH 5.4，有机质含量为 7.8 g/kg，全氮含量为 0.52 g/kg，全磷含量为 1.199 g/kg，全钾含量为 17.02 g/kg，阳离子交换量为 15.0 cmol/kg。

潴育层：81~100 cm，灰白色，板状，稍坚实，土壤容重为 1.38 g/cm³，无新生体，少量植物根系，质地为粉砾质黏土，pH 4.8，有机质含量为 15.6 g/kg，全氮含量为 0.51 g/kg，全磷含量为 0.596 g/kg，全钾含量为 15.2 g/kg，阳离子交换量为 16.5 cmol/kg。

（5）宜春市高安市国家级监测点 代码为 360725，建点于 2009 年，位于筠阳街办原种场聂圩分场，东经 115°22′17″，北纬 28°22′28″，由当地农户管理；常年降水量 900 mm，常年有效积温 5 400 ℃，常年无霜期 320 d，无障碍因素，耕地地力水平中等，基本满足灌溉能力，排水能力中等，农业区划分属于长江中下游区，一年两熟，作物类型为双季稻；土类为水稻土，亚类为潴育型水稻土，土属为潮砂泥田，土种为灰潮砂泥田；质地构型为夹层型，生物多样性一般，农田林网化程度中等，土壤养分水平状况为潜在缺乏，无盐渍化。土壤剖面理化性状如下。

耕作层：0~12 cm，棕色，不规则，疏松，无新生体，较多植物根系，质地为中砾质黏壤土，pH 5.6，有机质含量为 47.7 g/kg，全氮含量为 1.84 g/kg，全磷含量为 1.268 g/kg，全钾含量为 12.18 g/kg，阳离子交换量为 8.3 cmol/kg。

犁底层：12~22 cm，浅棕色，团粒，疏松，无新生体，少量植物根系，质地为中砾质黏壤土，pH 6.1，有机质含量为 26.9 g/kg，全氮含量为 1.36 g/kg，全磷含量为 1.092 g/kg，全钾含量为 12.11 g/kg，阳离子交换量为 7.8 cmol/kg。

潴育层 1：22~58 cm，黄色，粒状，疏松，无新生体，无植物根系，质地为少砾质砂质黏壤土，pH 6.3，有机质含量为 24.3 g/kg，全氮含量为 1.59 g/kg，全磷含量为 1.035 g/kg，全钾含量为 17.3 g/kg，阳离子交换量为 15.3 cmol/kg。

潴育层 2：58~76 cm，麻灰色，块状，稍紧实，无新生体，无植物根系，质地为粉砾质黏土，pH 6.3，有机质含量为 18.3 g/kg，全氮含量为 1.17 g/kg，全磷含量为 0.738 g/kg，全钾含量为 8.61 g/kg，阳离子交换量为 21.3 cmol/kg。

母质层：76~95 cm，红灰色，大块状，紧实，无新生体，无植物根系，质地为粉砾质黏壤土，pH 6.1，有机质含量为 19.7 g/kg，全氮含量为 0.56 g/kg，全磷含量为 0.298 g/kg，全钾含量为 7.15 g/kg，阳离子交换量为 12.5 cmol/kg。

（6）**宜春市奉新县国家级监测点**　代码为 360736，建点于 2017 年，位于赤岸镇沿里村，东经 115°20′24″，北纬 28°37′12″，由当地农户管理；常年降水量 1 672 mm，常年有效积温 2 680 ℃，常年无霜期 260 d，海拔高度 45 m，地下水埋深为 1.5 m，无障碍因素，耕地地力水平高，满足灌溉能力，排水能力强，农业区划分属于长江中下游区，一年两熟，作物类型为双季稻；成土母质为紫红色泥页岩类风化物，土类为水稻土，亚类为潴育型水稻土，质地构型为上松下紧型，生物多样性一般，农田林网化程度中等，土壤养分水平状况为潜在缺乏，无盐渍化。土壤剖面理化性状如下。

耕作层：0~17 cm，灰黄色，团块状，散，土壤容重为 1.26 g/cm³，无新生体，多植物根系，质地为壤土，pH 5.1，有机质含量为 42.9 g/kg，全氮含量为 2.43 g/kg，全磷含量为 0.284 g/kg，全钾含量为 22.15 g/kg，阳离子交换量为 9.5 cmol/kg。

犁底层：17~23 cm，浅黄色，块状，紧，土壤容重为 1.38 g/cm³，有锈斑，多植物根系，质地为少砾质黏壤土，pH 7.0，有机质含量为 38.7 g/kg，全氮含量为 0.57 g/kg，全磷含量为 0.196 g/kg，全钾含量为 25.25 g/kg，阳离子交换量为 9.8 cmol/kg。

潴育层：23~100 cm，棕黄色，棱块状，紧，土壤容重为 1.52 g/cm³，无新生体，少量植物根系，质地为少砾质黏壤土，pH 7.0，有机质含量为 19.1 g/kg，全氮含量为 0.26 g/kg，全磷含量为 0.079 g/kg，全钾含量为 24.25 g/kg，阳离子交换量为 13.7 cmol/kg。

（7）**宜春市万载县国家级监测点**　代码为 360738，建点于 2017 年，位于白良镇白良村，东经 114°50′24″，北纬 28°12′36″，由当地农户管理；常年降水量 1 723 mm，常年无霜期 312 d，海拔高度 91 m，地下水埋深为 4 m，无障碍因素，耕地地力水平中等，满足灌溉能力，排水能力中等，农业区划分属于长江中下游区，一年两熟，作物类型为油-稻；成土母质为泥质岩，土类为水稻土，亚类为潴育型水稻土，土属为鳝泥田，土种为灰鳝泥田。土壤剖面理化性状如下。

耕作层：0~25 cm，灰褐色，块状，松，土壤容重为 1.03 g/cm³，多量稻根，质地为粉质壤土，pH 5.5，有机质含量为 42.2 g/kg，全氮含量为 0.88 g/kg，全磷含量为 0.769 g/kg，全钾含量为 39.83 g/kg，阳离子交换量为 9.0 cmol/kg。

犁底层：25~40 cm，黄褐色，块状，较紧，土壤容重为 1.21 g/cm³，多植物根系，质地为粉质壤土，pH 5.5，有机质含量为 49.7 g/kg，全氮含量为 0.63 g/kg，全磷含量为 0.628 g/kg，全钾含量为 20.67 g/kg，阳离子交换量为 7.3 cmol/kg。

潴育层：40~77 cm，灰黄色，棱块状，紧，土壤容重为 1.63 g/cm³，多量锈纹锈斑，少量稻根，质地为粉质壤土，pH 5.5，有机质含量为 36.3 g/kg，全氮含量为 0.54 g/kg，全磷含量为 0.346 g/kg，全钾含量为 27.24 g/kg，阳离子交换量为 8.5 cmol/kg。

母质层：77~85 cm，青灰色，棱柱状，紧，土壤容重为 1.51 g/cm³，多量锈纹，极少稻根，质地为粉质壤土，pH 5.3，有机质含量为 17.0 g/kg，全氮含量为 0.31 g/kg，全磷含量为 0.093 g/kg，全钾含量为 16.05 g/kg，阳离子交换量为 8.0 cmol/kg。

（8）**宜春市靖安县国家级监测点**　代码为 360742，建点于 2017 年，位于香田乡黄垇村，东经 115°21′36″，北纬 28°49′48″，由当地农户管理；常年降水量 1 660 mm，常年有效积温 6 550 ℃，常年无霜期 277 d，海拔高度 42 m，地下水埋深为 3.1 m，障碍因素为干旱缺水，耕地地力水平低，无灌溉能力，排水能力强，农业区划分属于长江中下游区，一年一熟，作物类型为茶叶；土类为红壤，亚类为黄红壤，土属为红泥质黄红壤，土种为其他红泥质黄红壤。土壤剖面理化性状如下。

枯枝落叶层：0~17 cm，淡灰色，碎粒状，松散，土壤容重为 1.05 g/cm³，存在大量根锈，很多植物根系，质地为轻黏，pH 4.7，有机质含量为 35.7 g/kg，全氮含量为 1.64 g/kg，全磷含量为 0.443 g/kg，全钾含量为 18.82 g/kg，阳离子交换量为 5.8 cmol/kg。

淋溶层：17~38 cm，灰褐色，块状，稍紧，土壤容重为 1.12 g/cm³，存在少量根锈，少量植物根系，质地为轻黏，pH 5.4，有机质含量为 18.3 g/kg，全氮含量为 0.73 g/kg，全磷含量为 0.570 g/kg，全钾含量为 9.24 g/kg，阳离子交换量为 12.0 cmol/kg。

灰化层：38~82 cm，黄棕色，棱块状，紧实，土壤容重为 1.23 g/cm³，有海量胶膜，无植物根系，质地为轻黏，pH 5.5，有机质含量为 9.7 g/kg，全氮含量为 0.49 g/kg，全磷含量为 0.599 g/kg，全钾含量为 8.88 g/kg，阳离子交换量为 13.0 cmol/kg。

淀积层：82 cm 以下，红棕色，棱柱状，紧实，土壤容重为 1.24 g/cm³，有铁锰结核，无植物根系，质地为轻黏，pH 5.5，有机质含量为 6.3 g/kg，全氮含量为 0.44 g/kg，全磷含量为 0.564 g/kg，全钾含量为 10.99 g/kg，阳离子交换量为 19.8 cmol/kg。

（9）**宜春市铜鼓县国家级监测点**　代码为 360744，建点于 2017 年，位于排埠镇华联，东经 114°28′12″，北纬 28°25′48″，由当地农户管理；常年降水量 1 771 mm，常年有效积温 5 644 ℃，常年无霜期 265 d，海拔高度 22 m，无障碍因素，耕地地力水平中等，满足灌溉能力，排水能力强，农业区划分属于长江中下游区，一年一熟，作物类型为单季稻；成土母质为花岗岩风化物，土类为水稻土，亚类为潴育型水稻土，土属为潴育型麻砂泥田，土种为中潴灰麻砂泥田。土壤剖面理化性状如下。

耕作层：0~20 cm，红黄色，团块，疏松，土壤容重为 1.36 g/cm³，有锈斑，多量植物根系，质地为粉砂质黏土，pH 5.3，有机质含量为 20.0 g/kg，全氮含量为 1.20 g/kg，全磷含量为 0.666 g/kg，全钾含量为 17.66 g/kg，阳离子交换量为 9.2 cmol/kg。

犁底层：20~45 cm，红黄色，团块，疏松，土壤容重为 1.36 g/cm³，有锈斑，中量植物根系，质地为粉砂质黏土，pH 6.5，有机质含量为 14.7 g/kg，全氮含量为 0.87 g/kg，全磷含量为 0.119 g/kg，全钾含量为 19.15 g/kg，阳离子交换量为 8.1 cmol/kg。

潴育层：45~75 cm，紫黄色，粒状，疏松，土壤容重为 1.38 g/cm³，有锈斑，少量植物根系，质地为粉砂质黏土，pH 5.5，有机质含量为 13.3 g/kg，全氮含量为 0.56 g/kg，全磷含量为 0.083 g/kg，全钾含量为 18.27 g/kg，阳离子交换量为 9.5 cmol/kg。

（10）**宜春市高安市国家级监测点** 代码为 360752，建点于 2017 年，位于祥符镇莲花村，东经 115°22′12″，北纬 28°30′00″，由当地农户管理；常年降水量 1 560 mm，常年有效积温 4 898 ℃，常年无霜期 276 d，海拔高度 61 m，无障碍因素，耕地地力水平中等，无灌溉能力，排水能力中等，农业区划分属于长江中下游区，一年一熟，作物类型为花生；成土母质为第四纪红色黏土，土类为红壤，亚类为典型红壤，土属为砂泥质黄红壤，土种为砂质黄红泥土；质地构型为上紧下松型，生物多样性不丰富，土壤养分水平状况为潜在缺乏，无盐渍化。土壤剖面理化性状如下。

耕作层：0~18 cm，黄棕色，团粒，疏松，无新生体，大量植物根系，质地为壤黏土，pH 4.6，有机质含量为 20.6 g/kg，全氮含量为 1.02 g/kg，全磷含量为 0.510 g/kg，全钾含量为 13.87 g/kg，阳离子交换量为 9.5 cmol/kg。

犁底层：18~30 cm，黄红色，片状，稍紧实，无新生体，少量植物根系，质地为壤黏土，pH 4.7，有机质含量为 12.9 g/kg，全氮含量为 0.43 g/kg，全磷含量为 0.350 g/kg，全钾含量为 14.40 g/kg，阳离子交换量为 11.8 cmol/kg。

心土层：30~102 cm，黄红色，块状，紧实，有铁锈，无植物根系，质地为粉砂质壤土，pH 4.7，有机质含量为 4.1 g/kg，全氮含量为 0.43 g/kg，全磷含量为 0.27 g/kg，全钾含量为 14.07 g/kg，阳离子交换量为 11.2 cmol/kg。

（11）**宜春市高安市国家级监测点** 代码为 360753，建点于 2017 年，位于祥符镇竹龙村，东经 115°25′12″，北纬 28°29′24″，由当地农户管理；常年降水量 1560 mm，常年有效积温 4898 ℃，常年无霜期 276 d，海拔高度 42 m，无障碍因素，耕地地力水平中等，无灌溉能力，排水能力中等，农业区划分属于长江中下游区，一年一熟，作物类型为花生；成土母质为第四纪红色黏土，土类为红壤，亚类为黄红壤，土属为泥砂质黄红壤，土种为其他泥砂质黄红壤；质地构型为上松下紧型，生物多样性不丰富，农田林网化程度低，土壤养分水平状况为潜在缺乏，无盐渍化。土壤剖面理化性状如下。

耕作层：0~17 cm，灰色，团粒，松，大量植物根系，质地为少砾质壤土，pH 5.0，有机质含量为 42.4 g/kg，全氮含量为 2.31 g/kg，全磷含量为 0.769 g/kg，全钾含量为 13.64 g/kg，阳离子交换量为 5.5 cmol/kg。

犁底层：17~33 cm，黄色，小块状，紧实，较少植物根系，质地为少砾质粉砂质黏壤土，pH 5.2，有机质含量为 21.4 g/kg，全氮含量为 1.66 g/kg，全磷含量为 0.858 g/kg，全钾含量为 15.87 g/kg，阳离子交换量为 5.0 cmol/kg。

底土层：33~70 cm，黄棕色，棱块状，紧实，少量植物根系，质地为少砾质黏壤土，pH 5.5，有机质含量为 17.1 g/kg，全氮含量为 0.61 g/kg，全磷含量为 0.528 g/kg，全钾含量为 11.20 g/kg，阳离子交换量为 6.8 cmol/kg。

心土层：70~83 cm，棕灰色，棱块状，紧实，无植物根系，质地为黏壤土，pH 5.7，有机质含量为 14.5 g/kg，全氮含量为 0.75 g/kg，全磷含量为 0.385 g/kg，全钾含量为 12.66 g/kg，阳离子交换量为 8.3 cmol/kg。

母质层：83~94 cm，棕黄色，紧实，无植物根系，质地为粉砂质黏壤土，pH 5.8，有机质含量为 12.7 g/kg，全氮含量为 0.70 g/kg，全磷含量为 0.473 g/kg，全钾含量为 8.99 g/kg，阳离子交换量为 7.0 cmol/kg。

6.1.2 宜春市省级耕地质量监测点情况介绍

6.1.2.1 宜丰县

（1）**宜春市宜丰县芳溪镇南田村省级监测点** 代码为360924JC20144，建点于2014年，东经114°39′18″，北纬28°20′13″，由当地农户管理，土类为水稻土，亚类为潴育型水稻土，土属为潴育型潮砂泥田，土种为中潴泥砂田；一年两熟，作物类型为双季稻。

（2）**宜春市宜丰县澄塘镇高坪村省级监测点** 代码360924JC20145，建点于2014年，东经114°55′47″，北纬28°25′26″，由当地农户管理，土类为水稻土，亚类为潴育型水稻土，土属为黄泥田，土种为乌黄泥田；一年两熟，作物类型为双季稻。

（3）**宜春市宜丰县桥西乡付家坪村省级监测点** 代码为360924JC20162，建点于2016年，东经为114°44′37″，北纬28°27′10″，由当地农户管理，土类为水稻土，亚类为潴育型水稻土，土属为鳝泥田，土种灰鳝泥；一年一熟，作物类型为单季稻。

6.1.2.2 丰城市

（1）**宜春市丰城市杜市镇横岗村省级监测点** 代码为360981JC20164，建点于2016年，东经115°53′50″，北纬28°05′37″，由当地农户管理，土类为水稻土，亚类为潴育型水稻土，土属为潴育型鳝泥田，土种为中潴灰鳝泥田；一年两熟，作物类型为双季稻。

（2）**宜春市丰城市隍城镇甘家村省级监测点** 代码为360981JC20165，建点于2016年，东经115°34′36″，北纬28°23′02″，由当地农户管理，土类为水稻土，亚类为潴育型水稻土，土属为潴育型黄泥田，土种为中潴灰黄泥田；一年两熟，作物类型为双季稻。

（3）**宜春市丰城市小港镇梅岗村省级监测点** 代码为360981JC20151，建点于2015年，东经115°53′14″，北纬28°15′20″，由当地农户管理，土类为水稻土，亚类为潴育型水稻土，土属为潴育型潮泥田，土种为中潴潮砂泥田；一年两熟，作物类型为双季稻。

6.1.3 宜春市市（县）级耕地质量监测点情况介绍

6.1.3.1 上高县

（1）**宜春市上高县泗溪镇曾家村市级监测点** 代码360923JC20081，建点于2008年，东经114°55′59″，北纬28°20′01″，由当地农户管理，土类为水稻土，亚类为潴育型水稻土，土属为潴育型潮砂泥田，土种为潴育型乌潮砂泥田；一年两熟，作物类型为双季稻。

（2）**宜春市上高县野市乡明星村市级监测点** 代码360923JC20082，建点于2008年，东经114°56′43″，北纬28°18′48″，由当地农户管理，土类为水稻土，亚类为潴育型水稻土，土属为红砂泥田，土种为灰红砂泥田；一年两熟，作物类型为双季稻。

（3）**宜春市上高县蒙山镇潢里村市级监测点** 代码为360923SG20161，建点于2016年，东经114°55′24″，北纬28°09′42″，由当地农户管理，土类为水稻土。亚类为潴育型水稻土，土属为黄泥田，土种为乌黄泥田；一年一熟，作物类型为单季稻。

（4）**宜春市上高县新界埠镇城陂村市级监测点** 代码为360923SG20162，建点于2016年，东经114°59′24″，北纬28°09′25″，由当地农户管理，土类为水稻土，亚类为潴育型水稻土，土属为鳝泥田，土种为灰鳝泥田；一年一熟，作物类型为单季稻。

（5）宜春市上高县南港镇梅砂村市级监测点　代码为360923JC20183，建点于 2018 年，东经114°57′11″，北纬28°18′52″，由当地农户管理，土类为水稻土，亚类为潴育型水稻土；一年一熟，作物类型为单季稻。

（6）宜春市上高县蒙山镇楼下村县级监测点　代码为 360923SG20163，建点于 2016 年，东经114°50′43″，北纬28°07′27″，由当地农户管理，土类为水稻土，亚类为潴育型水稻土，土属为潮砂泥田，土种为乌潮砂泥田；一年一熟，作物类型为单季稻。

6.1.3.2　丰城市

（1）宜春市丰城市张巷镇灌山村市级监测点　代码为ycfc201701，建点于 2017 年，东经115°34′57″，北纬28°04′21″，由当地农户管理，土类为水稻土，亚类为潴育型水稻土，土属为潴育型鳝泥田，土种为中潴灰鳝泥田；一年两熟，作物类型为双季稻。

（2）宜春市丰城市同田乡沿江村市级监测点　代码为ycfc201702，建点于 2017 年，东经115°29′30″，北纬28°13′23″，由当地农户管理，土类为水稻土，亚类为潴育型水稻土，土属为潴育型黄泥田，土种为中潴灰黄泥田；一年两熟，作物类型为双季稻。

（3）宜春市丰城市洛市镇农科所市级监测点　代码为ycfc201703，建点于 2017 年，东经115°30′28″，北纬28°34′44″，由当地农户管理，土类为水稻土，亚类为潴育型水稻土，土属为潴育型鳝泥田，土种为弱潴灰鳝泥田；一年一熟，作物类型为单季稻。

（4）宜春市丰城市荷湖乡楼前村老公坑市级监测点　代码为ycfc201704，建点于 2017 年，东经115°27′41″，北纬27°33′27″，由当地农户管理，土类为水稻土，亚类为潴育型水稻土，土属为潴育型红砂泥田，土种为中潴红砂泥田；一年一熟，作物类型为单季稻。

（5）宜春市丰城市泉港镇葛家村上裕山组市级监测点　代码为ycfc201705，建点于 2017 年，东经115°23′25″，北纬28°07′56″，由当地农户管理，土类为水稻土，亚类为潴育型水稻土，土属为潴育型黄泥田，土种为中潴黄泥田；一年两熟，作物类型为双季稻。

（6）宜春市丰城市丽村镇茅头村市级监测点　代码为ycfc201706，建点于 2017 年，东经115°25′28″，北纬27°34′27″，由当地农户管理，土类为红壤，亚类为典型红壤，土属为泥质红壤，土种为其他泥质红壤；一年一熟，作物类型为红薯。

（7）宜春市丰城市筱塘乡庙前村熊家市级监测点　代码为ycfc201807，建点于 2017 年，东经115°55′17″，北纬28°12′44″，由当地农户管理，土类为水稻土，亚类为潴育型水稻土，土属为潴育型红砂泥田，土种为中潴红砂泥田；一年两熟，作物类型为双季稻。

（8）宜春市丰城市白土镇大源村厚塘组市级监测点　代码为ycfc201808，建点于 2018 年，东经115°58′15″，北纬28°09′54″，由当地农户管理，土类为水稻土，亚类为潴育型水稻土，土属为潴育型黄泥田，土种为强潴灰黄泥田；一年两熟，作物类型为双季稻。

（9）宜春市丰城市拖船镇城头村杨坊组市级监测点　代码为ycfc201809，建点于 2018 年，东经115°39′35″，北纬28°06′57″，由当地农户管理，土类为水稻土，亚类为潴育型水稻土，土属为潴育型黄泥田，土种为中潴乌黄泥田；一年两熟，作物类型为双季稻。

（10）宜春市丰城市小港镇大汽村市级监测点　代码为 ycfc201810，建点于 2018 年，东经 115°52′38″，北纬 28°12′14″，由当地农户管理，土类为水稻土，亚类为潴育型水稻土，土属为潴育型潮砂泥田，土种为中潴潮砂泥田；一年一熟，作物类型为甘蔗。

（11）宜春市丰城市蕉坑乡力富村市级监测点　代码为 ycfc201811，建点丁 2018 年，东经 115°50′05″，北纬 27°46′57″，由当地农户管理，土类为水稻土，亚类为潴育型水稻土，土属为潴育型麻砂泥田，土种为中潴灰麻砂泥田；一年一熟，作物类型为单季稻。

（12）宜春市丰城市董家镇王田村县级监测点　代码为 FC201801，建点于 2018 年，东经 115°33′33″，北纬 28°14′01″，由当地农户管理，土类为红壤，亚类为典型红壤，土属为红泥质红壤，土种为红黄泥；一年一熟，作物类型为花生。

（13）宜春市丰城市曲江镇巷里村县级监测点　代码为 FC201902，建点于 2019 年，东经 115°50′14″，北纬 28°17′39″，由当地农户管理，土类为水稻土，亚类为潴育型水稻土，土属为潴育型黄泥田，土种为弱潴黄泥田；一年一熟，作物类型为单季稻。

6.1.3.3　奉新县

（1）宜春市奉新县赤岸镇城下村市级监测点　代码为 ycfx201701，建点于 2017 年，东经 115°17′16″，北纬 28°41′21″，由当地农户管理，土类为红壤，亚类为红壤，土属为花岗岩类红壤，土种为厚层中有机质花岗岩红壤；一年一熟，作物类型为猕猴桃。

（2）宜春市奉新县赤田镇罗塘村市级监测点　代码为 ycfx201702，建点于 2017 年，东经 115°27′05″，北纬 28°37′42″，由当地农户管理，土类为水稻土，亚类为潴育型水稻土，土属为红泥田，土种为中潴灰红泥田；一年两熟，作物类型为双季稻。

（3）宜春市奉新县会埠镇渣村村市级监测点　代码为 ycfx201703，建点于 2017 年，东经 115°10′33″，北纬 28°41′10″，由当地农户管理，土类为水稻土，亚类为潴育型水稻土，土属为麻砂泥田，土种为中潴灰麻砂泥田；一年两熟，作物类型为双季稻。

（4）宜春市奉新县上富镇董田村市级监测点　代码为 ycfx201804，建点于 2018 年，东经 115°00′35″，北纬 28°39′24″，由当地农户管理，土类为水稻土，亚类为潴育型水稻土，土属为麻砂泥田，土种为中潴灰麻砂泥田；一年一熟，作物类型为单季稻。

（5）宜春市奉新县干洲镇黄溪村市级监测点　代码为 ycfx201805，建点于 2018 年，东经 115°23′53″，北纬 28°45′28″，由当地农户管理，土类为水稻土，亚类为潴育型水稻土，土属为红砂泥田，土种为中潴灰红砂泥田；一年两熟，作物类型为双季稻。

（6）宜春市奉新县宋埠镇桥头村县级监测点　代码为 fxJC201801，建点于 2018 年，东经 115°28′58″，北纬 28°43′43″，由当地农户管理，土类为水稻土，亚类为潴育型水稻土，土属为红泥田，土种为中潴灰红泥田；一年两熟，作物类型为双季稻。

（7）宜春市奉新县澡下镇尖角村县级监测点　代码为 fxJC201802，建点于 2018 年，东经 115°15′18″，北纬 28°46′56″，由当地农户管理，土类为水稻土，亚类为潴育型水稻土，土属为麻砂泥田，土种为中潴灰麻砂泥田；一年一熟，作物类型为单季稻。

（8）宜春市奉新县罗市镇河南村县级监测点　代码为 fxJC201803，建点于 2018 年，东经 115°03′49″，北纬 28°40′31″，由当地农户管理，土类为水稻土，亚类为潴育型水稻土，土属为麻砂泥田，土种为中潴灰麻砂泥田；一年一熟，作物类型为单季稻。

（9）**宜春市奉新县甘坊镇甘坊村县级监测点**　代码为 fxJC201804，建点于 2018 年，东经 114°53′16″，北纬 28°38′56″，由当地农户管理，土类为水稻土，亚类为潴育型水稻土，土属为潮砂泥田，土种为中潴乌潮砂泥田；一年一熟，作物类型为单季稻。

（10）**宜春市奉新县澡溪乡东南村县级监测点**　代码为 fxJC201805，建点于 2018 年，东经 114°58′32″，北纬 28°44′26″，由当地农户管理，土类为水稻土，亚类为潴育型水稻土，土属为麻砂泥田，土种为中潴灰麻砂泥田；一年一熟，作物类型为单季稻。

6.1.3.4　靖安县

（1）**宜春市靖安县水口乡水口村市级监测点**　代码为 ycja201702，建点于 2017 年，东经 115°10′32″，北纬 28°32′06″，由当地农户管理，土类为水稻土，亚类为潴育型水稻土，土属为黄砂泥田，土种为灰黄砂泥田；一年一熟，作物类型为单季稻。

（2）**宜春市靖安县香田乡白露村市级监测点**　代码为 ycja201701，建点于 2017 年，东经 115°13′52″，北纬 28°29′01″，由当地农户管理，土类为水稻土，亚类为潴育型水稻土，土属为麻砂泥田，土种为灰麻砂泥田；一年一熟，作物类型为单季稻。

6.1.3.5　宜丰县

（1）**宜春市宜丰县潭山镇店上村市级监测点**　代码为 360924Y20171，建点于 2017 年，东经 114°44′42″，北纬 28°33′53″，由当地农户管理，土类为水稻土，亚类为潴育型水稻土，土属为麻砂泥田，土种为灰麻砂泥田；一年一熟，作物类型为单季稻。

（2）**宜春市宜丰县新昌镇敖桥村市级监测点**　代码为 360924Y20172，建点于 2017 年，东经 114°49′52″，北纬 28°23′45″，由当地农户管理，土类为水稻土，亚类为潴育型水稻土，土属为黄泥田，土种为灰黄泥田；一年一熟，作物类型为单季稻。

（3）**宜春市宜丰县石市镇星溪村市级监测点**　代码为 360924Y20181，建点于 2018 年，东经 114°44′56″，北纬 28°15′33″，由当地农户管理，土类为水稻土，亚类为潴育型水稻土，土属为潮泥砂田，土种为灰潮泥砂田；一年两熟，作物类型为双季稻。

（4）**宜春市宜丰县石花尖垦殖场洪源槽分场市级监测点**　代码为 360924Y20182，建点于 2018 年，东经 114°33′13″，北纬 28°25′32″，由当地农户管理，土类为水稻土，亚类为潴育型水稻土，土属为麻砂泥田，土种为灰麻砂泥田；一年一熟，作物类型为单季稻。

（5）**宜春市宜丰县天宝乡山背村县级监测点**　代码为 360924F20181，建点于 2018 年，东经 114°49′07″，北纬 28°32′55″，由当地农户管理，土类为水稻土，亚类为潴育型水稻土，土属为麻砂泥田，土种为灰麻砂泥田；一年一熟，作物类型为单季稻。

（6）**宜春市宜丰县棠浦镇塘岭村县级监测点**　代码为 360924F20182，建点于 2018 年，东经 115°00′45″，北纬 28°27′06″，由当地农户管理，土类为水稻土，亚类为淹育型水稻土，土属为黄泥田，土种为灰黄泥田；一年一熟，作物类型为单季稻。

（7）**宜春市宜丰县新庄镇南垣村县级监测点**　代码为 360924F20183，建点于 2018 年，东经 115°04′19″，北纬 28°28′56″，由当地农户管理，土类为水稻土，亚类为潴育型水稻土，土属为黄泥田，土种为灰黄泥田；一年两熟，作物类型为双季稻。

6.1.3.6 樟树市

（1）**宜春市樟树市张家山街道槎市村市级监测点** 代码为 yczs201701，建点于 2017 年，东经 115°32′02″，北纬 28°07′06″，由当地农户管理，土类水稻土，亚类为潴育型水稻土，土属为潮砂泥田，土种为新建潮砂泥田；一年两熟，作物类型为双季稻。

（2）**宜春市樟树市吴城乡山中村市级监测点** 代码为 yczs201702，建点于 2017 年，东经 115°16′54″，北纬 27°58′29″，由当地农户管理，土类为水稻土，亚类为潴育型水稻土，土属为红砂泥田，土种为乌红砂泥田；一年两熟，作物类型为双季稻。

（3）**宜春市樟树市大桥街道下汽村市级监测点** 代码为 yczs201703，建点于 2017 年，东经 115°36′05″，北纬 28°03′50″，由当地农户管理，土类为水稻土，亚类为潴育型水稻土，土属为潮泥田，土种为新建潮砂泥田；一年两熟，作物类型为双季稻。

（4）**宜春市樟树市店下镇枫林村市级监测点** 代码为 yczs201704，建点于 2017 年，东经 115°35′09″，北纬 27°56′20″，由当地农户管理，土类为水稻土，亚类为潴育型水稻土，土属为鳝泥田，土种为乌鳝泥田；一年两熟，作物类型为双季稻。

（5）**宜春市樟树市洋湖乡洋湖村市级监测点** 代码为 yczs201705，建点于 2017 年，东经 115°30′39″，北纬 27°59′10″，由当地农户管理，土类为水稻土，亚类为潴育型水稻土，土属为潮泥田，土种为新建潮砂泥田；一年两熟，作物类型为双季稻。

（6）**宜春市樟树市刘公庙镇南堡村市级监测点** 代码为 yczs201706，建点于 2017 年，东经 115°17′55″，北纬 28°05′56″，由当地农户管理，土类为红壤，亚类为红壤，土属为红泥质红壤，土种为厚层灰黄泥土；一年两熟，作物类型为花生-油菜。

（7）**宜春市樟树市双金园艺场埠里分场市级监测点** 代码为 yczs201801，建点于 2018 年，东经 115°10′51″，北纬 27°56′49″，由当地农户管理，土类为红壤，亚类为红壤，土属为红砂质红壤，土种为厚层灰红砂泥土；一年两熟，作物类型为花生-油菜。

（8）**宜春市樟树市中洲乡江平村县级监测点** 代码为 yczs201802，建点于 2018 年，东经 115°08′55″，北纬 27°56′49″，由当地农户管理，土类为水稻土，亚类为潴育型水稻土，土属为潴育型潮砂泥田，土种为新建潮砂泥田；一年两熟，作物类型为双季稻。

（9）**宜春市樟树市黄土岗镇上蒋村县级监测点** 代码为 yczs201803，建点于 2018 年，东经 115°14′46″，北纬 27°53′20″，由当地农户管理，土类为水稻土，亚类为潴育型水稻土，土属为潮砂泥田，土种为新建潮砂泥田；一年两熟，作物类型为双季稻。

（10）**宜春市樟树市昌付镇袁江村县级监测点** 代码为 yczs201804，建点于 2018 年，东经 115°13′38″，北纬 28°17′45″，由当地农户管理，土类为水稻土，亚类为潴育型水稻土，土属为潮泥田，土种为新建潮砂泥田；一年两熟，作物类型为双季稻。

6.1.3.7 高安市

（1）**宜春市高安市灰埠镇锦江村市级监测点** 代码为 ycga201701，建点于 2017 年，东经 115°13′38″，北纬 28°17′45″，由当地农户管理，土类为水稻土，亚类为潴育型水稻土，土属为黄泥田，土种为其他黄泥田；一年两熟，作物类型为双季稻。

（2）**宜春市高安市太阳镇文家村市级监测点** 代码为 ycga201702，建点于 2017 年，东经 115°16′24″，北纬 28°10′42″，由当地农户管理，土类为水稻土，亚类为潴育型水稻土，土属为潮泥砂田，土种为其他潮砂泥田；一年两熟，作物类型为双季稻。

（3）**宜春市高安市村前镇瑶元村市级监测点**　代码为ycga201703，建点于2017年，东经115°07′57″，北纬28°27′13″，由当地农户管理，土类为水稻土，亚类为潴育型水稻土，土属为潮泥砂田，土种为其他潮砂泥田；一年两熟，作物类型为双季稻。

（4）**宜春市高安市荷岭镇仁塘村市级监测点**　代码为ycga201704，建点于2017年，东经115°24′26″，北纬28°21′44″，由当地农户管理，土类为水稻土，亚类为潴育型水稻土，土属为黄泥田，土种为其他黄泥田；一年两熟，作物类型为双季稻。

（5）**宜春市高安市伍桥镇何家村市级监测点**　代码为ycga201705，建点于2017年，东经115°14′58″，北纬28°34′56″，由当地农户管理，土类为水稻土，亚类为潴育型水稻土，土属为潮砂泥田，土种为潴育型灰潮砂泥田；一年两熟，作物类型为双季稻。

（6）**宜春市高安市新街镇西港村市级监测点**　代码为ycga201706，建点于2017年，东经115°20′21″，北纬28°10′39″，由当地农户管理，土类为水稻土，亚类为潴育型水稻土，土属为黄泥田，土种为潴育型灰黄泥田；一年两熟，作物类型为双季稻。

（7）**宜春市高安市杨墟镇鲁家村市级监测点**　代码为ycga201801，建点于2018年，东经115°04′33″，北纬28°20′25″，由当地农户管理，土类为水稻土，亚类为潴育型水稻土，土属为潮砂泥田，土种为潴育型灰潮砂泥田；一年两熟，作物类型为双季稻。

（8）**宜春市高安市相城镇相城村市级监测点**　代码为ycga201802，建点于2018年，东经115°09′41″，北纬28°11′24″，由当地农户管理，土类为水稻土，亚类为潴育型水稻土，土属为潮砂泥田，土种为潴育型灰潮砂泥田；一年两熟，作物类型为双季稻。

（9）**宜春市高安市黄砂镇视溪村市级监测点**　代码为ycga201803，建点于2018年，东经115°20′25″，北纬28°17′19″，由当地农户管理，土类为水稻土，亚类为潴育型水稻土，土属为潮砂泥田，土种为潴育型灰潮砂泥田；一年两熟，作物类型为双季稻。

6.1.3.8　铜鼓县

（1）**宜春市铜鼓县三都镇枫槎村市级监测点**　代码为3609262017-1，建点于2017年，东经114°25′46″，北纬为28°33′26″，由当地农户管理，土类为水稻土，亚类为潴育型水稻土，土属为红泥田，土种为其他红泥田；一年一熟，作物类型为单季稻。

（2）**宜春市铜鼓县温泉镇温泉村市级监测点**　代码为3609262017-2，建点于2017年，东经为114°19′28″，北纬28°32′33″，由当地农户管理，土类为水稻土，亚类为潴育型水稻土，土属为鳝泥田，土种为灰鳝泥田；一年一熟，作物类型为单季稻。

6.1.3.9　万载县

（1）**宜春市万载县三兴镇杭桥村市级监测点**　代码为ycwz201701，建点于2017年，东经为114°18′50″，北纬28°07′56″，由当地农户管理，土类为水稻土，亚类为潴育型水稻土，土属为黄泥田，土种为中潴灰黄泥田；一年一熟，作物类型为单季稻。

（2）**宜春市万载县高城乡奇丰村市级监测点**　代码为ycwz201702，建点于2017年，东经114°12′52″，北纬28°04′19″，由当地农户管理，土类为水稻土，亚类为潴育型水稻土，土属为黄泥田，土种为中潴灰黄泥田；一年一熟，作物类型为单季稻。

（3）**宜春市万载县罗城镇麻田村市级监测点**　代码为ycwz201803，建点于2018年，东经114°18′05″，北纬28°08′37″，由当地农户管理，土类为水稻土，亚类为潴育型水稻土，土属为乌黄泥田，土种为中潴乌黄泥田；一年一熟，作物类型为单季稻。

（4）宜春市万载县双桥镇龙田村市级监测点　代码为 ycwz201804，建点于 2018 年，东经 114°09′49″，北纬 28°06′37″，由当地农户管理，土类为水稻土，亚类为潜育型水稻土，土属为灰砂泥田，土种为中潜灰砂泥田；一年一熟，作物类型为单季稻。

（5）宜春市万载县马步乡带塘村县级监测点　代码为 wz201702，建点于 2017 年，东经 114°13′33″，北纬 28°01′27″，由当地农户管理，土类为水稻土，亚类为潴育型水稻土，土属为黄泥田，土种为中潴灰黄泥田；一年一熟，作物类型为单季稻。

（6）宜春市万载县鹅峰乡田江村县级监测点　代码为 wz201703，建点于 2017 年，东经 114°17′05″，北纬 28°05′04″，由当地农户管理，土类为水稻土，亚类为潴育型水稻土，土属为鳝泥田，土种为中潴灰鳝泥田；一年一熟，作物类型为单季稻。

（7）宜春市万载县潭卜镇陂田村县级监测点　代码为 wz201704，建点于 2017 年，东经 114°07′15″，北纬 28°04′22″，由当地农户管理，土类为水稻土，亚类为潜育型水稻土，土属为潮砂泥田，土种为中潜乌潮砂泥田；一年一熟，作物类型为单季稻。

（8）宜春市万载县赤兴乡楼山村县级监测点　代码为 wz201705，建点于 2017 年，东经 114°08′30″，北纬 28°07′24″，由当地农户管理，土类为水稻土，亚类为潴育型水稻土，土属为麻砂泥田，土种为中潴乌麻砂泥田；一年一熟，作物类型为单季稻。

（9）宜春市万载县株潭镇亭下村县级监测点　代码为 wz201701，建点于 2017 年，东经 114°05′07″，北纬 28°01′23″，由当地农户管理，土类为水稻土，亚类为潴育型水稻土，土属为潮砂泥田，土种为中潴乌潮砂泥田；一年一熟，作物类型为单季稻。

6.2　宜春市各监测点作物产量

6.2.1　单季稻产量年际变化（2016—2020）

2016—2020 年 5 个年份宜春市常规施肥、无肥处理的单季稻分别有 1 个、8 个、26 个、33 个和 33 个监测点。由于每年都有新增或减少的监测点位，且同一监测点位的稻作制度不完全相同，个别点位还有种植花生、大豆、蔬菜等作物的情况出现，因此不同年份之间监测点位数量不同。

2016—2020 年 5 个年份宜春市无肥处理的单季稻年均产量分别为 315.65 kg/亩、346.58 kg/亩、438.86 kg/亩、418.76 kg/亩和 343.31 kg/亩；常规施肥处理单季稻年均产量分别为 536.80 kg/亩、546.78 kg/亩、607.08 kg/亩、602.99 kg/亩和 520.86 kg/亩（图 6-1）。相较于无肥处理，常规施肥处理 2016—2020 年 5 个年份的单季稻产量分别提高了 70.06%、57.76%、38.33%、43.99%、51.72%。

从图 6-2 可以看出，2016—2020 年无肥处理下单季稻的平均产量为 387.30 kg/亩，常规施肥条件下的单季稻平均产量为 567.44 kg/亩。相较于无肥处理，常规施肥条件下单季稻的平均产量提高 46.51%，这表明相较于不施肥的处理，常规施肥处理可以显著提高单季稻产量。

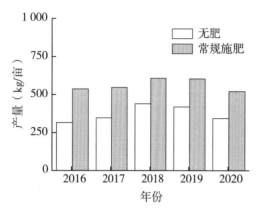

图 6-1　宜春市耕地质量监测点常规施肥、无肥处理对单季稻产量的影响

图 6-2　宜春市耕地质量监测点 2016—2020 年常规施肥、无肥处理下的单季稻平均产量

6.2.2　双季稻产量年际变化（2016—2020）

2016—2020 年 5 个年份宜春市常规施肥、无肥处理的双季稻分别有 8 个、33 个、40 个、35 个和 41 个监测点。与单季稻的情况类似，不同年份之间监测点位数量不同，主要原因为每年都有新增或减少的监测点位，且同一监测点位的稻作制度不完全相同，个别点位还有种植花生、大豆、蔬菜等作物的情况。

6.2.2.1　早稻产量年际变化（2016—2020）

2016—2020 年 5 个年份宜春市无肥处理的早稻年均产量分别为 224.64 kg/亩、287.21 kg/亩、268.03 kg/亩、256.84 kg/亩和 221.88 kg/亩，常规施肥处理的早稻年均产量分别为 454.11 kg/亩、483.34 kg/亩、488.70 kg/亩、473.94 kg/亩和 421.33 kg/亩（图 6-3）。相较于无肥处理，常规施肥处理 5 个年份的早稻年均产量分别提高了 102.15%、68.29%、82.33%、84.52%、89.89%。

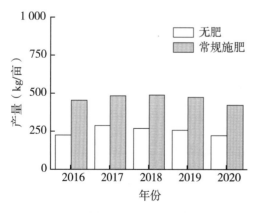
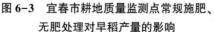

图 6-3　宜春市耕地质量监测点常规施肥、无肥处理对早稻产量的影响

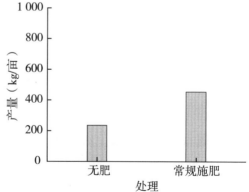

图 6-4　宜春市耕地质量监测点 2016—2020 年常规施肥、无肥处理下的早稻平均产量

从图6-4可以看出，2016—2020年宜春市耕地质量监测点无肥处理的早稻平均产量为235.69 kg/亩，常规施肥处理的早稻平均产量为455.15 kg/亩。相较于无肥处理，常规施肥处理2016—2020年宜春市耕地质量监测点的早稻产量提高了93.12%，这表明常规施肥处理能够显著提高早稻的产量。

6.2.2.2　晚稻产量年际变化（2016—2020）

2016—2020年5个年份宜春市无肥处理的晚稻年均产量分别为249.24 kg/亩、322.17 kg/亩、284.82 kg/亩、279.92 kg/亩和245.36 kg/亩，常规施肥处理的晚稻年均产量分别为512.94 kg/亩、512.34 kg/亩、531.48 kg/亩、520.26 kg/亩和458.45 kg/亩（图6-5）。相较于无肥处理，常规施肥处理下5个年份的晚稻年均产量分别提高了105.80%、59.03%、86.60%、85.86%、86.85%。

从图6-6可以看出，2016—2020年宜春市耕地质量监测点无肥处理的晚稻平均产量为256.59 kg/亩，常规施肥处理的晚稻平均产量为495.13 kg/亩。相较于无肥处理，常规施肥处理2016—2020年宜春市耕地质量监测点的晚稻产量提高了92.97%，这表明常规施肥处理能够显著提高晚稻的产量。

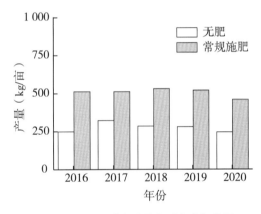

图6-5　宜春市耕地质量监测点常规施肥、无肥处理对晚稻产量的影响

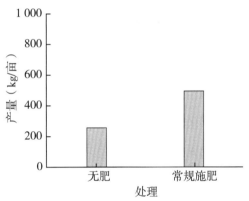

图6-6　宜春市耕地质量监测点2016—2020年常规施肥、无肥处理下的晚稻平均产量

6.2.2.3　双季稻产量年际变化（2016—2020）

2016—2020年5个年份宜春市无肥处理的双季稻年均产量分别为473.89 kg/亩、609.38 kg/亩、552.85 kg/亩、536.77 kg/亩和467.24 kg/亩，常规施肥处理的双季稻年均产量分别为967.06 kg/亩、995.68 kg/亩、1020.18 kg/亩、994.20 kg/亩和879.78 kg/亩（图6-7）。相较于无肥处理，常规施肥处理5个年份的双季稻年均产量分别提高了104.07%、63.39%、84.53%、85.22%、88.29%。

从图6-8可以看出，2016—2020年宜春市耕地质量监测点无肥处理的双季稻平均产量为492.27 kg/亩，常规施肥处理的双季稻平均产量为950.28 kg/亩。相较于无肥处理，常规施肥处理2016—2020年宜春市耕地质量监测点的双季稻产量提高了93.04%，这表明常规施肥处理能够显著提高双季稻的产量。

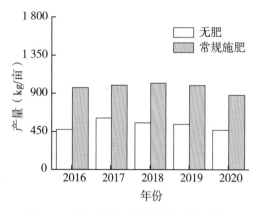

图 6-7　宜春市耕地质量监测点常规施肥、
无肥处理对双季稻产量的影响

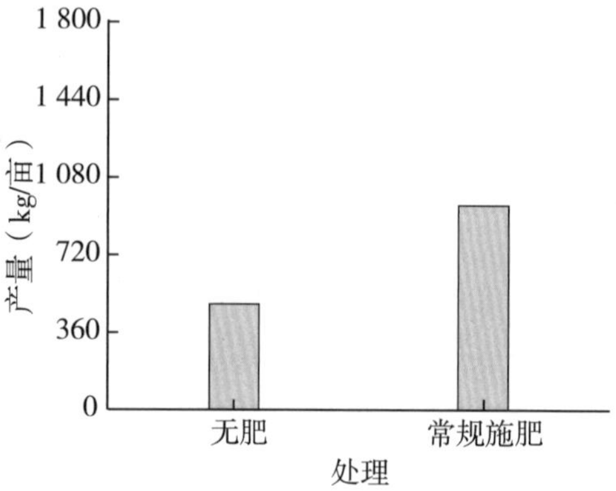

图 6-8　宜春市耕地质量监测点 2016—2020 年
常规施肥、无肥处理下的双季稻平均产量

6.3　宜春市各监测点土壤性质

宜春市位于东经 113°54′~116°27′，北纬 27°33′~29°06′，为江西省下辖地级行政区，位于江西省西北部，本节汇总了宜春市 2016—2020 年各级耕地质量监测点的土壤理化性质，明确了宜春市常规施肥及无肥条件下土壤理化性质的差异。

2016—2020 年 5 个年份宜春市长期定位监测点分别有 10 个、44 个、73 个、74 个和 85 个监测点。

6.3.1　土壤 pH 变化

2016—2020 年 5 个年份宜春市无肥处理的土壤 pH 分别为 5.00、5.11、5.34、5.28和 5.46，常规施肥处理的土壤 pH 分别为 5.13、5.20、5.36、5.42 和 5.55（图 6-9）。

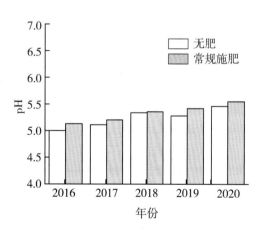

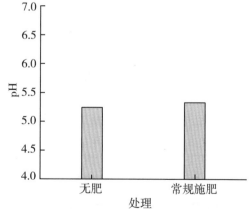

图 6-9　宜春市耕地质量监测点常规施肥、
无肥处理对土壤 pH 的影响

图 6-10　宜春市耕地质量监测点 2016—2020 年
常规施肥、无肥处理下土壤 pH 的平均值

与 2016 年的土壤 pH 相比，2017—2020 年 4 个年份无肥处理的土壤 pH 分别增加了 0.11、0.34、0.28 和 0.46 个单位；常规施肥处理的土壤 pH 分别增加 0.07、0.23、0.29 和 0.42 个单位。相较于无肥处理，2016—2020 年 5 个年份常规施肥处理的 pH 分别增加了 0.13、0.09、0.02、0.14 和 0.09 个单位。

从图 6-10 可以看出，宜春市耕地质量监测点 2016—2020 年无肥处理的 pH 平均值为 5.33，而常规施肥处理的 pH 平均值为 5.24。相较于无肥处理，2016—2020 年常规施肥处理的 pH 平均值增加了 0.09 个单位。

6.3.2　土壤有机质年际变化

2016—2020 年 5 个年份宜春市无肥处理的土壤有机质分别为 20.72 g/kg、33.08 g/kg、32.44 g/kg、35.81 g/kg 和 32.16 g/kg，常规施肥处理的土壤有机质分别为 38.41 g/kg、32.65 g/kg、36.67 g/kg、37.02 g/kg 和 33.97 g/kg（图 6-11）。与 2016 年的相比，2017—2020 年 4 个年份无肥处理的土壤有机质分别增加了 59.65%、56.56%、72.83% 和 55.21%；常规施肥处理的土壤有机质分别增加了 -15.00%、-4.53%、-3.62% 和 -11.56%。相较于无肥处理，2016—2020 年 5 个年份常规施肥处理的土壤有机质分别增加了 85.38%、-1.30%、13.04%、3.38% 和 5.63%。

从图 6-12 可以看出，宜春市耕地质量监测点 2016—2020 年无肥处理的土壤有机质平均值为 30.84 g/kg，而常规施肥处理土壤有机质的平均值为 35.74 g/kg。相较于无肥处理，常规施肥处理 2016—2020 年土壤有机质的平均值增加了 15.89%。

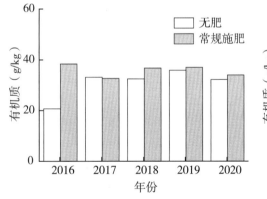

图 6-11　宜春市耕地质量监测点常规施肥、无肥处理对土壤有机质的影响

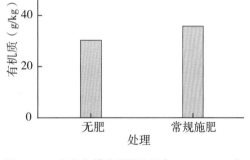

图 6-12　宜春市耕地质量监测点 2016—2020 年常规施肥、无肥处理下土壤有机质的平均值

6.3.3　土壤全氮年际变化

2017—2020 年 4 个年份宜春市无肥处理的土壤全氮分别为 1.54 g/kg、1.93 g/kg、1.95 g/kg 和 1.75 g/kg，常规施肥处理的土壤全氮分别为 1.68 g/kg、1.97 g/kg、2.08 g/kg 和 1.83 g/kg（图 6-13）。与 2017 年的相比，2018—2020 年 3 个年份无肥处理的土壤全氮分别增加了 25.32%、26.62% 和 13.64%；常规施肥处理的土壤全氮分别

增加了 17.26％、23.81％和 8.93％。相较于无肥处理，2017—2020 年 4 个年份常规施肥处理的土壤全氮分别增加了 9.09％、2.07％、6.67％和 4.57％。

从图 6-14 可以看出，宜春市耕地质量监测点 2017—2020 年无肥处理的土壤全氮平均值为 1.79 g/kg，而常规施肥处理土壤全氮的平均值为 1.89 g/kg。相较于无肥处理，常规施肥处理下 2017—2020 年土壤全氮的平均值增加了 5.59％。

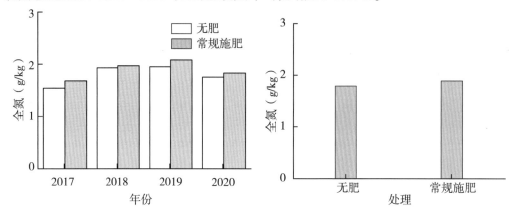

图 6-13　宜春市耕地质量监测点常规施肥、　　图 6-14　宜春市耕地质量监测点 2016—2020 年
**　　　 无肥处理对土壤全氮的影响　　　　　　　　　 常规施肥、无肥处理下土壤全氮的平均值**

6.3.4　土壤碱解氮年际变化

2016—2020 年 5 个年份宜春市无肥处理的土壤碱解氮分别为 96.98 mg/kg、111.54 mg/kg、168.31 mg/kg、172.73 mg/kg 和 152.43 mg/kg，常规施肥处理的土壤碱解氮分别为 169.18 mg/kg、137.06 mg/kg、182.19 mg/kg、184.31 mg/kg 和 158.28 mg/kg（图 6-15）。与 2016 年的相比，2017—2020 年 4 个年份无肥处理的土壤碱解氮分别增加了 15.01％、73.55％、78.11％和 57.18％；常规施肥处理的土壤碱解氮分别增加了 -18.99％、7.69％、8.94％和 -6.44％。相较于无肥处理，2016—2020 年 5 个年份常规施肥处理的土壤碱解氮分别增加了 74.45％、22.88％、8.25％、6.70％和 3.84％。

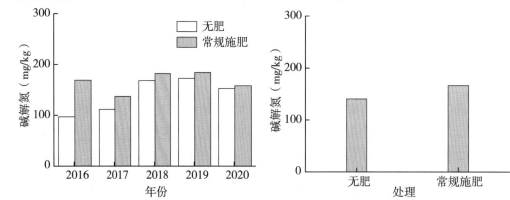

图 6-15　宜春市耕地质量监测点常规施肥、　　图 6-16　宜春市耕地质量监测点 2016—2020 年
**　　　 无肥处理对土壤碱解氮的影响　　　　　　　　　 常规施肥、无肥处理下土壤碱解氮的平均值**

从图 6-16 可以看出，宜春市耕地质量监测点 2016—2020 年无肥处理的土壤碱解氮平均值为 140.40 mg/kg，而常规施肥处理土壤碱解氮的平均值为 166.20 mg/kg。相较于无肥处理，常规施肥处理下 2016—2020 年土壤碱解氮的平均值增加了 18.38%。

6.3.5 土壤有效磷年际变化

2016—2020 年 5 个年份宜春市无肥处理的土壤有效磷分别 11.75 mg/kg、26.78 mg/kg、17.05 mg/kg、34.79 mg/kg 和 20.64 mg/kg，常规施肥处理的土壤有效磷分别为 18.63 mg/kg、28.88 mg/kg、16.63 mg/kg、45.05 mg/kg 和 25.04 mg/kg（图 6-17）。与 2016 年的相比，2017—2020 年 4 个年份无肥处理的土壤有效磷分别增加了 127.91%、45.11%、196.09% 和 75.66%；常规施肥处理的土壤有效磷分别增加了 55.02%、-10.74%、141.81% 和 34.41%。相较于无肥处理，2016—2020 年 5 个年份常规施肥处理的土壤有效磷分别增加了 58.55%、7.84%、-2.46%、29.49% 和 21.32%。

从图 6-18 可以看出，宜春市耕地质量监测点 2016—2020 年无肥处理的土壤有效磷平均值为 22.20 mg/kg，而常规施肥处理土壤有效磷的平均值为 26.84 mg/kg。相较于无肥处理，常规施肥处理 2016—2020 年土壤有效磷的平均值增加了 20.90%。

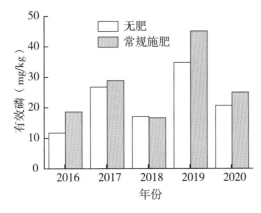

图 6-17 宜春市耕地质量监测点常规施肥、无肥处理对土壤有效磷的影响

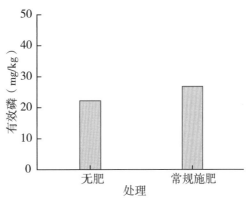

图 6-18 宜春市耕地质量监测点 2016—2020 年常规施肥、无肥处理下土壤有效磷的平均值

6.3.6 土壤速效钾年际变化

2016—2020 年 5 个年份宜春市无肥处理的土壤速效钾分别为 61.00 mg/kg、91.09 mg/kg、93.28 mg/kg、111.94 mg/kg 和 77.12 mg/kg，常规施肥处理的土壤速效钾分别为 96.00 mg/kg、80.39 mg/kg、124.61 mg/kg、118.26 mg/kg 和 87.56 mg/kg（图 6-19）。与 2016 年的相比，2017—2020 年 4 个年份无肥处理的土壤速效钾分别增加了 49.33%、52.92%、83.51% 和 26.43%；常规施肥处理的土壤速效钾分别增加了 -16.26%、29.80%、23.19% 和 -8.79%。相较于无肥处理，2016—2020 年 5 个年份常规施肥处理的土壤速效钾分别增加了 57.38%、-11.75%、33.59%、5.65% 和 13.54%。

从图6-20可以看出，宜春市耕地质量监测点2016—2020年无肥处理的土壤速效钾平均值为86.89 mg/kg，而常规施肥处理土壤速效钾的平均值为101.36 mg/kg。相较于无肥处理，常规施肥处理下2016—2020年土壤速效钾的平均值增加了16.65%。

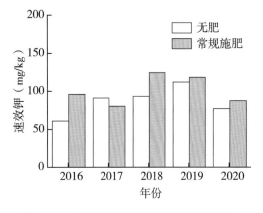

图6-19　宜春市耕地质量监测点常规施肥、无肥处理对土壤速效钾的影响　　图6-20　宜春市耕地质量监测点2016—2020年常规施肥、无肥处理下土壤速效钾的平均值

6.3.7　土壤缓效钾年际变化

2017—2020年4个年份宜市春无肥处理的土壤缓效钾分别为212.88 mg/kg、239.17 mg/kg、530.33 mg/kg和354.65 mg/kg，常规施肥处理的土壤缓效钾分别为344.50 mg/kg、259.71 mg/kg、383.58 mg/kg和320.37 mg/kg（图6-21）。与2017年的相比，2018—2020年3个年份无肥处理的土壤缓效钾分别增加了12.35%、149.12%和66.60%；常规施肥处理的土壤缓效钾分别增加了-24.61%、11.34%和-7.00%。相较于无肥处理，2017—2020年4个年份常规施肥处理的土壤缓效钾分别增加了61.83%、8.59%、-27.67%和-9.67%。

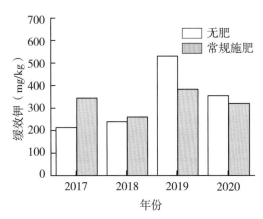

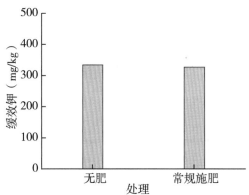

图6-21　宜春市耕地质量监测点常规施肥、无肥处理对土壤缓效钾的影响　　图6-22　宜春市耕地质量监测点2017—2020年常规施肥、无肥处理下土壤缓效钾的平均值

从图 6-22 可以看出，宜春市耕地质量监测点 2017—2020 年无肥处理的土壤缓效钾平均值为 334.26 mg/kg，而常规施肥处理土壤缓效钾的平均值为 327.04 mg/kg。相较于无肥处理，常规施肥处理下 2017—2020 年土壤缓效钾的平均值减少了 2.15%。

6.3.8 耕层厚度及土壤容重

2016—2020 年 5 个年份宜春市无肥处理的土壤耕层厚度分别为 21.67 cm、20.36 cm、20.77 cm、19.53 cm 和 19.40 cm，常规施肥处理的土壤耕层厚度分别为 21.38 cm、20.53 cm、21.02 cm、18.87 cm 和 20.17 cm（表 6-1）。与 2016 年的相比，2017—2020 年 4 个年份无肥处理的土壤耕层厚度分别减少了 1.31 cm、0.90 cm、2.14 cm 和 2.27 cm；常规施肥处理的土壤耕层厚度分别减少了 0.85 cm、0.36 cm、2.51 cm 和 1.21 cm。相较于无肥处理，2016—2020 年 5 个年份常规施肥处理的土壤耕层厚度分别增加了 -0.29 cm、0.17 cm、0.25 cm、-0.66 cm 和 0.77 cm。

从表 6-1 可以看出，宜春市耕地质量监测点 2016—2020 年无肥处理的土壤耕层厚度平均值为 20.35 cm，而常规施肥处理土壤耕层厚度的平均值为 20.39 cm。相较于无肥处理，常规施肥处理 2016—2020 年土壤耕层厚度的平均值增加了 0.04 cm。

表 6-1 宜春市耕地质量监测点 2016—2020 年常规施肥、无肥处理的土壤耕层厚度

单位：cm

年份	无肥处理	常规施肥处理
2016	21.67	21.38
2017	20.36	20.53
2018	20.77	21.02
2019	19.53	18.87
2020	19.4	20.17
平均	20.35	20.39

2017—2020 年 4 个年份宜春市无肥处理的土壤容重分别为 1.11 g/cm³、1.10 g/cm³、1.26 g/cm³ 和 1.20 g/cm³，4 个年份宜春常规施肥处理的土壤容重分别为 1.13 g/cm³、1.08 g/cm³、1.28 g/cm³ 和 1.22 g/cm³，（表 6-2）。与 2017 年的相比，2018—2020 年无肥处理的土壤容重分别增加了 -0.90%、13.51% 和 8.11%；与 2017 年的相比，2018—2020 年 3 个年份常规施肥处理的土壤容重分别增加了 -4.42%、13.27% 和 7.96%。相较于无肥处理，2017—2020 年 4 个年份常规施肥处理的土壤容重分别增加了 1.80%、-1.81%、1.59% 和 1.67%。

从表 6-2 可以看出，宜春市耕地质量监测点 2017—2020 年无肥处理的土壤容重平均值为 1.17 g/cm³，而常规施肥处理土壤容重的平均值为 1.18 g/cm³。相较于无肥处理，常规施肥处理 2017—2020 年土壤容重的平均值增加了 0.01 g/cm³。

表 6-2　宜春市耕地质量监测点 2017—2020 年常规施肥、无肥处理的土壤容重

单位：g/cm³

年份	无肥处理	常规施肥处理
2017	1.11	1.13
2018	1.10	1.08
2019	1.26	1.28
2020	1.20	1.22
平均	1.17	1.18

6.3.9　土壤理化性状小结

2016—2020 年宜春市耕地质量监测点无肥处理的土壤 pH 为 5.00~5.46，常规施肥处理的土壤 pH 为 5.13~5.55，均为酸性和弱酸性土壤；监测点无肥处理的土壤有机质为 20.72 ~ 35.81 g/kg，为三级至二级，常规施肥处理的土壤有机质为 32.65 ~ 38.41 g/kg，为二级；监测点无肥处理的土壤全氮为 1.54~1.95 g/kg，为二级，常规施肥处理的土壤全氮为 1.68~2.08 g/kg，为三级至二级；监测点无肥处理的土壤碱解氮为 96.98~172.73 mg/kg，常规施肥处理的土壤碱解氮为 137.06~184.31 mg/kg；监测点无肥处理的土壤有效磷为 11.75~34.79 mg/kg，为三级至二级，常规施肥处理的土壤有效磷为 16.63 ~ 45.05 mg/kg，为三级至一级；监测点无肥处理的土壤速效钾为 61.00~ 111.94 mg/kg，为四级至三级，常规施肥处理的土壤速效钾为 80.39 ~ 124.61 mg/kg，为三级至二级；监测点无肥处理的土壤缓效钾为 212.88 ~ 530.33 mg/kg，为三级至四级，常规施肥处理的土壤缓效钾为 259.71~383.58 mg/kg，为四级。

6.4　宜春市各监测点耕地质量等级评价

宜春市耕地质量监测点主要分布在丰城市、奉新县、高安市、靖安县、上高县、万载县、宜丰县、袁州区、樟树市 9 个县区内。2016—2020 年丰城市长期定位监测点分别为 2 个、9 个、16 个、17 个、17 个，其各点位综合耕地质量等级在 2016 年、2019 年为 3 等，在 2017 年、2018 年和 2020 年为 4 等（图 6-23）；2017—2020 年奉新县耕地质量监测点分别为 3 个、6 个、11 个、11 个，其各点位综合耕地质量等级在 2017 年为 3 等，在 2019—2020 年均为 4 等；2017—2020 年高安市长期定位监测点分别为 6 个、9 个、9 个、12 个，但存在部分年份没有数据，其各点位综合耕地质量等级在 2018 年和 2020 年为 3 等，在 2019 年为 2 等；2017 年、2019 年和 2020 年靖安县耕地质量监测点分别为 1 个、2 个、3 个，其各点位综合耕地质量等级在 2017 年；2016—2020 年上高县耕地质量监测点分别为 4 个、7 个、8 个、8 个、8 个，但存在部分年份没有数据，其各点位综合耕地质量等级在 2016 年为 1 等，2020 年为 3 等；2018—2020 年万载县耕地质

量监测点分别为 10 个、10 个、10 个，其各点位综合耕地质量等级在 2018 年和 2019 年为 3 等，2020 年为 4 等；2016—2020 年宜丰县耕地质量监测点分别为 4 个、6 个、11 个、11 个、11 个，但存在部分年份没有数据，其各点位综合耕地质量等级在 2016 年、2017 年、2019 年和 2020 年均为 4 等；2017 年、2019 年和 2020 年樟树市长期定位监测点分布为 12 个、8 个、10 个，其各点位综合耕地质量等级在 2017 年、2019 年和 2020 年均为 4 等。

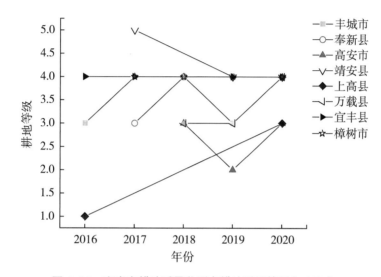

图 6-23　宜春市耕地质量监测点耕地质量等级年度变化

第七章 南昌市监测点作物产量及土壤性质

7.1 南昌市监测点情况介绍

南昌市主要有国家级监测点（进贤县、安义县、南昌县）、省级监测点（进贤县架桥镇、温圳镇、下埠集乡、白圩乡、罗溪镇；南昌县广福镇、冈上镇、蒋巷镇、幽兰镇、塔城乡、南新乡、塘南镇、武阳镇、向塘镇；安义县鼎湖镇、长埠镇、黄洲镇、万埠镇；新建区流湖镇、联圩镇、大塘坪乡、西山镇、乐化镇）、市（县）级监测点（安义县鼎湖镇、长埠镇、黄洲镇、万埠镇、县良种场、东阳镇；进贤县架桥镇、温圳镇、下埠集乡、白圩乡、长山晏乡、三里乡、池溪乡、前坊镇、张公镇、南台乡、钟陵乡、罗溪镇、二塘乡；南昌县广福镇、冈上镇、蒋巷镇、幽兰镇、泾口乡、塔城乡、南新乡、塘南镇、武阳镇、向塘镇；新建区象山镇、昌邑乡、石岗镇、松湖镇、石埠镇、联圩镇、溪霞镇）共70个监测点位。

7.1.1 南昌市国家级耕地质量监测点情况介绍

（1）**南昌市进贤县国家级监测点** 代码为360153，建点于1998年，位于进贤县温圳镇庄山村，东经116°04′12″，北纬28°21′36″，由当地农户管理；常年降水量1 500 mm，常年有效积温6 096 ℃，常年无霜期278 d，海拔高度31.1 m，地下水2 m深，无障碍因素，耕地地力水平中等，满足灌溉能力，排水能力强，农业区划分属于长江中下游区，一年两熟，作物类型为双季稻；成土母质为河湖沉积物，土类为水稻土，亚类为潴育型水稻土，土属为潮泥田，土种为潮砂泥田，质地构型为上松下紧型，生物多样性一般，农田林网化程度中等，土壤养分水平状况为潜在缺乏，无盐渍化。土壤剖面理化性状如下：

耕作层：0~15 cm，褐色，屑粒状，较松，土壤容重为1.08 g/cm³，新生体多，无植物根系，质地为黏壤土，pH 5.2，有机质含量为34.0 g/kg，全氮含量为2.10 g/kg，全磷含量为0.650 g/kg，全钾含量为23.30 g/kg，阳离子交换量为7.0 cmol/kg。

犁底层：15~22 cm，块状，土壤容重为1.68 g/cm³，新生体少，少铁锰，质地为壤土，pH 6.4，有机质含量为8.0 g/kg，全氮含量为0.50 g/kg，全磷含量为0.290 g/kg，全钾含量为22.80 g/kg，阳离子交换量为4.8 cmol/kg。

潴育层：22~40 cm，块状，土壤容重为1.73 g/cm³，新生体少，多铁锰，植物根系少，质地为粉砂质壤土，pH 7.3，有机质含量为6.0 g/kg，全氮含量为0.40 g/kg，全磷含量为 0.250 g/kg，全钾含量为 22.50 g/kg，阳离子交换量为 8.0 cmol/kg。

（2）**南昌市安义县国家级监测点**　代码为 360722，建点于 2011 年，位于安义县原种繁殖场，东经 115°30′36″，北纬 28°49′48″，由当地农户管理；常年降水量 1 515.7 mm，常年有效积温 4 524 ℃，常年无霜期 258 d，海拔高度 23 m，无障碍因素，耕地地力水平中等，满足灌溉能力，排水能力强，农业区划分属于长江中下游区，一年两熟，作物类型为双季稻；成土母质为河流冲积物，土类为水稻土，亚类为潴育型水稻土，土属为潮泥田，土种为新建潮砂泥田。土壤剖面理化性状如下。

耕作层：0~22 cm，暗灰色，屑粒状，松软，植物根系多，质地为壤土，pH 4.9，有机质含量为 40.2 g/kg，全氮含量为 1.45 g/kg，全磷含量为 0.508 g/kg，全钾含量为 20.13 g/kg，阳离子交换量为 4.5 cmol/kg。

犁底层：22~42 cm，棕灰色，细块状，较紧，锈纹锈斑多，植物根系少，质地为黏壤土，pH 5.6，有机质含量为 20.9 g/kg，全氮含量为 0.83 g/kg，全磷含量为 0.269 g/kg，全钾含量为 11.32 g/kg，阳离子交换量为 8.3 cmol/kg。

潴育层 1：42~62 cm，暗棕黄色，小块状，较紧，有铁锰结核，无植物根系，质地为粉砂质黏壤土，pH 5.6，有机质含量为 33.2 g/kg，全氮含量为 0.51 g/kg，全磷含量为 0.450 g/kg，全钾含量为 11.61 g/kg，阳离子交换量为 10.0 cmol/kg。

潴育层 2：62~82 cm，棕黄色，棱块状，紧实，无植物根系，质地为少砾质粉砂质黏土，pH 5.8，有机质含量为 32.5 g/kg，全氮含量为 0.57 g/kg，全磷含量为 0.473 g/kg，全钾含量为 21.61 g/kg，阳离子交换量为 7.3 cmol/kg。

潜育层：82 cm 以下，棕黄色，棱块状，紧实，有锈纹，无植物根系，质地为粉砂质黏土，pH 5.8，有机质含量为 18.1 g/kg，全氮含量为 0.30 g/kg，全磷含量为 0.176 g/kg，全钾含量为 4.24 g/kg，阳离子交换量为 4.3 cmol/kg。

（3）**南昌市南昌县泾口乡国家级监测点**　代码为 360728，建点于 1998 年，位于南昌县泾口乡北湖村，东经 116°13′48″，北纬 28°39′36″，由当地农户管理；常年降水量 1 620 mm，常年有效积温 6 816 ℃，常年无霜期 305 d，海拔高度 16.1 m，地下水深 7 m，无障碍因素，耕地地力水平高，满足灌溉能力，排水能力强，农业区划分属于长江中下游区，一年两熟，作物类型为双季稻；土类为红壤，亚类为典型红壤，土属为红泥质红壤，土种为灰黄泥，质地构型为海绵型，生物多样性一般，农田林网化程度高，土壤养分水平状况为潜在缺乏，无盐渍化。土壤剖面理化性状如下。

耕作层：0~22 cm，灰褐色，团粒，较松，土壤容重为 0.85 g/cm³，无新生体，有丰富的植物根系，质地为轻壤，pH 4.8，有机质含量为 53.8 g/kg，全氮含量为 2.69 g/kg，全磷含量为 0.482 g/kg，全钾含量为 43.20 g/kg，阳离子交换量为 9.3 cmol/kg。

犁底层：22~41 cm，淡棕黄色，块状，紧实，土壤容重为 1.02 g/cm³，有锈纹锈斑，少量植物根系，质地为轻壤，pH 5.7，有机质含量为 25.4 g/kg，全氮含量为 1.81 g/kg，全磷含量为 0.329 g/kg，全钾含量为 11.32 g/kg，阳离子交换量为 8.5 cmol/kg。

潴育层：41~100 cm，深棕红色，棱柱状，紧实，土壤容重为 1.21 g/cm³，有铁锰结核、锈纹锈斑、灰色胶膜，少量植物根系，质地为中壤，pH 5.6，有机质含量为 17.3 g/kg，全氮含量为 0.85 g/kg，全磷含量为 0.259 g/kg，全钾含量为 11.61 g/kg，阳离子交换量为 4.8 cmol/kg。

（4）**南昌市南昌县黄马乡国家级监测点**　代码为 360730，建点于 2017 年，位于南昌县黄马乡省蚕桑茶研究所王家尾茶园，东经 115°59′47″，北纬 28°22′48″，由当地农户管理；常年降水量 1 624 mm，常年有效积温 6 816 ℃，常年无霜期 305 d，海拔高度 28 m，地下水 10 m 深，无障碍因素，耕地地力水平中等，满足灌溉能力，排水能力强，农业区划分属于长江中下游区，一年一熟，作物类型为茶叶；成土母质为红砂岩类，土类为红壤，亚类为红壤，土属为红砂泥土，土种为中层红砂泥土。土壤剖面理化性状如下。

耕作层：0~15 cm，浅灰棕色，小粒状，松散，多量根锈，有丰富的植物根系，质地为少砾质黏壤土，pH 5.5，有机质含量为 35.6 g/kg，全氮含量为 0.79 g/kg，全磷含量为 0.482 g/kg，全钾含量为 43.20 g/kg。

犁底层：15~33 cm，灰棕色，小块状，较紧，有少量锈纹斑，中量植物根系，质地为壤质黏土，pH 5.9，有机质含量为 19.0 g/kg，全氮含量为 0.52 g/kg，全磷含量为 0.532 g/kg，全钾含量为 17.77 g/kg。

潴育层：33~54 cm，浅黄棕色，棱块状，较紧，有多量锈纹斑，少量植物根系，质地为壤质黏土，pH 6.1，有机质含量为 17.2 g/kg，全氮含量为 0.51 g/kg，全磷含量为 0.279 g/kg，全钾含量为 10.20 g/kg。

母质层：54~100 cm，黄棕色，棱块状，较紧，有中量铁锰结核，无植物根系，质地为少砾质壤质黏土，pH 6.1，有机质含量为 19.8 g/kg，全氮含量为 0.31 g/kg，全磷含量为 0.258 g/kg，全钾含量为 10.01 g/kg。

（5）**南昌市南昌县蒋巷镇国家级监测点**　代码为 360739，建点于 2019 年，位于南昌县蒋巷镇埠上村，东经 116°12′36″，北纬 28°54′36″，由当地农户管理；常年降水量 1 620 mm，常年有效积温 6 816 ℃，常年无霜期 279 d，海拔高度 17.9 m，地下水深 2 m，无障碍因素，耕地地力水平中等，满足灌溉能力，排水能力强，农业区划分属于长江中下游区，一年两熟，作物类型为双季稻；成土母质为河湖沉积物，土类为水稻土，亚类为潴育型水稻土，土属为潴育型潮砂泥田，土种为中潴灰潮砂泥田，质地构型为上松下紧型，生物多样性一般，农田林网化程度中等，土壤养分水平状况为潜在缺乏，无盐渍化。土壤剖面理化性状如下。

耕作层：0~25 cm，灰色，团块状，松，有根锈，有较多植物根系，质地为壤质黏壤土，pH 4.8，有机质含量为 44.9 g/kg，全氮含量为 2.80 g/kg，全磷含量为 0.540 g/kg，全钾含量为 12.10 g/kg，阳离子交换量为 6.7 cmol/kg。

犁底层：25~39 cm，灰黄色，块状，紧实，有铁锰结核，少量植物根系，质地为少砾质轻黏土，pH 5.7，有机质含量为 32.8 g/kg，全氮含量为 1.70 g/kg，全磷含量为 0.200 g/kg，全钾含量为 4.20 g/kg，阳离子交换量为 7.0 cmol/kg。

潴育层：39~100 cm，浅灰色，棱块状，较紧，有灰色胶膜，少量植物根系，质地为少砾质轻黏土，pH 5.7，有机质含量为 28.2 g/kg，全氮含量为 1.55 g/kg，全磷含量为 0.098 g/kg，全钾含量为 3.50 g/kg，阳离子交换量为 7.0 cmol/kg。

7.1.2　南昌市省级耕地质量监测点情况介绍

7.1.2.1　进贤县

（1）**南昌市进贤县架桥镇架桥村省级监测点**　代码为360124JC20111，建点于2011年，东经116°03′27″，北纬28°26′05″，由当地农户管理；土类为水稻土，亚类为潴育型水稻土，土属为砂泥田，土种为乌黄砂泥田；一年两熟，作物类型为双季稻。

（2）**南昌市进贤县温圳镇联里村省级监测点**　代码360124JC20112，建点于2011年，东经116°09′59″，北纬28°31′54″，由当地农户管理；土类为水稻土，亚类为潴育型水稻土，土属为紫泥田，土种为灰紫泥田；一年两熟，作物类型为双季稻。

（3）**南昌市进贤县下埠集乡港东村省级监测点**　代码为360124JC20113，建点于2011年，东经116°20′50″，北纬28°19′47″，由当地农户管理；土类为水稻土，亚类为潴育型水稻土，土属为麻砂泥田，土种为乌麻砂泥田；一年两熟，作物类型为双季稻。

（4）**南昌市进贤县白圩乡白圩村省级监测点**　代码为360124JC20114，建点于2011年，东经116°15′03″，北纬28°15′35″，由当地农户管理；土类为水稻土，亚类为潴育型水稻土，土属为红砂泥田；一年两熟，作物类型为双季稻。

（5）**南昌市进贤县罗溪镇三房省级监测点**　代码360124JC20191，建点于2019年，东经116°10′17″，北纬28°26′00″，由当地农户管理；土类为水稻土，亚类为潴育型水稻土，土属为黄泥田，土种为中潴灰黄泥田；一年两熟，作物类型为双季稻。

7.1.2.2　南昌县

（1）**南昌市南昌县广福镇北头村省级监测点**　代码为360121JC20111，建点于2011年，东经115°55′48″，北纬28°22′42″，由当地农户管理；土类为水稻土，亚类为潴育型水稻土，土属为砂泥田，土种为灰黄砂泥田；一年两熟，作物类型为双季稻。

（2）**南昌市南昌县冈上镇兴农村省级监测点**　代码为360121JC20112，建点于2011年，东经115°53′22″，北纬28°22′37″，由当地农户管理；土类为水稻土，亚类为潴育型水稻土，土属为潴育型潮砂泥田，土种为弱潴潮砂泥田；一年两熟，作物类型为双季稻。

（3）**南昌市南昌县蒋巷镇柏岗山村省级监测点**　代码为360121JC20113，建点于2011年，东经116°00′46″，北纬28°44′53″，由当地农户管理；土类为水稻土，亚类为潴育型水稻土，土属为潴育型潮砂泥田，土种为中潴灰潮砂泥田；一年两熟，作物类型为双季稻。

（4）**南昌市南昌县幽兰镇少城村省级监测点**　代码为360121JC20114，建点于2011年，东经116°11′09″，北纬28°36′16″，由当地农户管理；土类为水稻土，亚类为潴育型水稻土，土属为潮泥田，土种为新建潮砂泥田；一年两熟，作物类型为双季稻。

（5）**南昌市南昌县幽兰镇东联村省级监测点**　代码360121JC20122，建点于2012年，东经116°06′59″，北纬28°34′01″，由当地农户管理；土类为水稻土，亚类为潴育型水稻土，土属为潴育型黄泥田，土种为中潴灰黄泥田；一年两熟，作物类型为双季稻。

（6）**南昌市南昌县塔城乡芳湖村省级监测点**　代码360121JC20121，建点于2012年，东经116°03′47″，北纬28°31′10″，由当地农户管理；土类为水稻土，亚类为潴育型水稻土，土属为潴育型潮砂泥田，土种为中潴灰潮砂泥田；一年两熟，作物类型为双季稻。

（7）**南昌市南昌县南新乡东邨村省级监测点**　代码为360121JC20191，建点于2019年，东经116°00′46″，北纬28°48′54″，由当地农户管理；土类为水稻土，亚类为潴育型水稻土，土属为潴育型潮砂泥田，土种为中潴灰潮泥田；一年两熟，作物类型为双季稻。

（8）**南昌市南昌县塘南镇塘南村省级监测点**　代码为360121JC20201，建点于2020年，东经116°08′35″，北纬28°29′31″，由当地农户管理；土类为水稻土，亚类为潴育型水稻土，土属为潴育型潮砂泥田，土种为中潴灰潮泥田；一年两熟，作物类型为双季稻。

（9）**南昌市南昌县塘南镇新联村省级监测点**　代码为360121JC20202，建点于2020年，东经116°08′35″，北纬28°29′31″，由当地农户管理；土类为水稻土，亚类为潴育型水稻土，土属为潴育型潮砂泥田，土种为中潴灰潮泥田；一年两熟，作物类型为双季稻。

（10）**南昌市南昌县武阳镇西游村省级监测点**　代码为360121JC20203，建点于2020年，东经116°01′41″，北纬28°30′28″，由当地农户管理；土类为水稻土，亚类为潴育型水稻土，土属为潴育型潮砂泥田，土种为中潴灰潮泥田；一年两熟，作物类型为双季稻。

（11）**南昌市南昌县向塘镇黄棠村省级监测点**　代码为360121JC20204，建点于2020年，东经115°59′56″，北纬28°27′05″，由当地农户管理；土类为水稻土，亚类为潴育型水稻土，土属为潴育型潮砂泥田，土种为中潴灰潮泥田；一年两熟，作物类型为双季稻。

7.1.2.3　安义县

（1）**南昌市安义县鼎湖镇鼎湖村省级监测点**　代码为360123JC20111，建点于2011年，东经115°31′53″，北纬28°49′40″，由当地农户管理；土类为水稻土，亚类为潴育型水稻土，土属为潮泥田，土种为新建潮砂泥田；一年两熟，作物类型是油-稻。

（2）**南昌市安义县长埠镇老下村省级监测点**　代码为360123JC20112，建点于2011年，东经115°36′19″，北纬28°49′06″，由当地农户管理；土类为水稻土，亚类为潴育型水稻土，土属为鳝泥田，土种为灰鳝泥田；一年两熟，作物类型是油-稻。

（3）**南昌市安义县黄洲镇圳溪村省级监测点**　代码为360123JC20113，建点于2011年，东经115°29′45″，北纬28°45′03″，由当地农户管理；土类为水稻土，亚类为潴育型水稻土，土属为潮砂泥田，土种为中潴潮砂泥田；一年两熟，作物类型是油-稻。

（4）**南昌市安义县万埠镇郭上村省级监测点**　代码为360123JC20114，建点于2011年，东经115°40′27″，北纬28°54′44″，由当地农户管理；土类为水稻土，亚类为潴育型水稻土，土属为鳝泥田，土种为乌鳝泥田；一年两熟，作物类型是油-稻。

7.1.2.4　新建区

（1）**南昌市新建区流湖镇地上村省级监测点**　代码为360122JC20111，建点于2011年，东经115°40′51″，北纬28°27′10″，由当地农户管理；土类为水稻土，亚类为潴育型水稻土，土属为鳝泥田，土种为灰鳝泥田；一年两熟，作物类型为双季稻。

（2）**南昌市新建区联圩镇大洲村省级监测点**　代码为360122JC20112，建点于2011年，东经116°04′02″，北纬28°57′49″，由当地农户管理；土类为水稻土，亚类为潴育型水稻土，土属为潮泥田，土种为新建潮砂泥田；一年两熟，作物类型为双季稻。

（3）**南昌市新建区大塘坪乡大塘村省级监测点** 代码为360122JC20113，建点于2011年，东经115°54′14″，北纬29°00′14″，由当地农户管理；土类为水稻土，亚类为潴育型水稻土，土属为砂泥田，土种为黄砂泥田；一年两熟，作物类型为双季稻。

（4）**南昌市新建区西山镇嵩岗村省级监测点** 代码为360122JC20114，建点于2011年，东经115°41′01″，北纬28°32′03″，由当地农户管理；土类为水稻土，亚类为潴育型水稻土，土属为砂泥田，土种为乌黄砂泥田；一年一熟；作物类型为花生。

（5）**南昌市新建区乐化镇案塘村省级监测点** 代码为360122JC20115，建点于2011年，东经115°53′49″，北纬28°52′46″，由当地农户管理；土类为水稻土，亚类为潴育型水稻土，土属为潮泥田，土种为新建潮砂泥田；作物类型为蔬菜。

7.1.3 南昌市市（县）级耕地质量监测点情况介绍

7.1.3.1 安义县

（1）**南昌市安义县鼎湖镇鼎湖村市级监测点** 代码为360123NCJC20111，建点于2011年，东经115°31′53″，北纬28°49′40″，由当地农户管理；土类为水稻土，亚类为潴育型水稻土，土属为潮泥田，土种为新建潮砂泥田；一年两熟，作物类型为油-稻。

（2）**南昌市安义区长埠镇老下村市级监测点** 代码为360123NCJC20112，建点于2011年，东经115°36′19″，北纬28°49′06″，由当地农户管理；土类为水稻土，亚类为潴育型水稻土，土属为鳝泥田，土种为灰鳝泥田；一年两熟，作物类型为油-稻。

（3）**南昌市安义区黄洲镇圳溪村市级监测点** 代码为360123NCJC20113，建点于2011年，东经115°29′45″，北纬28°45′03″，由当地农户管理；土类为水稻土，亚类为潴育型水稻土，土属为潮砂泥田，土种为中潴潮砂泥田；一年两熟，作物类型为油-稻。

（4）**南昌市安义区万埠镇郭上村市级监测点** 代码为360123NCJC20114，建点于2011年，东经115°40′27″，北纬28°54′44″，由当地农户管理；土类为水稻土，亚类为潴育型水稻土，土属为鳝泥田，土种为乌鳝泥田；一年两熟，作物类型为油-稻。

（5）**南昌市安义县县良种场市级监测点** 代码为360123NCJC20115，建点于2011年，东经115°30′50″，北纬28°49′33″，由当地农户管理；土类为水稻土，亚类为潴育型水稻土，土属为潮砂泥田，土种为中潴乌潮砂泥田；一年两熟，作为类型为双季稻。

（6）**南昌市安义县东阳镇东阳村市级监测点** 代码为360123NCJC20161，建点于2016年，东经115°37′49″，北纬28°51′08″，由当地农户管理；土类为水稻土，亚类为潴育型水稻土，土属为潮砂泥田，土种为中潴乌潮砂泥田；一年两熟，作物类型为油-稻。

7.1.3.2 进贤县

（1）**南昌市进贤县架桥镇架桥村市级监测点** 代码为360124NCJC20111，建点于2011年，东经116°03′27″，北纬28°26′05″，由当地农户管理；土类为水稻土，亚类为潴育型水稻土，土属为砂泥田，土种为乌黄砂泥田；一年两熟，作物类型为双季稻。

（2）**南昌市进贤县温圳镇联里村市级监测点** 代码为360124NCJC20112，建点于2011年，东经116°10′29″，北纬28°32′34″，由当地农户管理；土类为水稻土，亚类为潴育型水稻土，土属为紫泥田，土种为灰紫泥田；一年两熟，作物类型为双季稻。

（3）**南昌市进贤县下埠集乡港东村市级监测点**　代码为360124NCJC20113，建点于2011年，东经116°20′50″，北纬28°19′47″，由当地农户管理；土类为水稻土，亚类为潴育型水稻土，土属为麻砂泥田，土种为乌麻砂泥田；一年两熟，作物类型为双季稻。

（4）**南昌市进贤县白圩乡白圩村市级监测点**　代码为360124NCJC20114，建点于2011年，东经116°15′03″，北纬28°15′35″，由当地农户管理；土类为水稻土，亚类为潴育型水稻土，土属为红砂泥田；一年两熟，作物类型为双季稻。

（5）**南昌市进贤县长山晏乡涂桥村市级监测点**　代码为360124NCJC20115，建点于2011年，东经116°10′55″，北纬28°14′28″，由当地农户管理；土类为水稻土，亚类为潴育型水稻土，土属为潮砂泥田，土种为中潴潮砂泥田；一年两熟，作物类型为双季稻。

（6）**南昌市进贤县三里乡董家村市级监测点**　代码为360124NCJC20116，建点于2011年，东经116°22′36″，北纬28°40′44″，由当地农户管理；土类为红壤，亚类为红壤性土，土属为黄泥土，土种为中层黄泥土；一年两熟，作物类型为油菜-西瓜。

（7）**南昌市进贤县池溪乡桥南村市级监测点**　代码为360124NCJC20121，建点于2012年，东经116°25′22″，北纬28°23′11″，由当地农户管理；土类为水稻土，亚类为潴育型水稻土，土属为黄泥土，土种为中潴灰黄泥田；一年两熟，作物类型为双季稻。

（8）**南昌市进贤县前坊镇焦家村市级监测点**　代码为360124NCJC20122，建点于2012年，东经116°13′35″，北纬28°29′39″，由当地农户管理；土类为红壤，亚类为红壤性土，土属为黄泥土，土种为中层黄泥土；一年两熟，作物类型为油菜-芝麻。

（9）**南昌市进贤县张公镇牛溪村市级监测点**　代码为360124NCJC20151，建点于2015年，东经116°10′48″，北纬28°21′34″，由当地农户管理；土类为水稻土，亚类为潴育型水稻土，土属为黄泥田，土种为中潴灰黄泥田；一年两熟，作物类型为双季稻。

（10）**南昌市进贤县南台乡石坑村市级监测点**　代码为360124NCJC20152，建点于2015年，东经116°24′46″，北纬28°27′56″，由当地农户管理；土类为红壤，亚类为红壤土，土属为石英岩类黄泥土，土种为中层黄砂泥土；一年一熟，作物类型为油菜。

（11）**南昌市进贤县钟陵乡三岸村市级监测点**　代码为360124NCJC20161，建点于2016年，东经116°29′38″，北纬28°27′09″，由当地农户管理；土类为水稻土，亚类为潴育型水稻土，土属为黄泥土，土种为中潴灰黄泥田；一年两熟，作物类型为双季稻。

（12）**南昌市进贤县罗溪镇三房村市级监测点**　代码为360124NCJC20191，建点于2019年，东经116°10′17″，北纬28°26′00″，由当地农户管理；土类为水稻土，亚类为潴育型水稻土，土属为黄泥田，土种为中潴灰黄泥田；一年两熟，作物类型为双季稻。

（13）**南昌市进贤县二塘乡康乐村市级监测点**　代码为360124NCJC20192，建点于2019年，东经116°28′08″，北纬28°32′20″，由当地农户管理；土类为水稻土，亚类为潴育型水稻土，土属为潮砂泥田，土种为中潴灰潮砂泥田；一年两熟，作物类型为双季稻。

7.1.3.3　南昌县

（1）**南昌市南昌县广福镇北头村市级监测点**　代码为360121NCJC20111，建点于2011年，东经115°55′48″，北纬28°22′42″，由当地农户管理；土类为水稻土，亚类为潴育型水稻土，土属为砂泥田，土种为灰黄砂泥田；一年两熟，作物类型为双季稻。

（2）**南昌市南昌县冈上镇兴农村市级监测点**　代码为360121NCJC20112，建点于2011年，东经115°53′22″，北纬28°22′37″，由当地农户管理；土类为水稻土，亚类为潴育型水稻土，土属为潴育型潮砂泥田，土种为弱潴潮砂泥田；一年两熟，作物类型为双季稻。

（3）**南昌市南昌县蒋巷镇柏岗山村市级监测点**　代码为360121NCJC20113，建点于2011年，东经116°00′46″，北纬28°44′53″，由当地农户管理；土类为水稻土，亚类为潴育型水稻土，土属为潴育型潮砂泥田，土种为中潴灰潮砂泥田；一年两熟，作物类型为双季稻。

（4）**南昌市南昌县蒋巷镇埠上村市级监测点**　代码为360121NCJC20192，建点于2019年，东经116°12′48″，北纬28°54′29″，由当地农户管理；土类为水稻土，亚类为潴育型水稻土，土属为潴育型潮砂泥田，土种为中潴灰潮泥田；一年两熟，作物类型为双季稻。

（5）**南昌市南昌县幽兰镇少城村市级监测点**　代码为360121NCJC20114，建点于2011年，东经116°11′09″，北纬28°36′16″，由当地农户管理；土类为水稻土，亚类为潴育型水稻土，土属为潮泥田，土种为新建潮砂泥田；一年两熟，作物类型为双季稻。

（6）**南昌市南昌县幽兰镇东联村市级监测点**　代码为360121NCJC20122，建点于2012年，东经116°06′59″，北纬28°34′01″，由当地农户管理；土类为水稻土，亚类为潴育型水稻土，土属为潴育型黄泥田，土种为中潴灰黄泥田；一年两熟，作物类型为双季稻。

（7）**南昌市南昌县泾口乡北湖村市级监测点**　代码为360121NCJC20115，建点于2011年，东经116°13′41″，北纬28°39′28″，由当地农户管理；土类为水稻土，亚类为潴育型水稻土，土属为湖泥田，土种为中潴湖泥田；一年两熟，作物类型为双季稻。

（8）**南昌市南昌县塔城乡芳湖村市级监测点**　代码为360121NCJC20121，建点于2012年，东经116°03′47″，北纬28°31′10″，由当地农户管理；土类为水稻土，亚类为潴育型水稻土，土属为潴育型潮砂泥田，土种为中潴灰潮砂泥田；一年两熟，作物类型为双季稻。

（9）**南昌市南昌县南新乡东邺村市级监测点**　代码为360121NCJC20191，建点于2019年，东经116°00′46″，北纬28°48′54″，由当地农户管理；土类为水稻土，亚类为潴育型水稻土，土属为潴育型潮砂泥田，土种为中潴灰潮泥田；一年两熟，作物类型为双季稻。

（10）**南昌市南昌县塘南镇塘南村市级监测点**　代码为360121NCJC20201，建点于2020年，东经116°08′35″，北纬28°29′31″，由当地农户管理；土类为水稻土，亚类为潴育型水稻土，土属为潴育型潮砂泥田，土种为中潴灰潮泥田；一年两熟，作物类型为双季稻。

（11）**南昌市南昌县塘南镇新联村市级监测点**　代码为360121NCJC20202，建点于

2020年，东经116°14′50″，北纬28°44′12″，由当地农户管理；土类为水稻土，亚类为潴育型水稻土，土属为潴育型潮砂泥田，土种为中潴灰潮泥田；一年两熟，作物类型为双季稻。

（12）**南昌市南昌县武阳镇西游村市级监测点**　代码为360121NCJC20203，建点于2020年，东经116°01′41″，北纬28°30′28″，由当地农户管理；土类为水稻土，亚类为潴育型水稻土，土属为潴育型潮砂泥田，土种为中潴灰潮泥田；一年两熟，作物类型为双季稻。

（13）**南昌市南昌县向塘镇黄棠村市级监测点**　代码为360121NCJC20204，建点于2020年，东经115°59′56″，北纬28°27′05″，由当地农户管理；土类为水稻土，亚类为潴育型水稻土，土属为潴育型潮砂泥田，土种为中潴灰潮泥田；一年两熟，作物类型为双季稻。

7.1.3.4　新建区

（1）**南昌市新建区象山镇新增村市级监测点**　代码为360112NCJC20121，建点于2012年，东经116°01′27″，北纬28°58′29″，由当地农户管理；土类为水稻土，亚类为冲积性水稻土，土属为湖积性水稻土；一年两熟，土作物类型为双季稻。

（2）**南昌市新建区昌邑乡窑西村市级监测点**　代码为360112NCJC20122，建点于2012年，东经116°03′58″，北纬29°02′13″，由当地农户管理；土类为水稻土，亚类为冲积性水稻土，土属为河积性水稻土；一年两熟，作物类型为双季稻。

（3）**南昌市新建区石岗镇保卫村市级监测点**　代码为360112NCJC20123，建点于2012年，东经115°40′27″，北纬28°27′02″，由当地农户管理；土类为红壤，亚类为红壤，土属为红黏土，土种为水化红壤；一年一熟，作物类型为花生。

（4）**南昌市新建区松湖镇和平村市级监测点**　代码为360112NCJC20124，建点于2012年，东经115°37′37″，北纬28°24′52″，由当地农户管理；土类为水稻土，亚类为冲积性水稻土，土属为河积性水稻土，土种为潮砂泥田；一年两熟，作物类型为双季稻。

（5）**南昌市新建区松湖镇钱洲村市级监测点**　代码为360112NCJC20193，建点于2019年，东经115°42′08″，北纬28°24′23″，由当地农户管理；土类为水稻土，亚类为冲积性水稻土，土属为河积性水稻土，土种为潮砂泥田；一年两熟，作物类型为双季稻。

（6）**南昌市新建区石埠镇上莘村市级监测点**　代码为360112NCJC20191，建点于2019年，东经115°42′30″，北纬28°32′37″，由当地农户管理；土类为红壤，亚类为红壤性水稻土，土属为红黏土；一年一熟，作物类型为花生。

（7）**南昌市新建区联圩镇连前村市级监测点**　代码为360112NCJC20192，建点于2019年，东经116°02′11″，北纬28°54′08″，由当地农户管理；土类为水稻土，亚类为潴育型水稻土，土属为潮泥田，土种为潮砂泥田；一年两熟，作物类型为双季稻。

（8）**南昌市新建区溪霞镇甘舍村市级监测点**　代码为360112NCJC20194，建点于2019年，东经115°50′55″，北纬28°50′35″，由当地农户管理；土类为水稻土，亚类为潴育型水稻土，土属为潮泥田，土种为新建潮砂泥田；一年两熟，作物类型为双季稻。

7.2 南昌市各监测点作物产量

7.2.1 单季稻产量年际变化（2016—2020）

2016—2020 年 5 个年份南昌市水田常规施肥、无肥处理的单季稻分别有 6 个、5 个、6 个、4 个和 3 个监测点。由于每年都有新增或减少的监测点位，且 5 年间同一监测点位的稻作制度不完全相同，个别点位还有种植芝麻、花生、西瓜、辣椒等作物的情况出现，因此不同年份之间监测点位数量不同。

2016—2020 年 5 个年份南昌市无肥处理的单季稻年均产量分别为 258.17 kg/亩、264.83 kg/亩、267.17 kg/亩、268.75 kg/亩和 252.33 kg/亩；常规施肥处理的单季稻年均产量分别为 535.67 kg/亩、565.17 kg/亩、577.67 kg/亩、595.50 kg/亩和 582.33 kg/亩（图 7-1）。相较于无肥处理，常规施肥处理 2016—2020 年 5 个年份单季稻的产量分别提高 107.49%、113.41%、116.22%、121.58%、130.98%。

从图 7-2 可以看出，2016—2020 年无肥处理单季稻的平均产量为 262.25 kg/亩，常规施肥处理的单季稻平均产量为 571.30 kg/亩。相较于无肥处理，常规施肥处理单季稻的平均产量提高 17.87%，这表明相较于无肥处理，常规施肥处理可以显著提高单季稻产量。

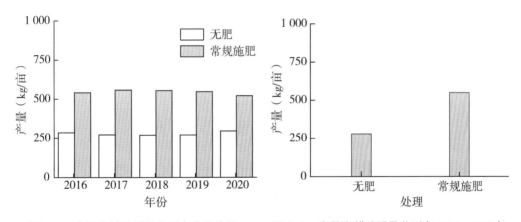

图 7-1 南昌市耕地质量监测点常规施肥、
无肥处理对单季稻产量的影响

图 7-2 南昌市耕地质量监测点 2016—2020 年
常规施肥、无肥处理下的单季稻平均产量

7.2.2 双季稻产量年际变化（2016—2020）

2016—2020 年 5 个年份南昌市常规施肥、无肥处理的双季稻分别有 16 个、28 个、32 个、37 个和 31 个监测点。与单季稻的情况类似，不同年份之间监测点位数量不同，主要原因包括每年都有变更的监测点位，且同一监测点位的稻作制度不完全相同，个别点位还有种植芝麻、花生、西瓜、辣椒等作物的情况。

7.2.2.1 早稻产量年际变化（2016—2020）

2016—2020年5个年份南昌市无肥处理的早稻年均产量分别为208.25 kg/亩、210.40 kg/亩、209.43 kg/亩、212.12 kg/亩和210.09 kg/亩，常规施肥处理的早稻年均产量分别为471.86 kg/亩、475.75 kg/亩、471.98 kg/亩、485.50 kg/亩和478.05 kg/亩（图7-3）。相较于无肥处理，常规施肥处理5个年份的早稻年均产量分别提高了126.58%、126.12%、125.36%、128.88%、127.55%。

从图7-4可以看出，2016—2020年南昌市耕地质量监测点无肥处理的早稻平均产量为210.06 kg/亩，常规施肥处理的早稻平均产量为476.63 kg/亩。相较于无肥处理，常规施肥处理2016—2020年南昌市耕地质量监测点的早稻产量提高了126.90%，这表明常规施肥处理能够显著提高早稻的产量。

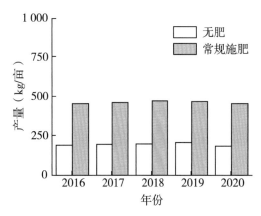

图7-3 南昌市耕地质量监测点常规施肥、无肥处理对早稻产量的影响　　图7-4 南昌市耕地质量监测点2016—2020年常规施肥、无肥处理下的早稻平均产量

7.2.2.2 晚稻产量年际变化（2016—2020）

2016—2020年5个年份南昌市无肥处理的晚稻年均产量分别为229.38 kg/亩、232.90 kg/亩、237.42 kg/亩、238.58 kg/亩和236.90 kg/亩，常规施肥处理的晚稻年均产量分别为501.30 kg/亩、504.96 kg/亩、507.52 kg/亩、505.78 kg/亩和504.81 kg/亩（图7-5）。相较于无肥处理，常规施肥处理5个年份的早稻年均产量分别提高了118.55%、116.81%、113.76%、120.00%、113.09%。

从图7-6可以看出，2016—2020年南昌市耕地质量监测点无肥处理的晚稻平均产量为235.04 kg/亩，常规施肥处理的晚稻平均产量为504.87 kg/亩。相较于无肥处理，常规施肥处理2016—2020年南昌市耕地质量监测点的晚稻产量提高了114.81%，这表明常规施肥处理能够显著提高晚稻的产量。

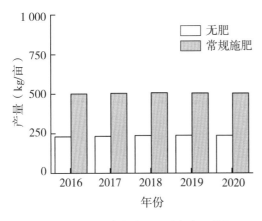

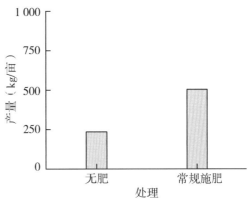

图 7-5　南昌市耕地质量监测点常规施肥、无肥处理对晚稻产量的影响

图 7-6　南昌市耕地质量监测点 2016—2020 年常规施肥、无肥处理下的晚稻平均产量

7.2.2.3　双季稻产量年际变化（2016—2020）

2016—2020 年 5 个年份南昌市无肥处理的双季稻年均产量分别为 437.63 kg/亩、443.30 kg/亩、446.85 kg/亩、450.70 kg/亩和 446.99 kg/亩，常规施肥处理下的双季稻年均产量分别为 973.16 kg/亩、980.71 kg/亩、979.50 kg/亩、991.28 kg/亩和 982.86 kg/亩（图 7-7）。相较于无肥处理，常规施肥处理 5 个年份的双季稻年均产量分别提高了 122.37%、121.23%、119.20%、119.94%、119.88%。

从图 7-8 可以看出，2016—2020 年南昌市耕地质量监测点无肥处理的双季稻平均产量为 445.09 kg/亩，常规施肥处理的双季稻平均产量为 981.50 kg/亩。相较于无肥处理，常规施肥处理 2016—2020 年南昌市耕地质量监测点的双季稻产量提高了 120.52%，这表明常规施肥处理能够显著提高双季稻的产量。

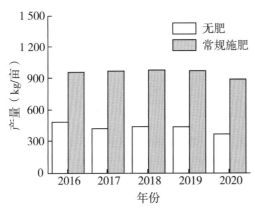

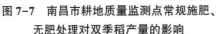

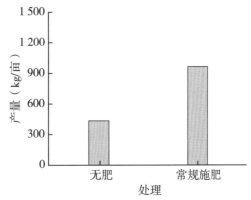

图 7-7　南昌市耕地质量监测点常规施肥、无肥处理对双季稻产量的影响

图 7-8　南昌市耕地质量监测点 2016—2020 年常规施肥、无肥处理下的双季稻平均产量

7.3 南昌市各监测点土壤性质

南昌市位于东经115°27′～116°35′，北纬28°09′～29°11′，处江西省中部偏北，赣江、抚河下游，鄱阳湖西南岸，是江西省的政治、经济、文化中心。本节汇总了南昌市2016—2020年各级耕地质量监测点的土壤理化性质，明确了南昌市常规施肥及无肥条件下土壤理化性质的差异。

2016—2020年5个年份南昌市长期定位监测点分别有99个、99个、99个、99个和47个监测点。

7.3.1 土壤pH变化

2016—2020年5个年份南昌市无肥处理的土壤pH分别为5.16、5.28、5.26、5.21和5.04，常规施肥处理的土壤pH分别为5.14、5.32、5.27、5.20和4.92（图7-9）。与2016年的土壤pH相比，2017—2020年4个年份无肥处理的土壤pH分别增加了0.12、0.10、0.05和-0.12个单位；常规施肥处理的土壤pH分别增加了0.18、0.13、0.06和-0.22个单位。相较于无肥处理，2016—2020年5个年份常规施肥处理的pH分别增加了-0.02、0.04、0.01、-0.01及-0.12个单位。

从图7-10可以看出，南昌市耕地质量监测点2016—2020年无肥处理的pH平均值为5.19，而常规施肥处理的pH平均值为5.17。相较于无肥处理，2016—2020年常规施肥处理的pH平均值减少了0.02个单位。

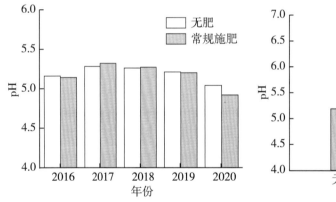

图7-9 南昌市耕地质量监测点常规施肥、无肥处理对土壤pH的影响

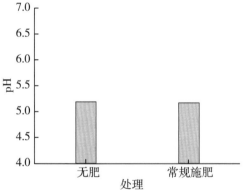

图7-10 南昌市耕地质量监测点2016—2019年常规施肥、无肥处理下土壤pH的平均值

7.3.2 土壤有机质年际变化

2016—2020年5个年份南昌市无肥处理的土壤有机质分别为22.90 g/kg、24.89 g/kg、20.90 g/kg、22.01 g/kg和30.93 g/kg，常规施肥处理的土壤有机质分别为29.97 g/kg、31.83 g/kg、26.82 g/kg、28.88 g/kg和34.00 g/kg（图7-11）。与

2016 年的相比，2017—2020 年 4 个年份无肥处理的土壤有机质分别增加了 8.69%、−8.73%、−3.89% 和 35.07%；常规施肥处理的土壤有机质分别增加了 6.21%、−10.51%、−3.64%和 13.45%。相较于无肥处理，2016—2020 年 5 个年份常规施肥处理的土壤有机质分别增加了 30.87%、27.88%、28.33%、31.21%和 9.93%。

从图 7-12 可以看出，南昌市耕地质量监测点 2016—2020 年无肥处理的土壤有机质平均值为 24.33 g/kg，而常规施肥处理土壤有机质的平均值为 30.30 g/kg。相较于无肥处理，常规施肥处理 2016—2020 年土壤有机质的平均值增加了 24.54%。

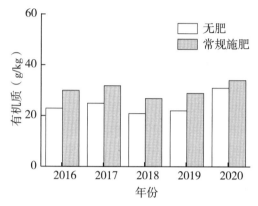

图 7-11　南昌市耕地质量监测点常规施肥、无肥处理对土壤有机质的影响

图 7-12　南昌市耕地质量监测点 2016—2019 年常规施肥、无肥处理下土壤有机质的平均值

7.3.3　土壤全氮年际变化

2016—2020 年 5 个年份南昌市无肥处理的土壤全氮分别为 0.92 g/kg、1.00 g/kg、1.18 g/kg、1.24 g/kg 和 2.02 g/kg，常规施肥处理的土壤全氮分别为 1.58 g/kg、1.58 g/kg、1.79 g/kg、1.73 g/kg 和 1.82 g/kg（图 7-13）。与 2016 年的相比，2017—

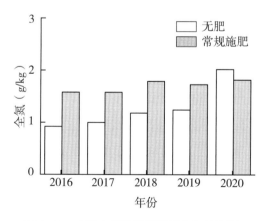
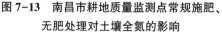
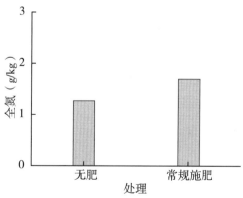

图 7-13　南昌市耕地质量监测点常规施肥、无肥处理对土壤全氮的影响

图 7-14　南昌市耕地质量监测点 2016—2019 年常规施肥、无肥处理下土壤全氮的平均值

2020 年 4 个年份无肥处理的土壤全氮分别增加了 8.70%、28.26%、34.78% 和 119.57%；常规施肥处理的土壤全氮分别增加了 0.00%、13.29%、9.49% 和 15.19%。相较于无肥处理，2016—2020 年 5 个年份常规施肥处理的土壤全氮分别增加了 71.74%、58.00%、51.69%、39.52% 和 -9.90%。

从图 7-14 可以看出，南昌市耕地质量监测点 2016—2020 年无肥处理的土壤全氮平均值为 1.27 g/kg，而常规施肥处理土壤全氮的平均值为 1.70 g/kg。相较于无肥处理，常规施肥处理下 2016—2020 年土壤全氮的平均值增加了 33.86%。

7.3.4　土壤碱解氮年际变化

2016—2020 年 5 个年份南昌市无肥处理的土壤碱解氮分别为 148.25 mg/kg、132.98 mg/kg、130.78 mg/kg、133.32 mg/kg 和 177.55 mg/kg，南昌常规施肥处理的土壤碱解氮分别为 185.09 mg/kg、163.41 mg/kg、172.59 mg/kg、173.07 mg/kg 和 182.7 mg/kg（图 7-15）。与 2016 年的相比，2017—2020 年 4 个年份无肥处理的土壤碱解氮分别增加了 -10.30%、-11.78%、-10.07% 和 19.76%；常规施肥处理的土壤碱解氮分别减少了 11.71%、6.75%、6.49% 和 1.29%。相较于无肥处理，2016—2020 年 5 个年份常规施肥处理的土壤碱解氮分别增加了 24.85%、22.88%、31.97%、29.82% 和 2.90%。

从图 7-16 可以看出，南昌市耕地质量监测点 2016—2020 年无肥处理的土壤碱解氮平均值为 144.58 mg/kg，而常规施肥处理土壤碱解氮的平均值为 175.37 mg/kg。相较于无肥处理，常规施肥处理下 2016—2020 年土壤碱解氮的平均值增加了 21.30%。

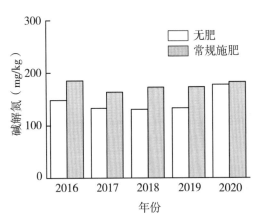

图 7-15　南昌市耕地质量监测点常规施肥、
无肥处理对土壤碱解氮的影响

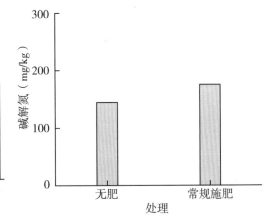

图 7-16　南昌市耕地质量监测点 2016—2019 年
常规施肥、无肥处理下土壤碱解氮的平均值

7.3.5　土壤有效磷年际变化

2016—2020 年 5 个年份南昌市无肥处理的土壤有效磷分别为 20.96 mg/kg、17.37 mg/kg、17.01 mg/kg、17.47 mg/kg 和 23.74 mg/kg，常规施肥处理的土壤有效磷分别为 26.03 mg/kg、21.65 mg/kg、21.77 mg/kg、22.46 mg/kg 和 29.95 mg/kg（图 7-17）。

与 2016 年的相比，2017—2020 年 4 个年份无肥处理的土壤有效磷分别增加了 −17.13%、−18.85%、−16.65% 和 13.26%；常规施肥处理的土壤有效磷分别增加了 −16.83%、−16.37%、−13.71% 和 15.06%。相较于无肥处理，2016—2020 年 5 个年份常规施肥处理的土壤有效磷分别增加了 24.19%、24.64%、27.98%、28.56% 和 26.16%。

从图 7-18 可以看出，南昌市耕地质量监测点 2016—2020 年无肥处理的土壤有效磷平均值为 19.31 mg/kg，而常规施肥处理土壤有效磷的平均值为 24.37 mg/kg。相较于无肥处理，常规施肥处理 2016—2020 年土壤有效磷的平均值增加了 26.20%。

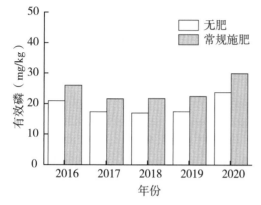

图 7-17　南昌市耕地质量监测点常规施肥、无肥处理对土壤有效磷的影响

图 7-18　南昌市耕地质量监测点 2016—2020 年常规施肥、无肥处理下土壤有效磷的平均值

7.3.6　土壤速效钾年际变化

2016—2020 年 5 个年份南昌市无肥处理的土壤速效钾分别为 66.46 mg/kg、79.00 mg/kg、67.43 mg/kg、67.29 mg/kg 和 123.38 mg/kg，常规施肥处理的土壤速效钾分别为 93.01 mg/kg、108.15 mg/kg、94.54 mg/kg、95.17 mg/kg 和 135.38 mg/kg（图 7-19）。与 2016 年的相比，2017—2020 年 4 个年份无肥处理的土壤速效钾分别增

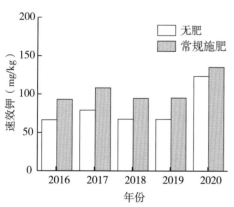
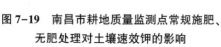
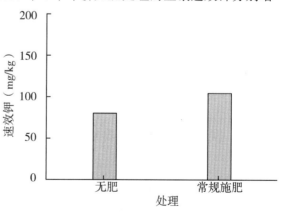

图 7-19　南昌市耕地质量监测点常规施肥、无肥处理对土壤速效钾的影响

图 7-20　南昌市耕地质量监测点 2016—2020 年常规施肥、无肥处理下土壤速效钾的平均值

加了 18.68%、1.44%、1.25% 和 85.65%；常规施肥处理的土壤速效钾分别增加了 16.25%、1.64%、2.32% 和 45.45%。相较于无肥处理，2016—2020 年 5 个年份常规施肥处理的土壤速效钾分别增加了 39.95%、36.90%、40.20%、41.43% 和 9.64%。

从图 7-20 可以看出，南昌市耕地质量监测点 2016—2020 年无肥处理的土壤速效钾平均值为 80.20 mg/kg，而常规施肥处理土壤速效钾的平均值为 104.59 mg/kg。相较于无肥处理，常规施肥处理 2016—2020 年土壤速效钾的平均值增加了 30.41%。

7.3.7 土壤缓效钾年际变化

本书仅有 2018—2020 年南昌市的土壤缓效钾数据。2018—2020 年 3 个年份南昌市无肥处理的土壤缓效钾分别为 221.78 mg/kg、269.33 mg/kg 和 384.67 mg/kg，常规施肥处理的土壤缓效钾分别为 252.89 mg/kg、283.44 mg/kg 和 394.94 mg/kg（图 7-21）。与 2016 年的相比，2019 年和 2020 年无肥处理的土壤缓效钾分别增加了 21.44% 和 73.45%；常规施肥处理的土壤缓效钾分别增加了 12.08% 和 56.17%。相较于无肥处理，2018—2020 年 3 个年份常规施肥处理的土壤缓效钾分别增加了 14.03%、5.24% 和 2.67%。

从图 7-22 可以看出，南昌市耕地质量监测点 2018—2020 年无肥处理的土壤缓效钾平均值为 300.65 mg/kg，而常规施肥处理土壤缓效钾的平均值为 304.43 mg/kg。相较于无肥处理，常规施肥处理 2018—2020 年土壤缓效钾的平均值增加了 1.26%。

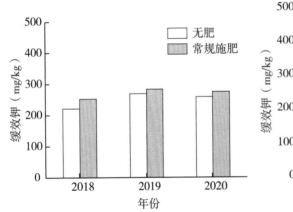

图 7-21　南昌市耕地质量监测点常规施肥、
无肥处理对土壤缓效钾的影响

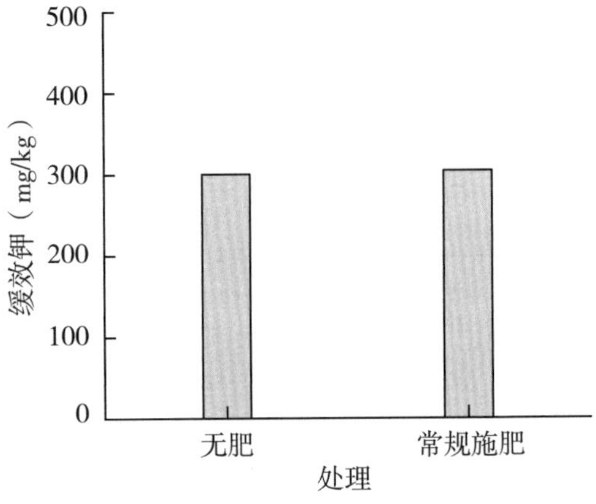

图 7-22　南昌市耕地质量监测点 2018—2020 年
常规施肥、无肥处理下土壤缓效钾的平均值

7.3.8 耕层厚度及土壤容重

2016—2019 年 4 个年份南昌市无肥处理的土壤耕层厚度分别为 20.75 cm、20.75 cm、20.84 cm 和 20.84 cm，4 个年份常规施肥处理的土壤耕层厚度分别为 20.75 cm、20.75 cm、20.84 cm 和 20.84 cm（表 7-1）。与 2016 年的相比，2017—2019 年 4 个年份无肥处理的土壤耕层厚度分别增加了 0.00 cm、0.09 cm 和 0.09 cm；常规施肥处理的土壤耕层厚度分别增加了 0.00 cm、0.09 cm 和 0.09 cm。相较于无肥处理，2016—

2019 年 5 个年份常规施肥处理的土壤耕层厚度没有变化。

从表 7-1 可以看出，南昌市耕地质量监测点 2016—2019 年无肥处理的土壤耕层厚度平均值为 20.79 cm，而常规施肥处理土壤耕层厚度的平均值为 20.79 cm。相较于无肥处理，常规施肥处理 2016—2019 年土壤耕层厚度的平均值没有变化。

表 7-1　南昌市耕地质量监测点 2016—2020 年常规施肥、无肥处理的土壤耕层厚度

单位：cm

年份	无肥处理	常规施肥处理
2016	20.75	20.75
2017	20.75	20.75
2018	20.84	20.84
2019	20.84	20.84
平均	20.79	20.79

2016—2020 年 5 个年份南昌市无肥处理的土壤容重分别为 1.26 g/cm³、1.25 g/cm³、1.27 g/cm³、1.25 g/cm³ 和 0.98 g/cm³，常规施肥处理的土壤容重分别为 1.26 g/cm³、1.25 g/cm³、1.27 g/cm³、1.25 g/cm³ 和 0.99 g/cm³。与 2016 年的相比，2017—2020 年 4 个年份无肥处理的土壤容重分别增加了 −0.80%、0.80%、−0.80% 和 22.22%；常规施肥处理的土壤容重分别增加了 −0.80%、0.80%、0.80% 和 21.43%。相较于无肥处理，2016—2020 年 5 个年份常规施肥处理的土壤容重分别增加了 0.00%、0.00%、0.00%、0.00% 和 1.02%。

从表 7-2 可以看出，南昌市耕地质量监测点 2016—2020 年无肥处理的土壤容重平均值为 1.20 g/cm³，而常规施肥处理土壤容重的平均值为 1.20 g/cm³。相较于无肥处理，常规施肥处理 2016—2020 年土壤容重的平均值没有变化。

表 7-2　南昌市耕地质量监测点 2016—2020 年常规施肥、无肥处理的土壤容重

单位：g/cm³

年份	无肥处理	常规施肥处理
2016	1.26	1.26
2017	1.25	1.25
2018	1.27	1.27
2019	1.25	1.25
2020	0.98	0.99
平均	1.20	1.20

7.3.9　土壤理化性状小结

2016—2020 年南昌市耕地质量监测点无肥处理的土壤 pH 为 5.04~5.28，常规施肥处理的土壤 pH 为 4.92~5.32，均为酸性和弱酸性土壤；耕地质量监测点无肥处理的土壤有机质为 20.9~30.9 g/kg，常规施肥处理的土壤有机质为 29.97~34.00 g/kg，均为三级至二级；耕地质量监测点无肥处理的土壤全氮为 0.92~2.02 g/kg，为四级至一级，常规施肥处理的土壤全氮为 1.58~1.82 g/kg，为二级；耕地质量监测点无肥处理的土壤碱解氮为 130.78~177.55 mg/kg，常规施肥处理的土壤碱解氮为 163.41~182.70 mg/kg；耕地质量监测点无肥处理的土壤有效磷为 17.01~23.74 mg/kg，为三级至二级，常规施肥处理的土壤有效磷为 21.65~29.95 mg/kg，为二级；耕地质量监测点无肥处理的土壤速效钾为 66.46~123.38 mg/kg，为四级至二级，常规施肥处理的土壤速效钾为 93.01~135.28 mg/kg，为三级至二级；耕地质量监测点无肥处理的土壤缓效钾为 221.78~269.33 mg/kg，常规施肥处理的土壤缓效钾为 252.89~283.44 mg/kg，均为四级。

7.4 南昌市各监测点耕地质量等级评价

南昌市耕地质量监测点主要分布在安义县、高新区、进贤县、南昌县、青山湖区、新建区 6 个县。2016—2020 年安义县耕地质量监测点分别有 6 个、6 个、6 个、6 个、6 个，其各点位综合耕地质量等级 2016—2018 年为 2 等，2019 和 2020 年为 1 等；2016—2019 年高新区耕地质量监测点均为 1 个，其各点位综合耕地质量等级在 2016—2018 年为 2 等，2019 年降为 3 等；2016—2020 年进贤县耕地质量监测点分别有 13 个、13 个、13 个、13 个、14 个，其各点位综合耕地质量等级 2016 年和 2017 年为 3 等，2018—2020 年均升为 2 等；2016—2020 年南昌县耕地质量监测点分别有 14 个、14 个、14 个、14 个、14 个，其各点位综合耕地质量等级 2016 和 2017 年为 3 等，2018—2020 年均降为 4 等；2016—2019 年青山湖区耕地质量监测点均为 1 个，其各点位综合耕地质量等级 2016—2018 年均为 2 等，2019 年降为 3 等；2016—2020 年新建区耕地质量监测点分别有 12 个、12 个、12 个、12 个、13 个，其各点位综合耕地质量等级 2016 年为 6 等，2018 年和 2019 年为 5 等，2017 年和 2020 年为 3 等（图 7-23）。

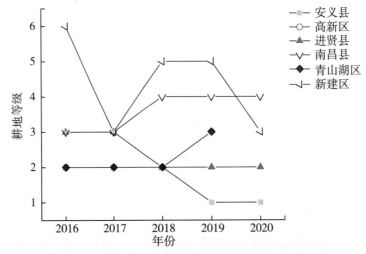

图 7-23 南昌市耕地质量监测点耕地质量等级年度变化

第八章　鹰潭市监测点作物产量及土壤性质

8.1　鹰潭市监测点情况介绍

鹰潭市主要包括国家级监测点（贵溪市、余江区）、省级监测点（余江区邓埠镇、马荃镇、杨溪乡、春涛镇、画桥镇；贵溪市河潭镇、文坊镇、塘湾镇、周坊镇；月湖区童家镇）、市（县）级监测点（贵溪市雷溪镇、泗沥镇、志光镇）共15个监测点位。

8.1.1　鹰潭市国家级耕地质量监测点情况介绍

（1）**鹰潭市贵溪市国家级监测点**　代码为360375，建点于2012年，位于贵溪市金屯镇金屯村，东经117°13′12″，北纬28°07′48″，由当地农户管理；常年降水量1 820 mm，常年有效积温5 786 ℃，常年无霜期275 d，海拔高度41 m，地下水深1 m，无障碍因素，耕地地力水平高，满足灌溉能力，排水能力强，农业区划分属于长江中下游区，一年两熟，作物类型为双季稻；成土母质为泥质岩类风化物，土类为水稻土，亚类为潴育型水稻土，土属为鳝泥田，土种为乌鳝泥田。土壤剖面理化性状如下。

耕作层：0~15 cm，灰黑色，块状，土壤容重为1.12 g/cm³，新生体多，有锈斑，质地为粉砂质黏壤土，pH 5.1，有机质含量为27.0 g/kg，全氮含量为1.70 g/kg，全磷含量为0.290 g/kg，全钾含量为15.30 g/kg。

犁底层：15~21 cm，灰白色，块状，土壤容重为1.39 g/cm³，新生体少，有锈纹，质地为粉砂质黏壤土，pH 5.3，有机质含量为15.0 g/kg，全氮含量为0.90 g/kg，全磷含量为0.250 g/kg，全钾含量为18.50 g/kg。

潴育层：21~48 cm，淡黄色，棱柱状，土壤容重为1.67 g/cm³，新生体极少，铁锰结核，质地为粉砂质壤土，pH 5.8，有机质含量为7.0 g/kg，全氮含量为0.40 g/kg，全磷含量为0.230 g/kg，全钾含量为17.80 g/kg。

母质层：48~100 cm，黄棕色，棱柱状，土壤容重为1.75 g/cm³，无新生体，铁锰结核，质地为黏壤土，pH 6.1，有机质含量为7.0 g/kg，全氮含量为0.40 g/kg，全磷含量为0.240 g/kg，全钾含量为19.20 g/kg。

（2）**鹰潭市余江区国家级监测点**　代码为360762，建点于2011年，位于余江区平定乡蓝田村，东经116°51′00″，北纬28°14′24″，由当地农户管理；常年降水量1 789 mm，常年有效积温5 020 ℃，常年无霜期262 d，海拔高度26 m，地下水深1 m，无障碍因素，耕地地力水平高，满足灌溉能力，排水能力强，农业区划分属于长江中下游区，一年两熟，作物类型为双季稻；成土母质为非石灰性壤质冲积物，土类为水稻土，亚类为潴育型水稻土，土属为潮泥砂田；质地构型为上松下紧型，生物多样性一般，农田林网化程度中等，土壤养分水平状况为最佳水平。土壤剖面理化性状如下。

耕作层：0~12 cm，黑灰色，粒状，疏松，土壤容重为 1.15 g/cm³，无新生体，植物根系很多，pH 5.0，有机质含量为 21.8 g/kg，全氮含量为 1.91 g/kg，全磷含量为 1.620 g/kg，全钾含量为 7.10 g/kg，阳离子交换量为 7.0 cmol/kg。

犁底层：12~16 cm，灰色，块状，稍紧实，土壤容重为 1.24 g/cm³，无新生体，植物根系多，pH 5.2，有机质含量为 18.6 g/kg，全氮含量为 0.98 g/kg，全磷含量为 0.910 g/kg，全钾含量为 7.50 g/kg，阳离子交换量为 4.8 cmol/kg。

渗育层：16~35 cm，淡黄色，块状，极紧，土壤容重为 1.28 g/cm³，无新生体，植物根系中等，pH 5.5，有机质含量为 21.0 g/kg，全氮含量为 0.60 g/kg，全磷含量为 1.070 g/kg，全钾含量为 4.60 g/kg，阳离子交换量为 5.5 cmol/kg。

潴育层：35~71 cm，黄灰色，柱状，紧实，土壤容重为 1.32 g/cm³，有铁锰结核，植物根系少，pH 5.7，有机质含量为 16.0 g/kg，全氮含量为 0.49 g/kg，全磷含量为 0.720 g/kg，全钾含量为 8.30 g/kg，阳离子交换量为 8.0 cmol/kg。

漂洗层：71~90 cm，黄灰色，粒状，松散，土壤容重为 1.36 g/cm³，有砂姜，无植物根系，pH 5.4，有机质含量为 15.5 g/kg，全氮含量为 0.41 g/kg，全磷含量为 0.290 g/kg，全钾含量为 4.40 g/kg，阳离子交换量为 4.0 cmol/kg。

8.1.2　鹰潭市省级耕地质量监测点情况介绍

8.1.2.1　余江区

（1）**鹰潭市余江区邓家埠镇水稻原种场夏家村省级监测点**　代码为 360622JC20081，建点于 2008 年，东经 116°50′28″，北纬 28°13′20″，由当地农户管理，土类为水稻土，亚类为潴育型水稻土，土属为黄泥田，土种为其他黄泥田；一年两熟，作物类型为双季稻。

（2）**鹰潭市余江区马荃镇杨柳村省级监测点**　代码为 360622JC20084，建点于 2008 年，东经 116°50′34″，北纬 28°10′04″，由当地农户管理，土类为水稻土，亚类为潴育型水稻土，土属为黄泥田，土种为其他黄泥田；一年两熟，作物类型为双季稻。

（3）**鹰潭市余江区杨溪乡新危村省级监测点**　代码为 360622YTYJ001，建点于 2016 年，东经 117°45′39″，北纬 28°12′16″，由当地农户管理，土类为水稻土，亚类为潴育型水稻土，土属为红砂泥田，土种为灰红砂泥田。

（4）**鹰潭市余江区春涛镇朱凤村省级监测点**　代码为 360622YTYJ002，建点于 2016 年，东经 116°57′12″，北纬 28°15′23″，由当地农户管理，土类为水稻土，亚类为潴育型水稻土，土属为鳝泥田，土种为灰鳝泥田。

（5）**鹰潭市余江区画桥镇画桥村省级监测点**　代码为 360622YTYJ004，建点于 2020 年，东经 117°04′04″，北纬 28°32′41″，由当地农户管理，土类为水稻土，亚类为潴育型水稻土，土属为鳝泥田，土种为灰鳝泥田。

8.1.2.2　贵溪市

（1）**鹰潭市贵溪市河潭镇南塘村省级监测点**　代码为 GXJC002，东经 117°26′29″，北纬 28°17′56″，由当地农户管理，土类为水稻土，亚类为潴育型水稻土，土属为潮砂泥田，土种为其他潮砂泥田；一年两熟，作物类型为双季稻。

（2）**鹰潭市贵溪市文坊镇票上村省级监测点**　代码为 GXJC003，东经 117°00′18″，北纬 28°18′36″，由当地农户管理，土类为水稻土，亚类为潴育型水稻土，土属为黄泥田，土种为乌黄泥田；一年两熟，作物类型为双季稻。

（3）**鹰潭市贵溪市塘湾镇大桥村省级监测点**　代码为 GXJC004，东经 117°12′03″，北纬 28°09′20″，由当地农户管理，土类为水稻土，亚类为潴育型水稻土，土属为潮砂泥田，土种为乌潮砂泥田；一年两熟，作物类型为双季稻。

（4）**鹰潭市贵溪市周坊镇周坊村省级监测点**　代码为 GXJC005，东经 117°08′35″，北纬 28°29′38″，由当地农户管理，土类为水稻土，亚类为潴育型水稻土，土属为黄泥田；一年两熟，作物类型为双季稻。

8.1.2.3　月湖区

鹰潭市月湖区童家镇咀上村省级监测点　代码为 360602JC20181，建点于 2018 年，东经 117°05′51″，北纬 28°14′38″，由当地农户管理，土类为水稻土，亚类为潴育型水稻土，土属为潮泥田，土种为新建潮砂泥田。

8.1.3　鹰潭市市（县）级耕地质量监测点情况介绍

8.1.3.1　贵溪市

（1）**鹰潭市贵溪市雷溪镇雷溪村市级监测点**　代码为 GXJC006，东经 117°11′29″，北纬 28°12′33″，由当地农户管理，土类为水稻土，亚类为潴育型水稻土，土属为潮砂泥田，土种为乌潮砂泥田；一年两熟，作物类型为双季稻。

（2）**鹰潭市贵溪市泗沥镇王湾村市级监测点**　代码为 GXJC007，东经 117°04′26″，北纬 28°22′30″，由当地农户管理，土类为水稻土，亚类为潴育型水稻土，土属为黄泥田，土种为乌黄泥田；一年两熟，作物类型为双季稻。

（3）**鹰潭市贵溪市志光镇西江村市级监测点**　代码为 GXJC008，东经 117°11′54″，北纬 28°20′15″，由当地农户管理，土类为水稻土，亚类为潴育型水稻土，土属为潮砂泥田，土种为灰潮砂泥田；一年两熟，作物类型为双季稻。

8.2　鹰潭市各监测点作物产量

本书仅获得鹰潭市各监测点双季稻的产量数据。

2016—2020 年 5 个年份江西省鹰潭市常规施肥、无肥处理分别有 12 个、15 个、15 个、15 个和 14 个监测点。不同年份之间监测点位数量不同，主要原因为每年都有新增或减少的监测点位。

8.2.1 早稻产量年际变化（2016—2020）

2016—2020年5个年份鹰潭市无肥处理的早稻年均产量分别为289.57 kg/亩、298.62 kg/亩、303.86 kg/亩、291.09 kg/亩和308.95 kg/亩；常规施肥处理的早稻年均产量分别为450.31 kg/亩、463.30 kg/亩、471.51 kg/亩、445.93 kg/亩和401.70 kg/亩（图8-1）。相较于无肥处理，常规施肥处理2016—2020年5个年份早稻的年均产量分别提高了55.51%、55.15%、55.17%、53.19%、30.02%。

从图8-2可以看出，2016—2020年鹰潭市耕地质量监测点无肥处理的早稻平均产量为298.64 kg/亩，常规施肥处理的早稻平均产量为463.33 kg/亩。相较于无肥处理，常规施肥处理早稻的平均产量提高55.14%，这表明常规施肥处理能够显著提高早稻的产量。

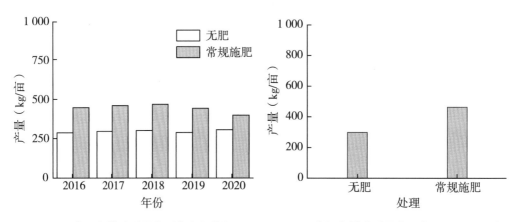

图8-1 鹰潭市耕地质量监测点常规施肥、 图8-2 鹰潭市耕地质量监测点2016—2020年
　　无肥处理对早稻产量的影响　　　　　　　常规施肥、无肥处理下的早稻平均产量

8.2.2 晚稻产量年际变化（2016—2020）

2016—2020年5个年份鹰潭市无肥处理的晚稻年均产量分别为297.98 kg/亩、300.92 kg/亩、326.77 kg/亩、310.83 kg/亩和305.35 kg/亩，常规施肥处理的晚稻年均产量分别为472.90 kg/亩、493.41 kg/亩、500.97 kg/亩、503.55 kg/亩和477.99 kg/亩（图8-3）。相较于无肥处理，常规施肥处理5个年份的晚稻年均产量分别提高了58.70%、63.97%、53.31%、62.00%、56.54%。

从图8-4可以看出，2016—2020年鹰潭市耕地质量监测点无肥处理的晚稻平均产量为308.85 kg/亩，常规施肥处理的晚稻平均产量为490.64 kg/亩。相较于无肥处理，常规施肥处理2016—2020年鹰潭市耕地质量监测点的晚稻产量提高了58.86%，这表明常规施肥处理能够显著提高晚稻的产量。

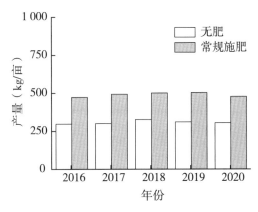 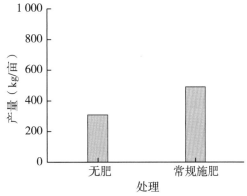

图 8-3　鹰潭市耕地质量监测点常规施肥、
无肥处理对晚稻产量的影响

图 8-4　鹰潭市耕地质量监测点 2016—2020 年
常规施肥、无肥处理下的晚稻平均产量

8.2.3　双季稻产量年际变化（2016—2020）

2016—2020 年 5 个年份鹰潭市无肥处理的双季稻年均产量分别为 587.54 kg/亩、599.54 kg/亩、630.63 kg/亩、601.92 kg/亩和 614.30 kg/亩，常规施肥处理下的双季稻年均产量分别为 923.21 kg/亩、933.60 kg/亩、972.48 kg/亩、949.47 kg/亩和 887.50 kg/亩（图 8-5）。相较于无肥处理，常规施肥处理 5 个年份的双季稻年均产量分别提高了 57.13%、55.72%、54.21%、57.74%、44.47%。

从图 8-6 可以看出，2016—2020 年鹰潭市耕地质量监测点无肥处理的双季稻平均产量为 607.49 kg/亩，常规施肥处理的双季稻平均产量为 953.97 kg/亩。相较于无肥处理，常规施肥处理 2016—2020 年鹰潭市耕地质量监测点的双季稻产量提高了 53.80%，这表明常规施肥处理能够显著提高双季稻的产量。

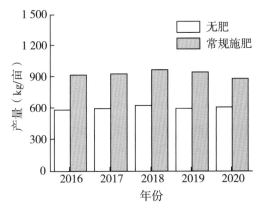 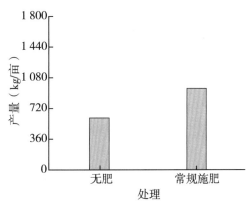

图 8-5　鹰潭市耕地质量监测点常规施肥、
无肥处理对双季稻产量的影响

图 8-6　鹰潭市耕地质量监测点 2016—2020 年
常规施肥、无肥处理下的双季稻平均产量

8.3 鹰潭市各监测点土壤性质

鹰潭市位于东经 116°41′~117°30′、北纬 27°35′~28°41′，地处赣北，是赣东北承接东南沿海产业转移第一城，被誉为"火车拉来的城市"，因"涟漪旋其中，雄鹰舞其上"而得名。本节汇总了鹰潭市 2016—2020 年各级耕地质量监测点的土壤理化性质，明确了鹰潭市常规施肥及无肥条件下土壤理化性质的差异。

2016—2020 年 5 个年份鹰潭市长期定位监测点分别有 12 个、15 个、15 个、17 个和 16 个监测点。

8.3.1 土壤 pH 变化

2016—2020 年 5 个年份鹰潭市无肥处理的土壤 pH 分别为 5.15、5.19、5.20、5.16 和 5.08，常规施肥处理的土壤 pH 分别为 5.12、5.19、5.25、5.19 和 5.07（图 8-7）。与 2016 年的土壤 pH 相比，2017—2020 年 4 个年份无肥处理的土壤 pH 分别增加了 0.04、0.05、0.01 和 -0.07 个单位；常规施肥处理的土壤 pH 分别增加了 0.07、0.13、0.07 和 -0.05 个单位。相较于无肥处理，2016—2020 年 5 个年份常规施肥处理的 pH 分别增加了 -0.03、0.00、0.05、0.03 和 -0.01 个单位。

从图 8-8 可以看出，鹰潭市耕地质量监测点 2016—2020 年无肥处理的 pH 平均值为 5.16，而常规施肥处理的 pH 平均值为 5.16。相较于无肥处理，2016—2020 年常规施肥处理的 pH 平均值没有变化。

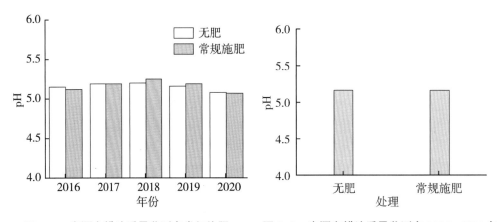

图 8-7 鹰潭市耕地质量监测点常规施肥、无肥处理对土壤 pH 的影响　　**图 8-8** 鹰潭市耕地质量监测点 2016—2020 年常规施肥、无肥处理下土壤 pH 的平均值

8.3.2 土壤有机质年际变化

2016—2020 年 5 个年份鹰潭市无肥处理的土壤有机质分别为 16.18 g/kg、15.61 g/kg、17.33 g/kg、17.62 g/kg 和 34.26 g/kg，常规施肥处理的土壤有机质分别为 25.48 g/kg、24.28 g/kg、25.04 g/kg、24.53 g/kg 和 41.23 g/kg（图 8-9）。与 2016 年的相比，2017—

2020 年 4 个年份无肥处理的土壤有机质分别增加了−3.52%、7.11%、8.90% 和 111.74%；常规施肥处理的土壤有机质分别增加了−4.71%、1.73%、−3.73% 和 61.81%。相较于无肥处理，2016—2020 年 5 个年份常规施肥处理的土壤有机质分别增加了 57.48%、55.54%、44.49%、39.22% 和 20.34%。

从图 8-10 可以看出，鹰潭市耕地质量监测点 2016—2020 年无肥处理的土壤有机质平均值为 20.20 g/kg，而常规施肥处理土壤有机质的平均值为 28.11 g/kg。相较于无肥处理，常规施肥处理下 2016—2020 年土壤有机质的平均值增加了 39.16%。

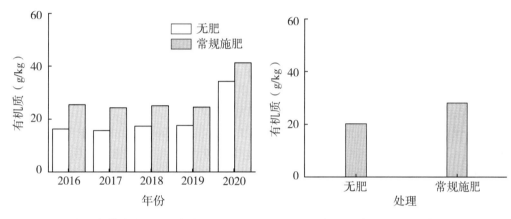

图 8-9　鹰潭市耕地质量监测点常规施肥、无肥处理对土壤有机质的影响　　　图 8-10　鹰潭市耕地质量监测点 2016—2020 年常规施肥、无肥处理下土壤有机质的平均值

8.3.3　土壤全氮年际变化

2018—2020 年 3 个年份鹰潭市无肥处理的土壤全氮分别为 1.76 g/kg、2.20 g/kg 和 1.83 g/kg，常规施肥处理的土壤全氮分别为 2.17 g/kg、2.60 g/kg 和 2.41 g/kg（图 8-11）。与 2018 年的相比，2019—2020 年无肥处理的土壤全氮分别增加了 25.00% 和 3.98%；常规施肥处理的土壤全氮分别增加了 19.82% 和 11.06%。

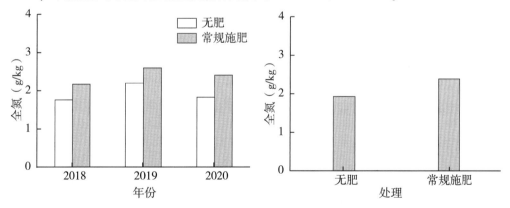

图 8-11　鹰潭市耕地质量监测点常规施肥、无肥处理对土壤全氮的影响　　　图 8-12　鹰潭市耕地质量监测点 2018—2020 年常规施肥、无肥处理下土壤全氮的平均值

相较于无肥处理，2018—2020 年常规施肥处理的土壤全氮分别增加了 23.30%、18.18% 和 31.69%。

从图 8-12 可以看出，鹰潭市耕地质量监测点 2018—2020 年无肥处理的土壤全氮平均值为 1.93 g/kg，而常规施肥处理土壤全氮的平均值为 2.39 g/kg。相较于无肥处理，常规施肥处理 2018—2020 年土壤全氮的平均值增加了 23.83%。

8.3.4 土壤碱解氮年际变化

2016—2020 年 5 个年份鹰潭市无肥处理的土壤碱解氮分别为 67.82 mg/kg、66.57 mg/kg、74.25 mg/kg、68.03 mg/kg 和 143.07 mg/kg，常规施肥处理的土壤碱解氮分别为 166.48 mg/kg、161.89 mg/kg、166.07 mg/kg、162.27 mg/kg 和 222.86 mg/kg（图 8-13）。与 2016 年的相比，2017—2020 年 4 个年份无肥处理的土壤碱解氮分别增加了 -1.84%、9.48%、0.31% 和 110.96%；常规施肥处理的土壤碱解氮分别增加了 -2.76%、0.25%、-2.53% 和 33.87%。相较于无肥处理，2016—2020 年 5 个年份常规施肥处理的土壤碱解氮分别增加了 145.47%、143.19%、123.66%、138.53% 和 55.77%。

从图 8-14 可以看出，鹰潭市耕地质量监测点 2016—2020 年无肥处理的土壤碱解氮平均值为 83.95 mg/kg，而常规施肥处理土壤碱解氮的平均值为 175.91 mg/kg。相较于无肥处理，常规施肥处理下 2016—2020 年土壤碱解氮的平均值增加了 109.54%。

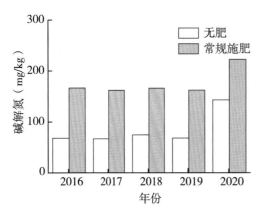 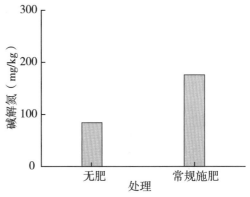

图 8-13 鹰潭市耕地质量监测点常规施肥、无肥处理对土壤碱解氮的影响

图 8-14 鹰潭市耕地质量监测点 2016—2019 年常规施肥、无肥处理下土壤碱解氮的平均值

8.3.5 土壤有效磷年际变化

2016—2020 年 5 个年份鹰潭市无肥处理的土壤有效磷分别为 15.98 mg/kg、14.47 mg/kg、14.71 mg/kg、14.11 mg/kg 和 23.81 mg/kg，常规施肥处理的土壤有效磷分别为 23.85 mg/kg、22.05 mg/kg、23.07 mg/kg、23.83 mg/kg 和 46.43 mg/kg（图 8-15）。与 2016 年的相比，2017—2020 年 4 个年份无肥处理的土壤有效磷分别增加了 -9.45%、-7.95%、-11.70% 和 49.00%；常规施肥处理的土壤有效磷分别增加了 -7.55%、-3.27%、-0.08% 和 94.68%。相较于无肥处理，2016—2020 年 5 个年份常

规施肥处理的土壤有效磷分别增加了49.25%、52.38%、56.83%、68.89%和95.00%。

从图8-16可以看出，鹰潭市耕地质量监测点2016—2020年无肥处理的土壤有效磷平均值为16.62 mg/kg，而常规施肥处理土壤有效磷的平均值为27.85 mg/kg。相较于无肥处理，常规施肥处理2016—2020年土壤有效磷的平均值增加了67.57%。

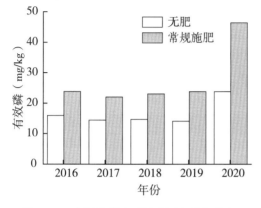

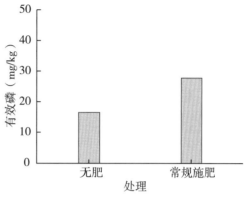

图8-15　鹰潭市耕地质量监测点常规施肥、无肥处理对土壤有效磷的影响

图8-16　鹰潭市耕地质量监测点2016—2020年常规施肥、无肥处理下土壤有效磷的平均值

8.3.6　土壤速效钾年际变化

2016—2020年5个年份鹰潭市无肥处理的土壤速效钾分别为70.01 mg/kg、72.87 mg/kg、68.85 mg/kg、62.74 mg/kg和52.42 mg/kg，常规施肥处理的土壤速效钾分别为107.12 mg/kg、102.19 mg/kg、117.26 mg/kg、147.86 mg/kg和88.18 mg/kg（图8-17）。与2016年的相比，2017—2020年4个年份无肥处理的土壤速效钾分别增加了4.09%、-1.66%、-10.38%和-25.12%；常规施肥处理的土壤速效钾分别增加了-4.60%、9.47%、38.03%和-17.68%。相较于无肥处理，2016—2020年5个年份常规施肥处理的土壤速效钾分别增加了53.01%、40.24%、70.31%、135.67%和68.22%。

从图8-18可以看出，鹰潭市耕地质量监测点2016—2020年无肥处理的土壤速效钾

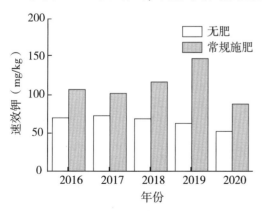

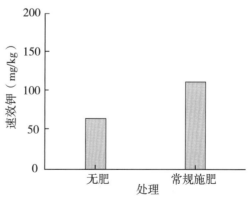

图8-17　鹰潭市耕地质量监测点常规施肥、无肥处理对土壤速效钾的影响

图8-18　鹰潭市耕地质量监测点2016—2020年常规施肥、无肥处理下土壤速效钾的平均值

平均值为 65.38 mg/kg，而常规施肥处理土壤速效钾的平均值为 112.52 mg/kg。相较于无肥处理，常规施肥处理 2016—2020 年土壤速效钾的平均值增加了 72.10%。

8.3.7 土壤缓效钾年际变化

本市仅有 2018—2020 年鹰潭市土壤缓效钾数据。2018—2020 年 3 个年份鹰潭市无肥处理的土壤缓效钾分别为 113.00 mg/kg、273.00 mg/kg 和 144.07 mg/kg，常规施肥处理的土壤缓效钾分别为 144.00 mg/kg、283.00 mg/kg 和 165.47 mg/kg（图 8-19）。与 2018 年的相比，2019 年、2020 年无肥处理的土壤缓效钾分别增加了 141.59%、27.50%；常规施肥处理的土壤缓效钾分别增加了 96.53%、14.91%。相较于无肥处理，2018—2020 年 3 个年份常规施肥处理的土壤缓效钾分别增加了 27.43%、3.66% 和 14.58%。

从图 8-20 可以看出，鹰潭市耕地质量监测点 2018—2020 年无肥处理的土壤缓效钾平均值为 176.69 mg/kg，而常规施肥处理土壤缓效钾的平均值为 197.49 mg/kg。相较于无肥处理，常规施肥处理 2018—2020 年土壤缓效钾的平均值增加了 11.77%。

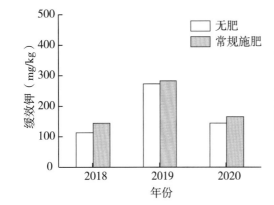

图 8-19 鹰潭市耕地质量监测点常规施肥、无肥处理对土壤缓效钾的影响　　图 8-20 鹰潭市耕地质量监测点 2018—2020 年常规施肥、无肥处理下土壤缓效钾的平均值

8.3.8 耕层厚度及土壤容重

2016—2020 年 5 个年份鹰潭市无肥处理的土壤耕层厚度分别为 17.46 cm、18.04 cm、18.00 cm、17.85 cm 和 18.04 cm，常规施肥处理的土壤耕层厚度分别为 19.56 cm、20.18 cm、20.36 cm、20.35 cm 和 21.29 cm（表 8-1）。与 2016 年的相比，2017—2020 年 4 个年份无肥处理的土壤耕层厚度分别增加了 0.58 cm、0.54 cm、0.39 cm 和 0.58 cm；常规施肥处理的土壤耕层厚度分别增加了 0.62 cm、0.80 cm、0.79 cm 和 1.73 cm。相较于无肥处理，2016—2020 年 5 个年份常规施肥处理的土壤耕层厚度分别增加了 2.10 cm、2.14 cm、2.36 cm、2.50 cm 和 3.25 cm。

从表 8-1 可以看出，鹰潭市耕地质量监测点 2016—2020 年无肥处理的土壤耕层厚度平均值为 17.88 cm，而常规施肥处理土壤耕层厚度的平均值为 20.35 cm。相较于无肥处理，常规施肥处理 2016—2020 年土壤耕层厚度的平均值增加了 2.47 cm。

表 8-1 鹰潭市耕地质量监测点 2016—2020 年常规施肥、无肥处理的土壤耕层厚度

单位：cm

年份	无肥处理	常规施肥处理
2016	17. 46	19. 56
2017	18. 04	20. 18
2018	18. 00	20. 36
2019	17. 85	20. 35
2020	18. 04	21. 29
平均	17. 88	20. 35

2016—2020 年 5 个年份鹰潭市无肥处理的土壤容重分别为 1.23 g/cm^3、1.22 g/cm^3、1.21 g/cm^3、1.22 g/cm^3 和 1.23 g/cm^3，常规施肥处理的土壤容重分别为 1.18 g/cm^3、1.17 g/cm^3、1.17 g/cm^3、1.16 g/cm^3 和 1.19 g/cm^3。与 2016 年的相比，2017—2020 年 4 个年份无肥处理的土壤容重分别增加了 -0.81%、-1.63%、-0.81% 和 0.00%；常规施肥处理的土壤容重分别增加了 -0.85%、-0.85%、-1.69% 和 0.85%。相较于无肥处理，2016—2020 年 5 个年份常规施肥处理的土壤容重分别增加了 -4.07%、-4.10%、-3.31%、-4.92% 和 -3.25%。

从表 8-2 可以看出，鹰潭市耕地质量监测点 2016—2020 年无肥处理的土壤容重平均值为 1.22 g/cm^3，而常规施肥处理土壤容重的平均值为 1.17 g/cm^3。相较于无肥处理，常规施肥处理 2016—2020 年土壤容重的平均值增加了 -4.10%。

表 8-2 鹰潭市耕地质量监测点 2016—2020 年常规施肥、无肥处理的土壤容重

单位：g/cm^3

年份	无肥处理	常规施肥处理
2016	1. 23	1. 18
2017	1. 22	1. 17
2018	1. 21	1. 17
2019	1. 22	1. 16
2020	1. 23	1. 19
平均	1. 22	1. 17

8.3.9 土壤理化性状小结

2016—2020 年鹰潭市耕地质量监测点无肥处理的土壤 pH 为 5.08~5.20，常规施肥处理的土壤 pH 为 5.07~5.25，均为酸性和弱酸性土壤；耕地质量监测点无肥处理的土

壤有机质为 20.90~34.31 g/kg，常规施肥处理的土壤有机质为 15.61~34.26 g/kg，均为三级至二级；耕地质量监测点无肥处理的土壤全氮为 1.76~2.20 g/kg，为二级至一级，常规施肥处理的土壤全氮为 2.17~2.60 g/kg，为一级；耕地质量监测点无肥处理的土壤碱解氮为 66.57~143.07 mg/kg，常规施肥处理的土壤碱解氮为 161.89~222.86 mg/kg；耕地质量监测点无肥处理的土壤有效磷为 14.11~23.81 mg/kg，为三级至二级，常规施肥处理的土壤有效磷为 22.05~46.43 mg/kg，为二级至一级；耕地质量监测点无肥处理的土壤速效钾为 52.42~72.87 mg/kg，为四级，常规施肥处理的土壤速效钾为 88.18~147.86 mg/kg，为三级至二级；耕地质量监测点无肥处理的土壤缓效钾为 113.00~144.07 mg/kg，常规施肥处理的土壤缓效钾为 144.00~283.00 mg/kg，均为四级。

8.4 鹰潭市各监测点耕地质量等级评价

鹰潭市耕地质量监测点主要分布在贵溪市、余江区、月湖区 3 个县区内。2016—2020 年 5 个年份贵溪市耕地质量监测点分别为 5 个、8 个、8 个、8 个、8 个，其各点位综合耕地质量等级 2016—2019 年均为 3 等，2020 年升为 2 等（图 8-21）；2016—2020 年 5 个年份余江区耕地质量监测点分别为 7 个、7 个、7 个、7 个、6 个，其各点位综合耕地质量等级 2017 年为 3 等，2016 和 2019 年为 2 等，2020 年为 1 等；2019 和 2020 年月湖区耕地质量监测点分别为 2 个、1 个，但存在部分年份没有数据，其各点位综合耕地质量等级在 2020 年为 1 等（图中未显示）。

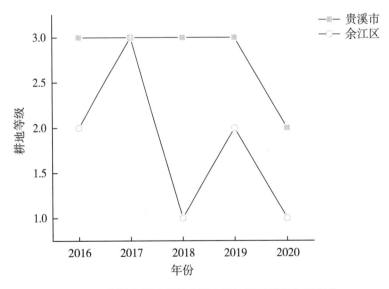

图 8-21 鹰潭市耕地质量监测点耕地质量等级年度变化

第九章 萍乡市监测点作物产量及土壤性质

9.1 萍乡市监测点情况介绍

萍乡市主要包括国家级监测点（芦溪县、湘东区），省级监测点（上栗县长平乡、鸡冠山乡、桐木镇、彭高镇、东源乡；芦溪县宣风镇、芦溪镇、源南乡、万龙山乡；莲花县神泉乡、三板桥乡、良坊镇、路口镇、六市乡；湘东区东桥镇、排上乡、广寒乡、老关镇、荷尧乡）、市（县）级监测点（芦溪县银河镇、宣风镇、芦溪镇、南坑镇、上埠镇、新泉乡、张佳坊乡；安源区五陂镇、青山镇、高坑镇）共 41 个监测点。

9.1.1 萍乡市国家级耕地质量监测点情况介绍

（1）**萍乡市芦溪县国家级监测点** 代码为 360272，建点于 2009 年，位于芦溪县银河镇敖家坊村，东经 114°05′39″，北纬 27°40′36″，由当地农户管理；常年降水量 1 546 mm，常年有效积温 5 450 ℃，常年无霜期 276 d，海拔高度 102 m，地下水深 1 m，无障碍因素，耕地地力水平高，满足灌溉能力，排水能力强，农业区划分属于长江中下游区，一年三熟，作物类型为油-稻-稻；成土母质为河湖沉积物，土类为水稻土，亚类为潴育型水稻土，土属为潮泥田，土种为潮砂泥田；质地构型为上紧下松型，生物多样性一般，农田林网化程度低，土壤养分状况为最佳水平，无盐渍化。土壤剖面理化性状如下。

耕作层：0~17 cm，灰褐色，块状，松，土壤容重为 1.14 g/cm³，多稻根，质地为砂质黏壤土，pH 4.7，有机质含量为 43.0 g/kg，全氮含量为 1.31 g/kg，全磷含量为 1.194 g/kg，全钾含量为 33.12 g/kg，阳离子交换量为 5.3 cmol/kg。

犁底层：17~36 cm，青灰色，块状，较紧，土壤容重为 1.42 g/cm³，少量稻根，质地为黏壤土，pH 5.0，有机质含量为 30.6 g/kg，全氮含量为 0.63 g/kg，全磷含量为 1.354 g/kg，全钾含量为 20.40 g/kg，阳离子交换量为 9.8 cmol/kg。

潴育层 1：36~56 cm，浅黄褐色，柱状，较松，土壤容重为 1.51 g/cm³，少量稻根，质地为壤质黏土，pH 5.4，有机质含量为 25.5 g/kg，全氮含量为 0.64 g/kg，全磷含量为 0.531 g/kg，全钾含量为 20.96 g/kg，阳离子交换量为 8.3 cmol/kg。

潴育层 2：56~100 cm，黄褐色，棱柱状，较松，土壤容重为 1.52 g/cm³，质地为壤质黏土，pH 5.1，有机质含量为 19.2 g/kg，全氮含量为 0.47 g/kg，全磷含量为 0.894 g/kg，全钾含量为 9.07 g/kg，阳离子交换量为 7.0 cmol/kg。

（2）萍乡市湘东区国家级监测点　代码为 361463，建点于 2016 年，东经 113°35′45″，北纬 27°23′18″，由当地农户管理；土类为水稻土，亚类为潴育型水稻土，土属为紫泥田，土种为灰紫泥田；一年一熟，作物类型为单季稻。

9.1.2　萍乡市省级耕地质量监测点情况介绍

9.1.2.1　上栗县

（1）萍乡市上栗县长平乡蕉源村省级监测点　代码为 360322JC20082，建点于 2008 年，东经 113°47′28″，北纬 27°44′15″，由当地农户管理；土类为水稻土，亚类为潴育型水稻土，土属为潴育型鳝泥田；一年两熟，作物类型为油-稻。

（2）萍乡市上栗县长平乡佳能村省级监测点　代码为 360322JC20122，建点于 2012 年，东经 113°54′49″，北纬 27°41′57″，由当地农户管理；土类为水稻土，亚类为潴育型水稻土，土属为潴育型潮泥田，土种为灰潮砂泥田。

（3）萍乡市上栗县鸡冠山乡鸡冠山村省级监测点　代码为 360322JC20084，建点于 2008 年，东经 113°51′52″，北纬 27°52′40″，由当地农户管理；土类为水稻土，亚类为潴育型水稻土，土属为潴育型潮砂泥田，土种为潴育型乌潮砂泥田；一年两熟，作物类型为油-稻。

（4）萍乡市上栗县鸡冠山乡鸡冠村省级监测点　代码为 360322JC20124，建点于 2012 年，东经 113°51′52″，北纬 27°52′40″，由当地农户管理；土类为水稻土，亚类为潴育型水稻土，土属为潴育型黄泥田，土种为灰黄砂泥田。

（5）萍乡市上栗县桐木镇荆坪村省级监测点　代码为 360322JC20085，建点于 2008 年，东经 113°54′28″，北纬 27°56′10″，由当地农户管理；土类为水稻土，亚类为潴育型水稻土，土属为潴育型潮砂泥田，土种为潴育型乌潮砂泥田；一年两熟，作物类型为双季稻。

（6）萍乡市上栗县桐木镇荆坪村省级监测点　代码为 360322JC20188，建点于 2012 年，东经 113°54′15″，北纬 27°56′15″，由当地农户管理；土类为水稻土，亚类为潴育型水稻土。

（7）萍乡市上栗县彭高镇华源村省级监测点　代码为 360322JC20161，建点于 2016 年，东经 113°52′28″，北纬 27°59′30″，由当地农户管理；土类为水稻土，亚类为潴育型水稻土，土属为潴育型潮砂泥田，土种为潴育灰潮砂泥田；一年一熟，作物类型为单季稻。

（8）萍乡市上栗县彭高镇华源村省级监测点　代码为 360322JC20161，建点于 2016 年，东经 113°52′29″，北纬 27°42′12″，由当地农户管理；土类为水稻土，亚类为潜育型水稻土，土属为潜育型潮砂泥田，土种为表潜灰潮砂泥田；一年一熟，作物类型为单季稻。

（9）萍乡市上栗县彭高镇华源村省级监测点　代码为 360322JC20163，建点于 2016 年，东经 113°87′47″，北纬 27°70′33″，由当地农户管理；土类为水稻土，亚类为潴育型水稻土，土属为潴育型潮泥田，土种为乌潮泥田。

（10）萍乡市上栗县东源乡羊子村省级监测点　代码为 360322JC20181，建点于 2018 年，东经 113°95′75″，北纬 27°77′52″，由当地农户管理；土类为水稻土，亚类为潴育型水稻土，土属为潮泥田，土种为灰潮泥田。

（11）**萍乡市上栗县东源乡羊子村省级监测点**　代码为 360322JC20183，建点于 2018 年，东经 113°57′27″，北纬 27°46′31″，由当地农户管理；土类为水稻土，亚类为潴育型水稻土，土属为潴育型潮砂泥田，土种为潴育型灰潮砂泥田；一年一熟，作物类型为单季稻。

9.1.2.2　芦溪县

（1）**萍乡市芦溪县宣风镇京口村省级监测点**　代码为 360323JC20092，建点于 2009 年，东经 114°08′15″，北纬 27°48′07″，由当地农户管理；土类为水稻土，亚类为潴育型水稻土，土属为潴育型黄泥田，土种为中潴灰黄泥田；一年一熟，作物类型为单季稻。

（2）**萍乡市芦溪县芦溪镇年丰村省级监测点**　代码为 360323JC20093，建点于 2009 年，东经 114°02′54″，北纬 27°39′05″，由当地农户管理；土类为水稻土，亚类为潴育型水稻土，土属为潴育型潮砂泥田，土种为中潴灰潮砂泥田；一年一熟，作物类型为单季稻。

（3）**萍乡市芦溪县源南乡南溪村省级监测点**　代码为 360323JC20094，建点于 2009 年，东经 114°10′24″，北纬 27°40′23″，由当地农户管理；土类为水稻土，亚类为潴育型水稻土，土属为潴育型黄泥田，土种为中潴灰黄泥田；一年一熟，作物类型为单季稻。

（4）**萍乡市芦溪县万龙山乡东坑村省级监测点**　代码为 360323JC20095，建点于 2009 年，东经 114°09′47″，北纬 27°35′49″，由当地农户管理；土类为水稻土，亚类为潜育型水稻土，土属为潜育型潮砂泥田，土种为全潜灰潮砂泥田；一年一熟，作物类型为单季稻。

9.1.2.3　莲花县

（1）**萍乡市莲花县神泉乡五洲村省级监测点**　代码为 360321JC20122，建点于 2012 年，东经 113°55′00″，北纬 27°03′41″，由当地农户管理；土类为水稻土，亚类为潴育型水稻土，土属为红黄泥田，土种为中潴灰红黄泥田；一年一熟，作物类型为单季稻。

（2）**萍乡市莲花县三板桥乡清水村省级监测点**　代码为 360321JC20181，建点于 2018 年，东经 113°54′34″，北纬 26°59′38″，由当地农户管理；土类为水稻土，亚类为潴育型水稻土，土属为红黄泥田，土种为中潴灰红黄泥田；一年一熟，作物类型为单季稻。

（3）**萍乡市莲花县良坊镇新田村省级监测点**　代码为 360321JC20182，建点于 2018 年，东经 114°02′31″，北纬 27°13′34″，由当地农户管理；土类为水稻土，亚类为潴育型水稻土，土属为红黄泥田，土种为中潴灰红黄泥田；一年一熟，作物类型为单季稻。

（4）**萍乡市莲花县路口镇路口村省级监测点**　代码为 360321JC20183，建点于 2018 年，东经 114°06′51″，北纬 27°17′00″，由当地农户管理；土类为水稻土，亚类为潴育型水稻土，土属为红黄泥田，土种为中潴灰红黄泥田；一年一熟，作物类型为单季稻。

（5）**萍乡市莲花县六市乡西坑村省级监测点**　代码为 360321JC20184，建点于 2018 年，东经 113°52′04″，北纬 27°19′19″，由当地农户管理；土类为水稻土，亚类为潴育型水稻土，土属为石灰泥田，土种为中潴乌石灰泥田；一年一熟，作物类型为单季稻。

9.1.2.4　湘东区

（1）**萍乡市湘东区东桥镇东桥村省级监测点**　代码为 360313JC20181，建点于 2018

年，东经113°39′43″，北纬27°26′09″，由当地农户管理；土类为水稻土，亚类为潴育型水稻土，土属为潴育型鳝泥田，土种为潴育型乌鳝泥田；一年一熟，作物类型为单季稻。

（2）萍乡市湘东区排上乡荷塘村省级监测点　代码为360313JC20182，建点于2018年，东经113°39′07″，北纬27°32′56″，由当地农户管理；土类为水稻土，亚类为潴育型水稻土，土属为潴育型砂泥田，土种为潴育型灰黄砂泥田；一年一熟，作物类型为单季稻。

（3）萍乡市湘东区广寒乡郊溪村省级监测点　代码为360313JC20183，建点于2018年，东经113°43′51″，北纬27°25′56″，由当地农户管理；土类为水稻土，亚类为潴育型水稻土，土属为潴育型鳝泥田，土种为潴育型灰鳝泥田；一年一熟，作物类型为单季稻。

（4）萍乡市湘东区老关镇二鲤村省级监测点　代码为360313JC20184，建点于2018年，东经113°36′43″，北纬27°34′34″，由当地农户管理；土类为水稻土，亚类为潴育型水稻土，土属为潴育型紫泥田，土种为潴育型灰紫泥田；一年一熟，作物类型为单季稻。

（5）萍乡市湘东区荷尧乡太义村省级监测点　代码为360313JC20185，建点于2018年，东经113°40′26″，北纬27°40′31″，由当地农户管理；土类为水稻土，亚类为潴育型水稻土，土属为潴育型鳝泥田，土种为潴育型灰鳝泥田；一年一熟，作物类型为单季稻。

9.1.3　萍乡市市（县）级耕地质量监测点情况介绍

9.1.3.1　芦溪县

（1）萍乡市芦溪县银河镇何家圳村县级监测点　代码为LXXJ201701，建点于2017年，东经114°05′03″，北纬27°42′05″，由当地农户管理；土类为水稻土，亚类为潴育型水稻土，土属为潴育型黄泥田，土种为中潴灰黄泥田。

（2）萍乡市芦溪县银河镇教家村县级监测点　代码为LXXJC201703，建点于2017年，东经114°05′50″，北纬27°40′41″，由当地农户管理；土类为水稻土，亚类为潴育型水稻土，土属为潴育型潮砂泥田，土种为中潴乌潮砂泥田。

（3）萍乡市芦溪县银河镇墨溪村县级监测点　代码为LXXJC201704，建点于2017年，东经114°03′51″，北纬27°41′52″，由当地农户管理；土类为水稻土，亚类为潜育型水稻土，土属为潜育型灰黄泥田，土种为弱潜灰黄泥田。

（4）萍乡市芦溪县银河镇墨溪村县级监测点　代码为LXXJC201705，建点于2017年，东经114°07′56″，北纬27°41′26″，由当地农户管理；土类为水稻土，亚类为潴育型水稻土，土属为潴育型黄泥田，土种为中潴灰黄泥田。

（5）萍乡市芦溪县宣风镇京口村县级监测点　代码为LXXJC201707，建点于2017年，东经114°08′15″，北纬27°48′07″，由当地农户管理；土类为水稻土，亚类为潴育型水稻土，土属为潴育型黄泥田，土种为潴育型灰黄泥田。

（6）萍乡市芦溪县宣风镇京口村县级监测点　代码为LXXJC201708，建点于2017年，东经114°05′44″，北纬27°40′45″，由当地农户管理；土类为水稻土，亚类为潴育型水稻土，土属为潴育型黄泥田，土种为中潴灰黄泥田。

（7）萍乡市芦溪县芦溪镇林家坊村县级监测点　代码为LXXJC201709，建点于2017年，东经114°04′34″，北纬27°40′45″，由当地农户管理；土类为水稻土，亚类为潴育型水稻土，土属为潴育型黄泥田，土种为中潴灰黄泥田。

　　（8）萍乡市芦溪县南坑镇大岭村县级监测点　代码为 LXXJC201710，建点于 2017 年，东经 113°59′07″，北纬 27°34′43″，由当地农户管理；土类为水稻土，亚类为潴育型水稻土，土属为潴育型红黄泥田，土种为中潴灰红黄泥田。

　　（9）萍乡市芦溪县上埠镇涣山村县级监测点　代码为 LXXJC201711，建点于 2017 年，东经 113°59′37″，北纬 27°36′19″，由当地农户管理；土类为水稻土，亚类为潴育型水稻土，土属为潴育型黄泥田，土种为中潴灰黄泥田。

　　（10）萍乡市芦溪县新泉乡檀树下村县级监测点　代码为 LXXJC201712，建点于 2017 年，东经 114°04′18″，北纬 27°32′11″，由当地农户管理；土类为水稻土，亚类为潴育型水稻土，土属为潴育型麻砂泥田，土种为弱潴乌麻砂泥田。

　　（11）萍乡市芦溪县张佳坊乡杨家田村县级监测点　代码为 LXXJ201715，建点于 2017 年，东经 114°02′04″，北纬 27°31′55″，由当地农户管理；土类为水稻土，亚类为潴育型水稻土，土属为潴育型麻砂泥田，土种为弱潴乌麻砂泥田。

9.1.3.2　安源区

　　（1）萍乡市安源区五陂镇大田村县级监测点　代码为 360302JC20191，建点于 2019 年，东经 113°50′46″，北纬 27°34′40″，由当地农户管理；土类为水稻土，亚类为潴育型水稻土，土属为潴育型水稻土，土种为潴育型砂泥田。

　　（2）萍乡市安源区青山镇温盘村县级监测点　代码为 360302WP20201，建点于 2020 年，东经 113°46′56″，北纬 27°41′13″，由当地农户管理；土类为水稻土，亚类为潴育型水稻土。

　　（3）萍乡市安源区高坑镇楠木村县级监测点　代码为 360302JC20192，建点于 2019 年，东经 113°59′26″，北纬 27°41′27″，由当地农户管理；土类为水稻土，亚类为潴育型水稻土，土属为潴育型紫泥田，土种为潴育型灰紫泥田。

9.2　萍乡市各监测点作物产量

9.2.1　单季稻产量年际变化（2016—2020）

　　2016—2020 年 5 个年份萍乡市常规施肥、无肥处理的单季稻分别有 5 个、5 个、18 个、21 个和 18 个监测点。由于每年都有新增或减少的监测点位，且同一监测点位的稻作制度不完全相同，因此不同年份之间监测点位数量不同。

　　2016—2020 年 5 个年份的无肥处理萍乡市单季稻年均产量分别为 404.58 kg/亩、360.37 kg/亩、342.12 kg/亩、335.36 kg/亩和 327.97 kg/亩；常规施肥处理的单季稻年均产量分别为 570.08 kg/亩、567.02 kg/亩、550.89 kg/亩、522.47 kg/亩和 511.69 kg/亩（图 9-1）。相较于无肥处理，常规施肥 2016—2020 年 5 个年份单季稻的年均产量分别提高了 40.91%、57.34%、61.02%、55.79%、56.02%。

　　从图 9-2 可以看出，2016—2020 年无肥处理单季稻的平均产量为 341.84 kg/亩，常规施肥处理的单季稻平均产量为 535.08 kg/亩。相较于无肥处理，常规施肥处理单季稻的平均产量提高了 56.53%，这表明相较于不施肥的处理，常规施肥处理可以显著提高单季稻产量。

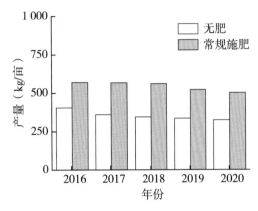

图 9-1 萍乡市耕地质量监测点常规施肥、
无肥处理对单季稻产量的影响

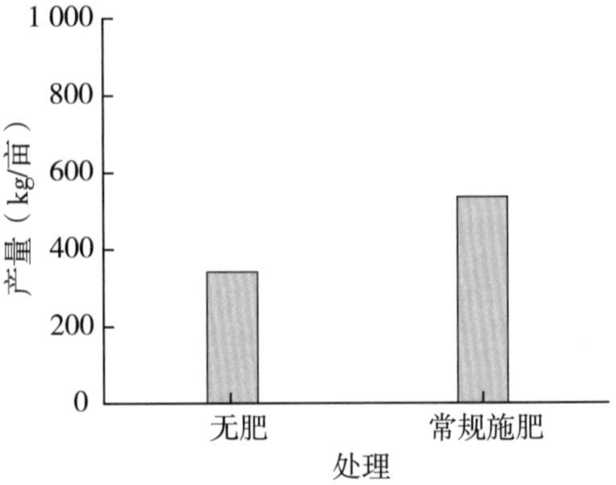

图 9-2 萍乡市耕地质量监测点 2016—2020 年
常规施肥、无肥处理下的单季稻平均产量

9.2.2 双季稻产量年际变化（2016—2020）

2017—2020 年 4 个年份萍乡市常规施肥、无肥处理的双季稻分别有 5 个、7 个、6 个和 1 个监测点，2016 年萍乡市无种植双季稻的监测点。由于每年都有新增或减少的监测点位，且同一监测点位的稻作制度不完全相同，因此不同年份之间监测点位数量不同。本书仅收集到 2018 年和 2019 年的部分数据。

9.2.2.1 早稻产量年际变化（2016—2020）

2018—2019 年两个年份萍乡市无肥处理的早稻年均产量分别为 384.50 kg/亩、372.00 kg/亩，常规施肥处理的早稻年均产量分别为 458.00 kg/亩、474.00 kg/亩（图 9-3）。相较于无肥处理，常规施肥处理两个年份的早稻年均产量分别提高了 19.12%、27.42%。

从图 9-4 可以看出，2018—2019 年萍乡市耕地质量监测点无肥处理的早稻年均产量为 378.25 kg/亩，常规施肥处理早稻年均产量为 466.00 kg/亩。相较于无肥处理，常规施肥处理 2018—2019 年萍乡市耕地质量监测点的早稻年均产量提高了 23.20%，这表

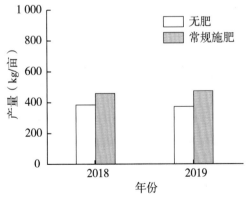

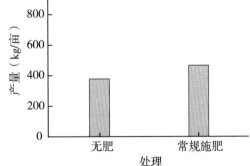

图 9-3 萍乡市耕地质量监测点常规施肥、
无肥处理对早稻产量的影响

图 9-4 萍乡市耕地质量监测点 2018—2019 年
常规施肥、无肥处理下的早稻平均产量

明常规施肥处理能够显著提高早稻的产量。

9.2.2.2　晚稻产量年际变化（2016—2020）

萍乡市 2018—2019 年两个年份无肥处理的晚稻年均产量分别为 382.00 kg/亩、364.00 kg/亩，常规施肥处理的晚稻年均产量分别为 440.00 kg/亩、442.00 kg/亩（图9-5）。相较于无肥处理，常规施肥处理两个年份的早稻年均产量分别提高了 15.18%、21.43%。

从图 9-6 可以看出，2018—2019 年萍乡市耕地质量监测点无肥处理的晚稻平均产量为 373.00 kg/亩，常规施肥处理的晚稻平均产量为 441.00 kg/亩。相较于无肥处理，常规施肥处理 2018—2019 年萍乡市耕地质量监测点的晚稻产量提高了 18.23%，这表明常规施肥处理能够显著提高晚稻的产量。

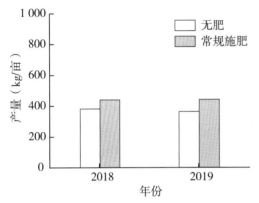

图 9-5　萍乡市耕地质量监测点常规施肥、 无肥处理对晚稻产量的影响	图 9-6　萍乡市耕地质量监测点 2018—2019 年 常规施肥、无肥处理下的晚稻平均产量

9.2.2.3　双季稻产量年际变化（2016—2020）

萍乡市 2018—2019 两个年份无肥处理的双季稻年均产量分别为 766.50 kg/亩、736.00 kg/亩，常规施肥处理下的双季稻年均产量分别为 898.00 kg/亩、916.00 kg/亩（图9-7）。相较于无肥处理，常规施肥处理两个年份的双季稻年均产量分别提高了 17.16%、24.46%。

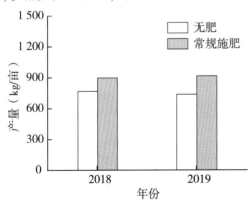
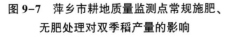
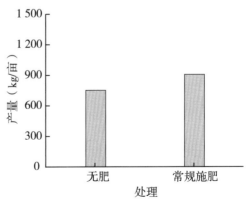

图 9-7　萍乡市耕地质量监测点常规施肥、 无肥处理对双季稻产量的影响	图 9-8　萍乡市耕地质量监测点 2018—2019 年 常规施肥、无肥处理下的双季稻平均产量

从图 9-8 可以看出，2018—2019 年萍乡市耕地质量监测点无肥处理的双季稻平均产量为 751.25 kg/亩，常规施肥处理的双季稻平均产量为 907.00 kg/亩。相较于无肥处理，常规施肥处理 2018—2019 年萍乡市耕地质量监测点的双季稻产量提高了 20.73%，这表明常规施肥处理能够显著提高双季稻的产量。

9.3　萍乡市各监测点土壤性质

萍乡市位于东经 113°35′~114°17′，北纬 26°57′~28°01′，江西省西部，东与宜春市、南与萍乡市、西与湖南省株洲市、北与湖南省浏阳市接壤。本节汇总了萍乡市 2016—2020 年各级耕地质量监测点的土壤理化性质，明确了萍乡市常规施肥及无肥条件下土壤理化性质的差异。

2016—2019 年 4 个年份萍乡市长期定位监测点分别有 5 个、10 个、21 个、32 个，2020 年又增至 41 个监测点。

9.3.1　土壤 pH 变化

2016—2020 年 5 个年份萍乡市无肥处理的土壤 pH 分别为 5.64、5.77、5.84、5.86 和 6.33，常规施肥处理的土壤 pH 分别为 5.74、5.81、5.85、5.89 和 6.28（图 9-9）。与 2016 年的土壤 pH 相比，2017—2020 年 4 个年份无肥处理的土壤 pH 分别增加了 0.13、0.20、0.22 和 0.69 个单位；常规施肥处理的土壤 pH 分别增加了 0.07、0.11、0.15 和 0.54 个单位。相较于无肥处理，2016—2020 年 5 个年份常规施肥处理的 pH 分别增加了 0.10、0.04、0.01、0.03 和 -0.05 个单位。

从图 9-10 可以看出，萍乡市耕地质量监测点 2016—2020 年无肥处理的 pH 平均值为 5.89，而常规施肥处理的 pH 平均值为 5.92。相较于无肥处理，2016—2020 年常规施肥处理的 pH 平均值增加了 0.03 个单位。

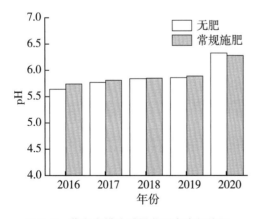

图 9-9　萍乡市耕地质量监测点常规施肥、无肥处理对土壤 pH 的影响

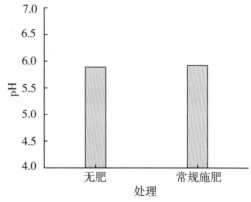

图 9-10　萍乡市耕地质量监测点 2016—2020 年常规施肥、无肥处理下土壤 pH 的平均值

9.3.2　土壤有机质年际变化

2016—2020 年 5 个年份萍乡市无肥处理的土壤有机质分别为 21.36 g/kg、25.04 g/kg、31.09 g/kg、31.21 g/kg 和 42.07 g/kg，常规施肥处理的土壤有机质分别为 30.68 g/kg、33.63 g/kg、34.02 g/kg、36.77 g/kg 和 43.30 g/kg（图 9-11）。与 2016 年的相比，2017 2020 年 4 个年份无肥处理的土壤有机质分别增加了 17.23%、45.55%、56.11% 和 96.96%；常规施肥处理的土壤有机质分别增加了 9.62%、10.89%、19.85% 和 41.13%。相较于无肥处理，2016—2020 年 5 个年份常规施肥处理的土壤有机质分别增加了 43.63%、34.31%、9.42%、17.81% 和 2.92%。

从图 9-12 可以看出，萍乡市耕地质量监测点 2016—2020 年无肥处理的土壤有机质平均值为 30.15 g/kg，而常规施肥处理土壤有机质的平均值为 35.68 g/kg。相较于无肥处理，常规施肥处理下 2016—2020 年土壤有机质的平均值增加了 18.34%。

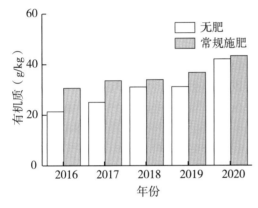 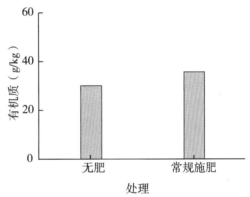

图 9-11　萍乡市耕地质量监测点常规施肥、　　　图 9-12　萍乡市耕地质量监测点 2016—2020 年
无肥处理对土壤有机质的影响　　　　　　　　常规施肥、无肥处理下土壤有机质的平均值

9.3.3　土壤全氮年际变化

2018—2020 年 3 个年份萍乡市无肥处理的土壤全氮分别为 1.54 g/kg、2.83 g/kg 和 2.61 g/kg，常规施肥处理的土壤全氮分别为 2.60 g/kg、2.57 g/kg 和 2.75 g/kg（图 9-13）。与 2018 年的相比，2019 年和 2020 年无肥处理的土壤全氮分别增加了 83.77% 和 69.48%；常规施肥处理的土壤全氮分别增加了 -1.15% 和 5.77%。相较于无肥处理，2018—2020 年 3 个年份常规施肥处理的土壤全氮分别增加了 68.83%、-9.19% 和 5.36%。

从图 9-14 可以看出，萍乡市耕地质量监测点 2018—2020 年无肥处理的土壤全氮平均值为 2.33 g/kg，而常规施肥处理土壤全氮的平均值为 2.64 g/kg。相较于无肥处理，常规施肥处理下 2016—2020 年土壤全氮的平均值增加了 13.30%。

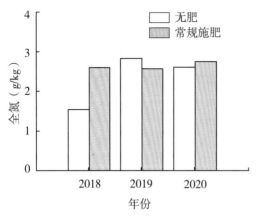 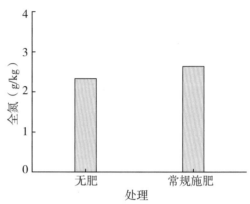

图 9-13 萍乡市耕地质量监测点常规施肥、
无肥处理对土壤全氮的影响

图 9-14 萍乡市耕地质量监测点 2018—2020 年
常规施肥、无肥处理下土壤全氮的平均值

9.3.4 土壤碱解氮年际变化

2016—2020 年 5 个年份萍乡市无肥处理的土壤碱解氮分别为 105.60 mg/kg、90.41 mg/kg、119.72 mg/kg、129.36 mg/kg 和 175.17 mg/kg，常规施肥处理的土壤碱解氮分别为 242.80 mg/kg、208.34 mg/kg、170.50 mg/kg、199.41 mg/kg 和 209.42 mg/kg（图 9-15）。与 2016 年的相比，2017—2020 年 4 个年份无肥处理的土壤碱解氮分别降低增加了 -14.38%、13.37%、22.50% 和 65.88%；常规施肥处理的土壤碱解氮分别减少了 14.19%、29.78%、17.87% 和 13.75%。相较于无肥处理，2016—2020 年 5 个年份常规施肥处理的土壤碱解氮分别增加了 129.92%、130.44%、42.42%、54.15% 和 19.55%。

从图 9-16 可以看出，萍乡市耕地质量监测点 2016—2020 年无肥处理的土壤碱解氮平均值为 124.05 mg/kg，而常规施肥处理土壤碱解氮的平均值为 206.09 mg/kg。相较于无肥处理，常规施肥处理 2016—2020 年土壤碱解氮的平均值增加了 66.13%。

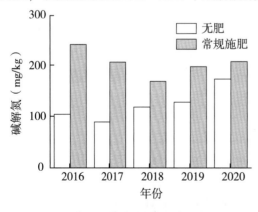
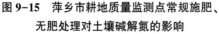
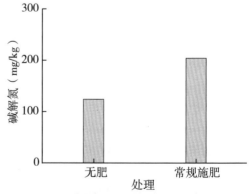

图 9-15 萍乡市耕地质量监测点常规施肥、
无肥处理对土壤碱解氮的影响

图 9-16 萍乡市耕地质量监测点 2016—2019 年
常规施肥、无肥处理下土壤碱解氮的平均值

9.3.5　土壤有效磷年际变化

2016—2020 年 5 个年份萍市乡无肥处理的土壤有效磷分别为 20.54 mg/kg、14.57 mg/kg、18.26 mg/kg、12.89 mg/kg 和 18.39 mg/kg，常规施肥处理的土壤有效磷分别为 48.60 mg/kg、33.09 mg/kg、27.14 mg/kg、16.11 mg/kg 和 23.25 mg/kg（图 9-17）。与 2016 年的相比，2017—2020 年 4 个年份无肥处理的土壤有效磷分别减少了29.07%、11.10%、37.24%和 10.47%；常规施肥处理的土壤有效磷分别减少了31.91%、44.16%、66.85%和 52.16%。相较于无肥处理，2016—2020 年 5 个年份常规施肥处理的土壤有效磷分别增加了 136.61%、127.11%、48.63%、24.98%和 26.43%。

从图 9-18 可以看出，萍乡市耕地质量监测点 2016—2020 年无肥处理的土壤有效磷平均值为 16.93 mg/kg，而常规施肥处理土壤有效磷的平均值为 24.21 mg/kg。相较于无肥处理，常规施肥处理 2016—2020 年土壤有效磷的平均值增加了 43.00%。

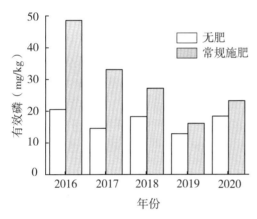

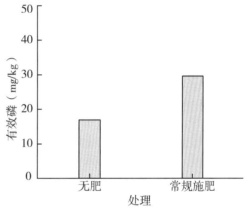

图 9-17　萍乡市耕地质量监测点常规施肥、无肥处理对土壤有效磷的影响　　图 9-18　萍乡市耕地质量监测点 2016—2020 年常规施肥、无肥处理下土壤有效磷的平均值

9.3.6　土壤速效钾年际变化

2016—2020 年 5 个年份萍乡市无肥处理的土壤速效钾分别为 75.40 mg/kg、53.50 mg/kg、65.38 mg/kg、88.50 mg/kg 和 93.53 mg/kg，常规施肥处理的土壤速效钾分别为 152.00 mg/kg、118.75 mg/kg、97.50 mg/kg、111.55 mg/kg 和 80.74 mg/kg（图 9-19）。与 2016 年的相比，2017—2020 年 4 个年份无肥处理的土壤速效钾分别增加了-29.05%、-13.29%、17.37%和 24.05%；常规施肥处理的土壤速效钾分别减少了21.88%、35.86%、26.61%和 46.88%。相较于无肥处理，2016—2020 年 5 个年份常规施肥处理的土壤速效钾分别增加了 101.59%、121.96%、49.13%、26.05%和-13.67%。

从图 9-20 可以看出，萍乡市耕地质量监测点 2016—2020 年无肥处理的土壤速效钾平均值为 75.26 mg/kg，而常规施肥处理土壤速效钾的平均值为 112.11 mg/kg。相较于无肥处理，常规施肥处理 2016—2020 年土壤速效钾的平均值增加了 48.96%。

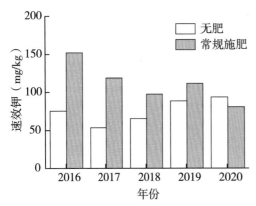
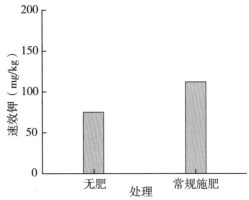

图 9-19 萍乡市耕地质量监测点常规施肥、
无肥处理对土壤速效钾的影响

图 9-20 萍乡市耕地质量监测点 2016—2020 年
常规施肥、无肥处理下土壤速效钾的平均值

9.3.7 土壤缓效钾年际变化

2018—2020 年 3 个年份萍乡市无肥处理的土壤缓效钾分别为 89.00 mg/kg、162.88 mg/kg 和 237.22 mg/kg，常规施肥处理的土壤缓效钾分别为 104.00 mg/kg、163.93 mg/kg 和 248.29 mg/kg（图 9-21）。与 2018 年的相比，2019—2020 年无肥处理的土壤缓效钾分别增加了 83.01% 和 166.54%；常规施肥处理的土壤缓效钾分别增加了 57.63% 和 138.74%。相较于无肥处理，2018—2020 年 3 个年份常规施肥处理的土壤缓效钾分别增加了 16.85%、0.64% 和 4.67%。

从图 9-22 可以看出，萍乡市耕地质量监测点 2018—2020 年无肥处理的土壤缓效钾平均值为 163.03 mg/kg，而常规施肥处理土壤缓效钾的平均值为 172.07 mg/kg。相较于无肥处理，常规施肥处理下 2018—2020 年土壤缓效钾的平均值增加了 5.54%。

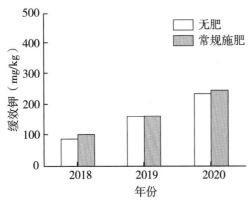
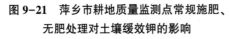
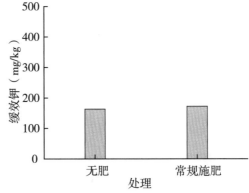

图 9-21 萍乡市耕地质量监测点常规施肥、
无肥处理对土壤缓效钾的影响

图 9-22 萍乡市耕地质量监测点 2018—2020 年
常规施肥、无肥处理下土壤缓效钾的平均值

9.3.8　耕层厚度及土壤容重

2016—2020 年 5 个年份萍乡市无肥处理的土壤耕层厚度分别为 20.00 cm、20.00 cm、19.45 cm、20.00 cm 和 19.70 cm，常规施肥处理的土壤耕层厚度分别为 20.00 cm、20.00 cm、19.19 cm、19.47 cm 和 20.23 cm（表 9-1）。与 2016 年的相比，2017—2020 年 4 个年份无肥处理的土壤耕层厚度分别增加了 0.00 cm、-0.55 cm、0.00 cm 和-0.30 cm；常规施肥处理的土壤耕层厚度分别增加了 0.00 cm、-0.81 cm、-0.53 cm 和 0.23 cm。相较于无肥处理，2016—2020 年 5 个年份常规施肥处理的土壤耕层厚度分别增加了 0.00 cm、0.00 cm、-0.26 cm、-0.53 cm 和 0.40 cm。

从表 9-1 可以看出，萍乡市耕地质量监测点 2016—2020 年无肥处理的土壤耕层厚度平均值为 19.83 cm，而常规施肥处理土壤耕层厚度的平均值为 19.78 cm。相较于无肥处理，常规施肥处理 2016—2020 年土壤耕层厚度的平均值减少了 0.05 cm。

表 9-1　萍乡市耕地质量监测点 2016—2020 年常规施肥、无肥处理的土壤耕层厚度

单位：cm

年份	无肥处理	常规施肥处理
2016	20.00	20.00
2017	20.00	20.00
2018	19.45	19.19
2019	20.00	19.47
2020	19.70	20.23
平均	19.83	19.78

2018—2020 年 3 个年份萍乡市无肥处理的土壤容重分别为 1.26 g/cm^3、1.27 g/cm^3 和 1.28 g/cm^3，常规施肥处理的土壤容重分别为 1.54 g/cm^3、1.35 g/cm^3 和 1.36 g/cm^3（表 9-2）。与 2018 年的相比，2019 年和 2020 年无肥处理的土壤容重分别增加了 0.79% 和 1.59%；常规施肥处理的土壤容重分别减少了 12.34% 和 11.69%。相较于无肥处理，2018—2020 年 3 个年份常规施肥处理的土壤容重分别增加了 22.22%、6.30% 和 6.25%。

从表 9-2 可以看出，萍乡市耕地质量监测点 2016—2020 年无肥处理的土壤容重平均值为 1.27 g/cm^3，而常规施肥处理土壤容重的平均值为 1.42 g/cm^3。相较于无肥处理，常规施肥处理 2018—2020 年土壤容重的平均值增加了 11.81%。

表 9-2　萍乡市耕地质量监测点 2016—2020 年常规施肥、无肥处理的土壤容重

单位：g/cm^3

年份	无肥处理	常规施肥处理
2018	1.26	1.54
2019	1.27	1.35

（续表）

年份	无肥处理	常规施肥处理
2020	1.28	1.36
平均	1.27	1.42

9.3.9 土壤理化性状小结

2016—2020 年萍乡市耕地质量监测点无肥处理的土壤 pH 为 5.33~5.86，常规施肥处理的土壤 pH 为 5.74~6.28，均为酸性和弱酸性土壤；耕地质量监测点无肥处理的土壤有机质为 21.36~42.07 g/kg，常规施肥处理的土壤有机质为 30.68~43.30 g/kg，均为二级至一级；耕地质量监测点无肥处理的土壤全氮为 2.60~2.75 g/kg，为一级，常规施肥处理的土壤全氮为 1.54~2.83 g/kg，为二级至一级；耕地质量监测点无肥处理的土壤碱解氮为 105.60~175.17 mg/kg，常规施肥处理的土壤碱解氮为 170.50~242.80 mg/kg；耕地质量监测点无肥处理的土壤有效磷为 14.57~23.25 mg/kg，为三级至二级，常规施肥处理的土壤有效磷为 18.39~48.60 mg/kg，为三级至一级；耕地质量监测点无肥处理的土壤速效钾为 53.50~93.53 mg/kg，为四级至三级，常规施肥处理的土壤速效钾为 80.74~118.75 mg/kg，为三级；耕地质量监测点无肥处理的土壤缓效钾为 89.00~237.22 mg/kg，常规施肥处理的土壤缓效钾为 104.00~248.29 mg/kg，均为五级至四级。

9.4 萍乡市各监测点耕地质量等级评价

萍乡市耕地质量监测点主要分布在安源区、莲花县、芦溪县、上栗县、湘东区 5 个县区（图 9-23）。2020 年安源区耕地质量监测点有 3 个，但该区缺少数据，故图中未

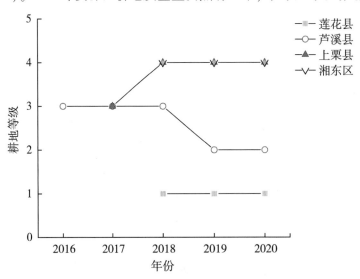

图 9-23 萍乡市耕地质量监测点耕地质量等级年度变化

显示；2018—2020 年莲花县耕地质量监测点均有 5 个，其各点位综合耕地质量等级 2018—2020 年均为 1 等；2016—2020 年芦溪县耕地质量监测点分别有 5 个、5 个、5 个、16 个、16 个，其各点位综合耕地质量等级 2016—2018 年为 3 等，2019 和 2020 年为 2 等；2017—2020 年上栗县耕地质量监测点分别有 5 个、5 个、5 个、11 个，其各点位综合耕地质量等级 2017 年为 3 等，2018—2020 年为 4 等；2018—2020 年湘东区耕地质量监测点均有 6 个，其各点位综合耕地质量等级 2018—2020 年均为 4 等。

第十章 新余市监测点作物产量及土壤性质

10.1 新余市监测点情况介绍

新余市主要有国家级监测点（渝水区）、省级监测点（渝水区南安乡、罗坊镇、人和乡、下村镇、珠珊镇；分宜县凤阳镇、杨桥镇、分宜镇、钤山镇）、市（县）级监测点（高新区水西镇、马洪办事处；仙女湖区河下镇、九龙乡、仰天岗办事处；分宜县湖泽镇、分宜镇、洞村乡、洋江镇；渝水区罗坊镇、姚圩镇、人和乡、南安乡、下村镇）共26个监测位点。

10.1.1 新余市国家级耕地质量监测点情况介绍

新余市渝水区国家级监测点 代码为360158，建点于1998年，位于渝水区下村镇南村，东经104°56′24″，北纬27°52′48″。2000年，由于城市建设土地被征用的原因，改到了水西镇丁下村委莫家，东经115°06′42″，北纬27°48′11″，由当地农户管理；常年降水量1 573 mm，常年有效积温5 700 ℃，常年无霜期283 d，海拔高度50 m，地下水深1 m，无障碍因素，耕地地力水平中等，满足灌溉能力，排水能力中等，农业区划分属于长江中下游区，一年两熟，作物类型为双季稻；成土母质为石英岩类风化物，土类为水稻土，亚类为潴育型水稻土，土属为黄砂泥田，土种为灰黄砂泥田。土壤剖面理化性状如下。

耕作层：0~15 cm，灰黄色，小块状，土壤容重为0.94 g/cm³，多新生体，质地为粉砂质壤土，pH 5.5，有机质含量为43.0 g/kg，全氮含量为2.70 g/kg，全磷含量为0.210 g/kg，全钾含量为12.80 g/kg。

犁底层：15~20 cm，黄棕色，块状，土壤容重为1.49 g/cm³，较少新生体，质地为粉砂质壤土，pH 7.6，有机质含量为22.0 g/kg，全氮含量为1.10 g/kg，全磷含量为0.180 g/kg，全钾含量为12.70 g/kg。

潴育层：20~40 cm，褐色，棱块状，土壤容重为1.68 g/cm³，无新生体，质地为粉砂质壤土，pH 6.5，有机质含量为6.0 g/kg，全氮含量为0.40 g/kg，全磷含量为0.160 g/kg，全钾含量为12.30 g/kg。

10.1.2 新余市省级耕地质量监测点情况介绍

10.1.2.1 渝水区

（1）**新余市渝水区南安乡荆兰村省级监测点** 代码为360502JC20081，建点于2008

年，东经115°16′36″，北纬27°48′46″，由当地农户管理，土类为水稻土，亚类为潴育型水稻土，土属为潴育型鳝泥田，土种为中潴鳝泥田；一年两熟，作物类型为双季稻。

（2）**新余市渝水区罗坊镇陂下村省级监测点** 代码为360502JC20082，建点于2008年，东经115°08′04″，北纬27°50′48″，由当地农户管理，土类为水稻土，亚类为潴育型水稻土，土属为潴育型黄泥田，土种为中潴黄泥田。

（3）**新余市渝水区人和乡田南村省级监测点** 代码为360502JC20083，建点于2008年，东经114°56′37″，北纬28°00′52″，由当地农户管理，土类为水稻土，亚类为潴育型水稻土，土属为潴育型石灰泥田，土种为中潴石灰泥田。

（4）**新余市渝水区下村镇下村村省级监测点** 代码为360502JC20084，建点于2008年，东经114°56′40″，北纬27°55′54″，由当地农户管理，土类为红壤，亚类为红壤，土属为黄砂泥土，土种为厚层灰黄砂泥土；作物类型为果树。

（5）**新余市渝水区珠珊镇洲下村省级监测点** 代码为360502JC20185，建点于2018年，东经114°59′21″，北纬27°47′10″，由当地农户管理，土类为水稻土，亚类为潴育型水稻土，土属为潴育型潮砂泥田，土种为中潴潮砂泥田；一年一熟，作物类型为单季稻。

10.1.2.2 分宜县

（1）**新余市分宜县凤阳镇礼堂村省级监测点** 代码为360521JC20181，建点于2018年，东经114°39′26″，北纬27°55′00″，由当地农户管理，土类为水稻土，亚类为潴育型水稻土，土属为鳝泥田，土种为乌鳝泥田；一年一熟，作物类型为单季稻。

（2）**新余市分宜县凤阳镇凤阳村省级监测点** 代码为360521JC20185，建点于2018年，东经114°39′05″，北纬27°51′43″，由当地农户管理，土类为水稻土，亚类为潴育型水稻土，土属为紫红泥田；一年两熟，作物类型为双季稻。

（3）**新余市分宜县杨桥镇泉邱村省级监测点** 代码为360521JC20182，建点于2018年，东经114°36′34″，北纬27°59′43″，由当地农户管理，土类为水稻土，亚类为潴育型水稻土，土属为紫红泥田；一年一熟，作物类型为单季稻。

（4）**新余市分宜县分宜镇界垦村省级监测点** 代码为360521JC20201，建点于2020年，东经114°42′14″，北纬27°49′31″，由于监测点被毁，所以在该地块重建，由当地农户管理，土类为水稻土，亚类为潴育型水稻土，土属为紫红泥田；一年一熟，作物类型为单季稻。

（5）**新余市分宜县钤山镇石枫村省级监测点** 代码为360521JC20184，建点于2018年，东经114°38′33″，北纬27°34′23″，由当地农户管理，土类为水稻土，亚类为潴育型水稻土，土属为鳝泥田，土种为灰鳝泥田；一年两熟，作物类型为双季稻。

10.1.3 新余市市（县）级耕地质量监测点情况介绍

10.1.3.1 高新区

（1）**新余市高新区水西镇停孜村市级监测点** 代码为360500JC20091，建点于2009年，东经115°00′31″，北纬27°46′16″，由当地农户管理，土类为水稻土，亚类为潴育型水稻土，土属为潴育型潮砂泥田，土种为中潴潮砂泥田；一年两熟，作物类型为双季稻。

（2）**新余市高新区马洪办事处堆甲村市级监测点**　代码为 360500JC20092，建点于 2009 年，东经 115°01′50″，北纬 27°54′51″，由当地农户管理，土类为水稻土，亚类为潴育型水稻土，土属为潴育型鳝泥田，土种为中潴鳝泥田；一年两熟，作物类型为双季稻。

10.1.3.2　仙女湖区

（1）**新余市仙女湖区河下镇礼泉村市级监测点**　代码为 360500JC20093，建点于 2009 年，东经 114°48′13″，北纬 27°46′21″，由当地农户管理，土类为水稻土，亚类为潴育型水稻土，土属为潴育型黄泥田，土种为强潴黄泥田；一年两熟，作物类型为双季稻。

（2）**新余市仙女湖区九龙乡昌梅村市级监测点**　代码为 360500JC20094，建点于 2009 年，东经 114°49′47″，北纬 27°38′34″，由当地农户管理，土类为水稻土，亚类为淹育型水稻土，土属为淹育型鳝泥田，土种为强淹鳝泥田；一年两熟，作物类型为双季稻。

（3）**新余市仙女湖区仰天岗办事处港背村市级监测点**　代码为 360500JC20095，建点于 2009 年，东经 114°51′26″，北纬 27°51′11″，由当地农户管理，土类为水稻土，亚类为潴育型水稻土，土属为潴育型黄泥田，土种为中潴黄泥田；一年两熟，作物类型为双季稻。

10.1.3.3　分宜县

（1）**新余市分宜县湖泽镇水川村县级监测点**　代码为 360521JC20091，建点于 2009 年，东经 114°43′22″，北纬 27°50′45″，由当地农户管理，土类为水稻土，亚类为潴育型水稻土，土属潴育型鳝泥田，土种为潴育型灰鳝泥田；一年两熟，作物类型为双季稻。

（2）**新余市分宜县分宜镇水东村县级监测点**　代码为 360521JC20092，建点于 2009 年，东经 114°37′29″，北纬 27°50′45″，由当地农户管理，土类为水稻土，亚类为潴育型水稻土，土属为潴育型鳝泥田，土种为灰鳝泥田；一年一熟，作物类型为单季稻。

（3）**新余市分宜县分宜镇界桥村县级监测点**　代码为 360521JC20093，建点于 2009 年，东经 114°41′20″，北纬 27°47′48″，由当地农户管理，土类为水稻土，亚类为潴育型水稻土，土属为紫红泥田，土种为强潴灰紫红泥田；一年一熟，作物类型为单季稻。

（4）**新余市分宜县洞村乡霞贡村县级监测点**　代码为 360521JC20094，建点于 2009 年，东经 114°48′10″，北纬 28°00′19″，由当地农户管理，土类为水稻土，亚类为潴育型水稻土，土属为石灰泥田，土种为中潴灰石灰泥田；一年一熟，作物类型为单季稻。

（5）**新余市分宜县洋江镇长塘村县级监测点**　代码为 360521JC20095，建点于 2009 年，东经 114°32′10″，北纬 27°54′28″，由当地农户管理，土类为水稻土，亚类为潴育型水稻土，土属为鳝泥田，土种为中潴灰鳝泥田；一年两熟，作物类型为双季稻。

10.1.3.4　渝水区

（1）**新余市渝水区罗坊镇王年村县级监测点**　代码为 360502JC20176，建点于 2017 年，东经 115°06′42″，北纬 27°48′11″，由当地农户管理，土类为红壤，亚类为红壤，土属为黄泥土，土种为厚层灰黄泥土；一年一熟，作物类型为果树。

（2）**新余市渝水区姚圩镇裴港村县级监测点**　代码为 360502JC20177，建点于 2017 年，东经 115°14′10″，北纬 27°50′29″，由当地农户管理，土类为红壤，亚类为红壤，土属为紫红砂泥土，土种为厚层灰紫红砂泥土；一年一熟，作物类型为果树。

（3）**新余市渝水区人和乡丘宇村县级监测点**　代码为360502JC20178，建点于2017年，东经114°58′26″，北纬28°02′02″，由当地农户管理，土类为红壤，亚类为红壤，土属为石灰泥土，土种为厚层灰石灰泥土；一年一熟，作物类型为果树。

（4）**新余市渝水区南安乡高峰村县级监测点**　代码为360502JC20189，建点于2018年，东经115°10′37″，北纬27°48′19″，由当地农户管理，土类为红壤，亚类为红壤，土属为紫红砂泥土，土种为厚层灰紫红砂泥土；一年一熟，作物类型为果树。

（5）**新余市渝水区下村镇高站村县级监测点**　代码为360502JC20180，建点于2018年，东经114°53′44″，北纬27°55′51″，由当地农户管理，土类为红壤，亚类为红壤，土属为黄泥土，土种为厚层灰黄泥土；一年一熟，作物类型为果树。

10.2 新余市各监测点作物产量

10.2.1 单季稻产量年际变化（2016—2020）

2016—2020年5个年份新余市常规施肥、无肥处理的单季稻分别有5个、5个、8个、8个和8个监测点。由于每年都有新增或减少的监测点位，且同一监测点位的稻作制度不完全相同，因此不同年份之间监测点位数量不同。

2016—2020年5个年份新余市无肥处理的单季稻年均产量分别为296.00 kg/亩、286.42 kg/亩、303.88 kg/亩、291.86 kg/亩和319.50 kg/亩；常规施肥处理的单季稻年均产量分别为533.80 kg/亩、549.07 kg/亩、548.50 kg/亩、546.71 kg/亩和506.75 kg/亩（图10-1）。相较于无肥处理，常规施肥处理2016—2020年5个年份单季稻的年均产量分别提高了80.34%、91.70%、80.50%、87.32%、58.61%。

从图10-2可以看出，2016—2020年新余市无肥处理单季稻的平均产量为298.35 kg/亩，常规施肥处理的单季稻平均产量为540.18 kg/亩。相较于无肥处理，常规施肥处理单季稻的平均产量提高81.06%，这表明相较于无肥处理，常规施肥处理可以显著提高单季稻产量。

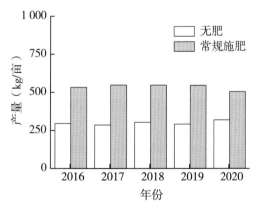
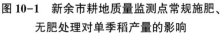
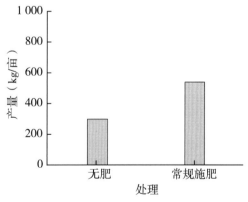

图10-1　新余市耕地质量监测点常规施肥、无肥处理对单季稻产量的影响　　**图10-2　新余市耕地质量监测点2016—2020年常规施肥、无肥处理下的单季稻平均产量**

10.2.2 双季稻产量年际变化（2016—2020）

2016—2020 年 5 个年份新余市常规施肥、无肥处理的双季稻分别有 10 个、10 个、12 个、12 个和 12 个监测点。与单季稻的情况类似，不同年份之间监测点位数量不同，主要原因为每年都有新增或减少的监测点位，且同一监测点位的稻作制度不完全相同。

10.2.2.1 早稻产量年际变化（2016—2020）

2016—2020 年 5 个年份新余市无肥处理的早稻年均产量分别为 202.01 kg/亩、206.20 kg/亩、216.98 kg/亩、219.28 kg/亩和 226.10 kg/亩，常规施肥处理早稻年均产量分别为 485.10 kg/亩、494.19 kg/亩、493.88 kg/亩、497.63 kg/亩和 443.20 kg/亩（图 10-3）。相较于无肥处理，常规施肥处理 5 个年份的早稻年均产量分别提高了140.14%、139.66%、127.61%、126.94%、96.02%。

从图 10-4 可以看出，2016—2020 年新余市耕地质量监测点无肥处理的早稻的早稻平均产量为 214.11 kg/亩，常规施肥处理早稻平均产量为 482.80 kg/亩。相较于无肥处理，常规施肥处理 2016—2020 年新余市耕地质量监测点的早稻产量提高了 125.49%，这表明常规施肥处理能够显著提高早稻的产量。

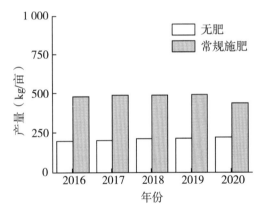

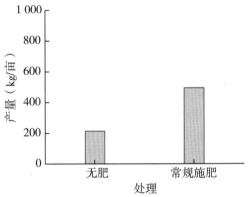

图 10-3 新余市耕地质量监测点常规施肥、
无肥处理对早稻产量的影响

图 10-4 新余市耕地质量监测点 2016—2020 年
常规施肥、无肥处理下平均产量

10.2.2.2 晚稻产量年际变化（2016—2020）

2016—2020 年 5 个年份新余市无肥处理的晚稻年均产量分别为 234.21 kg/亩、232.82 kg/亩、236.58 kg/亩、235.59 kg/亩和 231.85 kg/亩，常规施肥处理的晚稻年均产量分别为 505.59 kg/亩、514.48 kg/亩、512.30 kg/亩、507.60 kg/亩和 468.20 kg/亩（图 10-5）。相较于无肥处理，常规施肥处理 5 个年份的晚稻年均产量分别提高了115.87%、120.97%、116.55%、115.46%、101.94%。

从图 10-6 可以看出，2016—2020 年新余市耕地质量监测点无肥处理的晚稻平均产量为 234.21 kg/亩，常规施肥处理的晚稻平均产量为 501.63 kg/亩。相较于无肥处理，常规施肥处理 2016—2020 年新余市耕地质量监测点的晚稻产量提高了 114.18%，这表明常规施肥处理能够显著提高晚稻的产量。

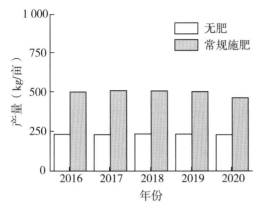

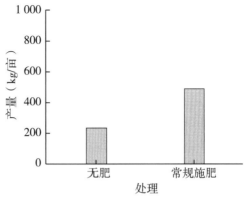

图 10-5　新余市耕地质量监测点常规施肥、无肥处理对晚稻产量的影响

图 10-6　新余市耕地质量监测点 2016—2020 年常规施肥、无肥处理下的晚稻平均产量

10.2.2.3　双季稻产量年际变化（2016—2020）

2016—2020 年 5 个年份新余市无肥处理的双季稻年均产量分别为 436.22 kg/亩、439.02 kg/亩、453.56 kg/亩、454.87 kg/亩和 453.03 kg/亩，常规施肥处理的双季稻年均产量分别为 990.69 kg/亩、1008.67 kg/亩、983.09 kg/亩、970.36 kg/亩和 896.50 kg/亩（图 10-7）。相较于无肥处理，常规施肥处理 5 个年份的双季稻年均产量分别提高了 127.11%、129.75%、116.75%、113.33%、115.34%。

从图 10-8 可以看出，2016—2020 年新余市耕地质量监测点无肥处理的双季稻平均产量为 447.34 kg/亩，常规施肥处理的双季稻平均产量为 969.86 kg/亩。相较于无肥处理，常规施肥处理 2016—2020 年新余市耕地质量监测点的双季稻产量提高了 116.81%，这表明常规施肥处理能够显著提高双季稻的产量。

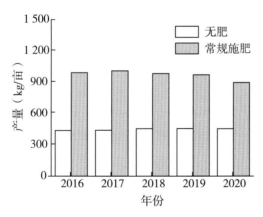

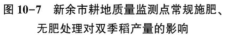

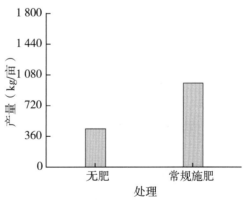

图 10-7　新余市耕地质量监测点常规施肥、无肥处理对双季稻产量的影响

图 10-8　新余市耕地质量监测点 2016—2020 年常规施肥、无肥处理下的双季稻平均产量

10.3　新余市各监测点土壤性质

新余市位于北纬 27°33′~28°05′，东经 114°29′~115°24′，为江西省下辖地级行政区，位于江西省中部偏西，本节汇总了新余市 2016—2020 年各级耕地质量监测点的土壤理化性质，明确了新余市常规施肥及无肥条件下土壤理化性质的差异。

2016—2020 年 5 个年份新余市耕地质量监测点分别有 21 个、21 个、26 个、26 个和 26 个监测点。

10.3.1　土壤 pH 变化

2016—2020 年 5 个年份新余市无肥处理的土壤 pH 分别为 5.23、5.25、5.37、5.26 和 5.17，常规施肥处理的土壤 pH 分别为 5.41、5.42、5.38、5.44 和 5.48（图 10-9）。与 2016 年相比，2017—2020 年 4 个年份无肥处理的土壤 pH 分别增加了 0.02、0.14、0.03 和 -0.06 个单位；常规施肥处理的土壤 pH 分别增加了 0.01、-0.03、0.03 和 0.07 个单位。相较于无肥处理，2016—2020 年 5 个年份常规施肥处理的 pH 分别增加了 0.18、0.17、0.01、0.18 和 0.31 个单位。

从图 10-10 可以看出，新余市耕地质量监测点 2016—2020 年无肥处理的 pH 平均值为 5.25，而常规施肥处理的 pH 平均值为 5.42。相较于无肥处理，2016—2020 年常规施肥处理的 pH 平均值增加了 0.17 个单位。

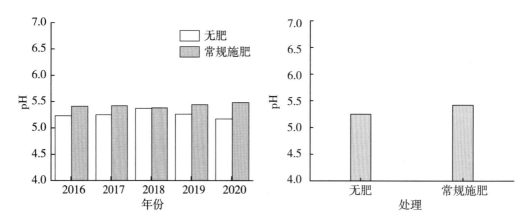

图 10-9　新余市耕地质量监测点常规施肥、　　图 10-10　新余市耕地质量监测点 2016—2020 年
无肥处理对土壤 pH 的影响　　　　　　常规施肥、无肥处理下土壤 pH 的平均值

10.3.2　土壤有机质年际变化

2016—2020 年 5 个年份新余市无肥处理的土壤有机质分别为 22.73 g/kg、22.03 g/kg、22.89 g/kg、21.49 g/kg 和 21.17 g/kg，常规施肥处理的土壤有机质分别为 39.10 g/kg、38.18 g/kg、36.26 g/kg、34.44 g/kg 和 33.5 g/kg（图 10-11）。与 2016 年的相比，2017—2020 年 4 个年份无肥处理的土壤有机质分别增加了 -3.08%、

0.70%、-5.46%和-6.86%；常规施肥处理的土壤有机质分别减少了2.35%、7.26%、11.92%和14.32%。相较于无肥处理，2016—2020年5个年份常规施肥处理的土壤有机质分别增加了72.02%、73.31%、58.41%、60.26%和58.24%。

从图10-12可以看出，新余市耕地质量监测点2016—2020年无肥处理的土壤有机质平均值为22.06 g/kg，而常规施肥处理土壤有机质的平均值为36.29 g/kg。相较于无肥处理，常规施肥处理2016—2020年土壤有机质的平均值增加了64.51%。

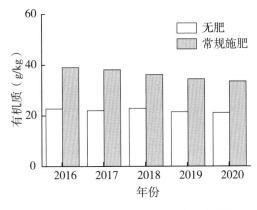

图10-11　新余市耕地质量监测点常规施肥、无肥处理对土壤有机质的影响

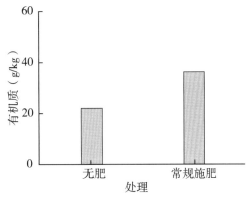

图10-12　新余市耕地质量监测点2016—2020年常规施肥、无肥处理下土壤有机质的平均值

10.3.3　土壤全氮年际变化

2018—2020年3个年份新余市无肥处理的土壤全氮分别为1.41 g/kg、1.19 g/kg和1.21 g/kg，常规施肥处理的土壤全氮分别为1.28 g/kg、1.38 g/kg和1.60 g/kg（图10-13）。与2018年的相比，2019—2020年2个年份无肥处理的土壤全氮分别减少了15.60%和14.18%；常规施肥处理的土壤全氮分别增加了7.81%和25.00%。相较于无肥处理，2018—2020年3个年份常规施肥处理的土壤全氮分别增加了-9.22%、15.97%和32.23%。

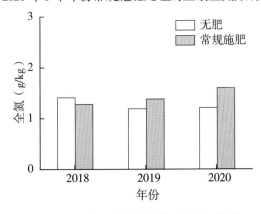

图10-13　新余市耕地质量监测点常规施肥、无肥处理对土壤全氮的影响

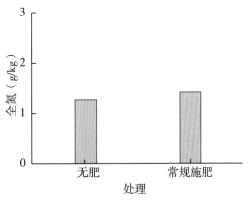

图10-14　新余市耕地质量监测点2018—2020年常规施肥、无肥处理下土壤全氮的平均值

从图10-14可以看出，新余市耕地质量监测点2018—2020年无肥处理的土壤全氮平均值为1.27 g/kg，而常规施肥处理土壤全氮的平均值为1.42 g/kg。相较于无肥处理，常规施肥处理2018—2020年土壤全氮的平均值增加了11.81%。

10.3.4 土壤碱解氮年际变化

2016—2020年5个年份新余市无肥处理的土壤碱解氮分别为106.57 mg/kg、102.53 mg/kg、106.70 mg/kg、113.87 mg/kg和121.60 mg/kg，常规施肥处理的土壤碱解氮分别为193.84 mg/kg、179.29 mg/kg、181.43 mg/kg、188.20 mg/kg和188.20 mg/kg（图10-15）。与2016年的相比，2017—2020年4个年份无肥处理的土壤碱解氮分别增加了-3.79%、0.12%、6.85%和14.10%；常规施肥处理的土壤碱解氮分别减少了7.51%、6.40%、2.91%和-2.91%。相较于无肥处理，2016—2020年5个年份常规施肥处理的土壤碱解氮分别增加了81.89%、74.87%、70.04%、65.28%和54.77%。

从图10-16可以看出，新余市耕地质量监测点2016—2020年无肥处理的土壤碱解氮平均值为110.25 mg/kg，而常规施肥处理土壤碱解氮的平均值为186.19 mg/kg。相较于无肥处理，常规施肥处理2016—2020年土壤碱解氮的平均值增加了68.88%。

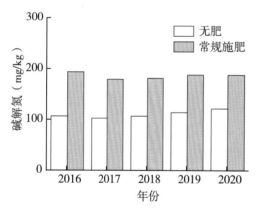
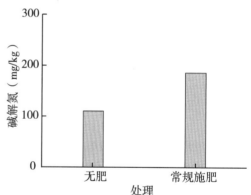

图10-15 新余市耕地质量监测点常规施肥、无肥处理对土壤碱解氮的影响　　图10-16 新余市耕地质量监测点2016—2020年常规施肥、无肥处理下土壤碱解氮的平均值

10.3.5 土壤有效磷年际变化

2016—2020年5个年份新余市无肥处理的土壤有效磷分别为7.58 mg/kg、9.15 mg/kg、8.15 mg/kg、8.40 mg/kg和11.24 mg/kg，常规施肥处理的土壤有效磷分别16.37 mg/kg、18.59 mg/kg、19.62 mg/kg、20.52 mg/kg和22.37 mg/kg（图10-17）。与2016年的相比，2017—2020年4个年份无肥处理的土壤有效磷分别增加了20.71%、7.52%、10.82%和48.28%；常规施肥处理的土壤有效磷分别增加了13.56%、19.85%、25.35%和36.65%。相较于无肥处理，2016—2020年5个年份常规施肥处理的土壤有效磷分别增加了115.96%、103.17%、140.74%、144.29%

和 99.02%。

从图 10-18 可以看出，新余市耕地质量监测点 2016—2020 年无肥处理的土壤有效磷平均值为 8.90 mg/kg，而常规施肥处理土壤有效磷的平均值为 19.49 mg/kg。相较于无肥处理，常规施肥处理 2016—2020 年土壤有效磷的平均值增加了 118.99%。

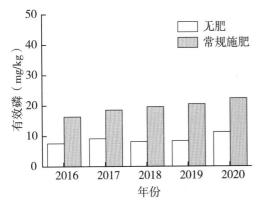
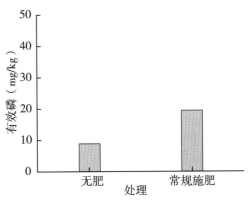

图 10-17　新余市耕地质量监测点常规施肥、
无肥处理对土壤有效磷的影响

图 10-18　新余市耕地质量监测点 2016—2020 年
常规施肥、无肥处理下土壤有效磷的平均值

10.3.6　土壤速效钾年际变化

2016—2020 年 5 个年份新余市无肥处理的土壤速效钾分别为 39.64 mg/kg、39.27 mg/kg、39.45 mg/kg、39.37 mg/kg 和 45.87 mg/kg，常规施肥处理的土壤速效钾分别为 93.87 mg/kg、100.25 mg/kg、103.31 mg/kg、101.60 mg/kg 和 116.05 mg/kg（图 10-19）。与 2016 年的相比，2017—2020 年 4 个年份无肥处理的土壤速效钾分别增加了 -0.93%、-0.48%、-0.68% 和 15.72%；常规施肥处理的土壤速效钾分别增加了 6.80%、10.06%、8.23% 和 23.63%。相较于无肥处理，2016—2020 年 5 个年份常规施肥处理的土壤速效钾分别增加了 136.81%、155.28%、161.88%、158.06% 和 153.00%。

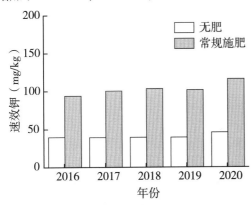
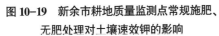
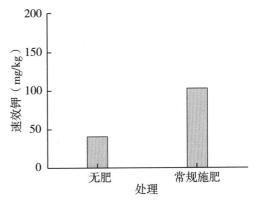

图 10-19　新余市耕地质量监测点常规施肥、
无肥处理对土壤速效钾的影响

图 10-20　新余市耕地质量监测点 2016—2020 年
常规施肥、无肥处理下土壤速效钾的平均值

从图 10-20 可以看出，新余市耕地质量监测点 2016—2020 年无肥处理的土壤速效钾平均值为 40.72 mg/kg，而常规施肥处理土壤速效钾的平均值为 103.01 mg/kg。相较于无肥处理，常规施肥处理 2016—2020 年土壤速效钾的平均值增加了 152.97%。

10.3.7 土壤缓效钾年际变化

2020 年新余市无肥处理的土壤缓效钾为 86.80 mg/kg，2020 年新余市常规施肥处理的土壤缓效钾为 165.78 mg/kg。

10.3.8 耕层厚度及土壤容重

2016—2020 年 5 个年份新余市无肥处理的土壤耕层厚度分别为 20.2 cm、20.2 cm、20.15 cm、20.05 cm 和 21.2 cm，常规施肥处理的土壤耕层厚度分别为 21.44 cm、21.44 cm、24.73 cm、24.65 cm 和 26.67 cm（表 10-1）。与 2016 年相比，2017—2020 年无肥处理的土壤耕层厚度分别增加了 0.00 cm、-0.05 cm、-0.15 cm 和 1.00 cm；常规施肥处理的土壤耕层厚度分别增加了 0.00 cm、3.29 cm、3.21 cm 和 5.23 cm。相较于无肥处理，2016—2020 年常规施肥处理的土壤耕层厚度分别增加了 1.24 cm、1.24 cm、4.58 cm、4.60 cm 和 5.47 cm。

从表 10-1 可以看出，新余市耕地质量监测点 2016—2020 年无肥处理的土壤耕层厚度平均值为 20.36 cm，而常规施肥处理土壤耕层厚度的平均值为 23.79 cm。相较于无肥处理，常规施肥处理 2016—2020 年土壤耕层厚度的平均值增加了 3.43 cm。

表 10-1　新余市耕地质量监测点 2016—2020 年常规施肥、无肥处理的土壤耕层厚度　单位：cm

年份	无肥处理	常规施肥处理
2016	20.20	21.44
2017	20.20	21.44
2018	20.15	24.73
2019	20.05	24.65
2020	21.20	26.67
平均	20.36	23.79

2020 年新余市无肥处理的土壤容重为 1.27 g/cm³，2020 年常规施肥处理的土壤容重为 1.28 g/cm³。

10.3.9 土壤理化性状小结

2016—2020 年新余市耕地质量监测点无肥处理的土壤 pH 为 5.17~5.37，常规施肥处理的土壤 pH 为 5.38~5.48，均为酸性和弱酸性土壤；耕地质量监测点无肥处理的土壤有机质为 21.17~22.89 g/kg，为三级，常规施肥处理的土壤有机质为 33.5~39.1 g/kg，为二级；耕地质量监测点无肥处理的土壤全氮为 1.19~1.41 g/kg，为三级，常规施肥处理的土壤全氮为 1.28~1.60 g/kg，为三级至二级；耕地质量监测点无肥处理的土壤碱解氮为 102.53~121.60 mg/kg，常规施肥处理的土壤碱解氮为 179.29~193.84 mg/kg；耕地质量监测点无肥处理的土壤有效磷为 7.58~11.24 mg/kg，为四级至三级，常规施肥处理的土壤有效磷为

16. 37~22. 37 mg/kg，为二级至三级；耕地质量监测点无肥处理的土壤速效钾为 39.27 ~ 45.87 mg/kg，为四级至五级，常规施肥处理的土壤速效钾为 93.87~116.05 mg/kg，为三级。

10.4 新余市各监测点耕地质量等级评价

新余市耕地质量监测点主要分布在分宜县、渝水区 2 个县。2016—2020 年 5 个年份分宜县耕地质量监测点分别有 5 个、5 个、10 个、10 个、5 个，其各点位综合耕地质量等级 2016 年、2017 年和 2020 年为 2 等，2018 年和 2019 年为 3 等；2016—2020 年 5 个年份渝水区耕地质量监测点均为 10 个，其各点位综合耕地质量等级 2016 年和 2019 年为 4 等，2017 年、2018 年和 2020 年为 3 等（图 10-21）。

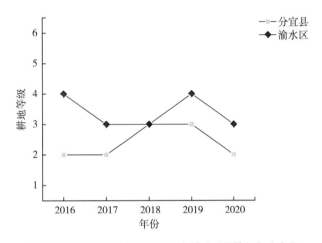

图 10-21 新余市耕地质量监测点耕地质量等级年度变化

第十一章 抚州市监测点作物产量及土壤性质

11.1 抚州市监测点情况介绍

抚州市主要有国家级监测点（崇仁县、广昌县、临川区）、省级监测点（金溪县陆坊乡、浒湾镇、琅琚镇、石门乡、秀谷镇、双塘镇、琉璃乡；崇仁县河上镇、六家桥乡、马安镇、郭圩乡、三山乡；东乡区圩上桥镇、岗上积镇；广昌县甘竹镇、赤水镇、塘坊镇、水南圩乡；黎川县日峰镇、荷源乡、潭溪乡、宏村镇；南丰县付坊乡、太和镇、白舍镇、桑田镇、莱溪乡；临川区河埠乡、温泉乡、东馆镇）、市（县）级监测点（南丰县洽湾镇、东坪乡、白舍镇、桑田镇、太和镇、莱溪乡；资溪县乌石镇、鹤城镇、高阜镇、高田乡；临川区高坪镇、河埠乡、东馆镇）共 52 个监测点位。

11.1.1 抚州市国家级耕地质量监测点情况介绍

（1）**抚州市崇仁县国家级监测点** 代码为 360737，建点于 2011 年，位于崇仁县郭圩乡下屋村，东经 116°04′48″，北纬 27°44′24″，由当地农户管理；常年降水量 1 735 mm，常年有效积温 5 590 ℃，常年无霜期 266 d，海拔高度 46 m，地下水深 1 m，无障碍因素，耕地地力水平高，满足灌溉能力，排水能力中等，农业区划分属于长江中下游区，一年两熟，作物类型是双季稻；成土母质为第三纪红砂岩残坡积物，土类为水稻土，亚类为潴育型水稻土，土属为红砂泥田，土种为灰红砂泥田，质地构型为上松下紧型，生物多样性一般，农田林网化程度高，土壤养分状况为最佳水平，无盐渍化。土壤剖面理化性状如下。

耕作层：0~17 cm，灰色，小团块，松散，较多根系，质地为壤黏土，pH 6.4，有机质含量为 20.0 g/kg，全氮含量为 2.05 g/kg，全磷含量为 0.253 g/kg，全钾含量为 16.94 g/kg，阳离子交换量为 9.8 cmol/kg。

犁底层：17~31 cm，灰色，小团块，稍松，较少根系，质地为壤黏土，pH 5.3，有机质含量为 19.1 g/kg，全氮含量为 1.16 g/kg，全磷含量为 0.087 g/kg，全钾含量为 15.54 g/kg，阳离子交换量为 10.4 cmol/kg。

渗育层：31~51 cm，灰色，块状，稍紧，极少根系，质地为壤黏土，pH 6.8，有机质含量为 18.3 g/kg，全氮含量为 0.96 g/kg，全磷含量为 0.015 g/kg，全钾含量为 18.73 g/kg，阳离子交换量为 10.4 cmol/kg。

潴育层：51~82 cm，灰色，块状，稍坚实，无根系，质地为壤黏土，pH 6.6，有机质含量为 16.2 g/kg，全氮含量为 0.85 g/kg，全磷含量为 0.096 g/kg，全钾含量为 16.77 g/kg，阳离子交换量为 8.1 cmol/kg。

潜育层：82~90 cm，灰色，块状，较坚实，无根系，壤黏土，pH 6.8，有机质含量为14.6 g/kg，全氮含量为 0.42 g/kg，全磷含量为 0.078 g/kg，全钾含量为 24.07 g/kg，阳离子交换量为 9.8 cmol/kg。

(2) 抚州市广昌县国家级监测点 代码为 360771，建点于 2011 年，位于广昌县头陂镇龙港村，东经 116°10′12″，北纬 26°43′48″，由当地农户管理；常年降水量 2 700 mm，常年有效积温 4 600 ℃，常年无霜期 276 d，海拔高度 186 m，地下水深 1 m，障碍因素为瘠薄，耕地地力水平中等，基本满足灌溉能力，排水能力中等，农业区划分属于长江中下游区，一年两熟，作物类型为双季稻；成土母质为第四纪红色黏土，土类为水稻土，亚类为潴育型水稻土，土属为红泥田，土种为灰黄泥田。耕层理化性状：0~21 cm，灰色，团粒状，松，土壤容重为 1.48 g/cm³，无新生体，根系多，pH 6.4，有机质含量为 19.9 g/kg，全氮含量为0.81 g/kg，全磷含量为 0.994 g/kg，全钾含量为 22.00 g/kg，阳离子交换量为 5.3 cmol/kg。

(3) 抚州市临川区国家级监测点 代码为 360781，建点于 2012 年，位于临川区唱凯镇蔡家，东经 116°10′48″，北纬 28°55′48″，由当地农户管理；常年降水量 1 692.2 mm，常年有效积温 5 665 ℃，常年无霜期 275 d，海拔高度 31 m，地下水深 1 m，无障碍因素，耕地地力水平中等，基本满足灌溉能力，排水能力中等，农业区划分属于长江中下游区，一年两熟，作物类型为双季稻；成土母质为河湖冲积物，土类为水稻土，亚类为潴育型水稻土，土属为潮泥田，土种为潮砂泥田，质地构型为上松下型，生物多样性丰富，农田林网化程度低，土壤养分状况为最佳水平，无盐渍化。土壤剖面理化性状如下。

耕作层：0~20 cm，淡黑色，屑粒，疏松，多量管状根锈，植物根系较多，质地为少砾质砂质壤土，pH 5.0，有机质含量为 42.5 g/kg，全氮含量为 1.78 g/kg，全磷含量为0.269 g/kg，全钾含量为 8.77 g/kg，阳离子交换量为 13.5 cmol/kg。

犁底层：20~30 cm，黄色，小棱状，坚实，中量管状根锈，植物根系少，质地为砂质黏壤土，pH 4.8，有机质含量为 21.5 g/kg，全氮含量为 0.98 g/kg，全磷含量为 0.528 g/kg，全钾含量为 6.71 g/kg，阳离子交换量为 9.3 cmol/kg。

潴育层：30~62 cm，淡黄色，片状，稍坚实，较多块状黄色胶膜，无植物根系，质地为黏壤土，pH 5.3，有机质含量为 16.3 g/kg，全氮含量为 0.56 g/kg，全磷含量为 0.328 g/kg，全钾含量为 3.57 g/kg，阳离子交换量为 14.8 cmol/kg。

母质层：62~90 cm，淡黄色，片块状，稍坚实，少量块状锈斑，无植物根系，质地为壤质黏土，pH 5.5，有机质含量为 20.8 g/kg，全氮含量为 0.33 g/kg，全磷含量为 0.263 g/kg，全钾含量为 7.09 g/kg，阳离子交换量为 10.3 cmol/kg。

11.1.2 抚州市省级耕地质量监测点情况介绍

11.1.2.1 金溪县

(1) 抚州市金溪县陆坊乡良种场省级监测点 代码为 361027JC20071，建点于 2007 年，东经 116°49′09″，北纬 27°59′53″，由当地农户管理；土类为水稻土，亚类为潴育型水稻土，土属为麻砂泥田，土种为乌麻砂泥田；一年两熟，作物类型为双季稻。

(2) 抚州市金溪县浒湾镇中州村省级监测点 代码为 361027JC20072，建点于 2007 年，东经 116°32′57″，北纬 27°56′05″，由当地农户管理；土类为水稻土，亚类为潴育型水稻土，土属为潮砂泥田，土种为乌潮砂泥田；一年两熟，作物类型为双季稻。

（3）抚州市金溪县琅琚镇枫山村省级监测点　代码为 361027JC20073，建点于 2007 年，东经 116°38′32″，北纬 27°55′18″，由当地农户管理；土类为水稻土，亚类为潴育型水稻土，土属为麻砂泥田，土种为乌麻砂泥田；一年两熟，作物类型为双季稻。

（4）抚州市金溪县石门乡白沿村省级监测点　代码为 361027JC20081，建点于 2008 年，东经 116°41′46″，北纬 27°49′15″，由当地农户管理；土类为水稻土，亚类为潴育型水稻土，土属为麻砂泥田，土种为乌麻砂泥田；一年两熟，作物类型为双季稻。

（5）抚州市金溪县秀谷镇港东村省级监测点　代码为 361027JC20082，建点于 2008 年，东经 116°45′54″，北纬 27°56′08″，由当地农户管理；土类为水稻土，亚类为潴育型水稻土，土属为麻砂泥田，土种为乌麻砂泥田；一年两熟，作物类型为双季稻。

（6）抚州市金溪县双塘镇艾家村省级监测点　代码为 361027JC20171，建点于 2017 年，东经 116°43′10″，北纬 27°03′50″，由当地农户管理；土类为水稻土，亚类为潴育型水稻土，土属为麻砂泥田，土种为乌麻砂泥田；一年两熟，作物类型为双季稻。

（7）抚州市金溪县琉璃乡新塘村省级监测点　代码为 361027JC20172，建点于 2017 年，东经 116°34′38″，北纬 27°57′51″，由当地农户管理；土类为水稻土，亚类为潴育型水稻土，土属为砂泥田，土种为乌黄砂泥田；一年两熟，作物类型为双季稻。

11.1.2.2　崇仁县

（1）抚州市崇仁县河上镇元家桥村省级监测点　代码为 361024JC20081，建点于 2008 年，东经 116°03′26″，北纬 27°50′44″，由当地农户管理；土类为水稻土，亚类为潴育型水稻土，土属为红泥田，土种为灰黄泥田；一年两熟，作物类型为双季稻。

（2）抚州市崇仁县六家桥乡南岸村省级监测点　代码为 361024JC20082，建点于 2008 年，东经 116°11′09″，北纬 27°49′55″，由当地农户管理；土类为水稻土，亚类为潴育型水稻土，土属为潮泥田，土种为新建潮砂泥田；一年两熟，作物类型为双季稻。

（3）抚州市崇仁县马安镇马安村省级监测点　代码为 361024JC20083，建点于 2008 年，东经 115°54′14″，北纬 27°43′17″，由当地农户管理；土类为水稻土，亚类为潴育型水稻土，土属为红砂泥田，土种为灰红砂泥田；一年两熟，作物类型为双季稻。

（4）抚州市崇仁县郭圩乡下屋村省级监测点　代码为 361024JC20084，建点于 2008 年，东经 116°05′02″，北纬 27°44′07″，由当地农户管理；土类为水稻土，亚类为潴育型水稻土，土属为红砂泥田，土种为灰红砂泥田；一年两熟，作物类型为双季稻。

（5）抚州市崇仁县三山乡威坊村省级监测点　代码为 361024JC20085，建点于 2008 年，东经 115°56′30″，北纬 27°50′02″，由当地农户管理；土类为水稻土，亚类为潴育型水稻土，土属为碳质泥田，土种为乌碳质泥田；一年一熟，作物类型是单季稻。

11.1.2.3　东乡区

（1）抚州市东乡区圩上桥镇何家省级监测点　代码为 361029JC20121，建点于 2012 年，东经 116°29′14″，北纬 28°10′58″，由当地农户管理；土类为水稻土，亚类为潴育型水稻土，土属为黄泥田，土种为潴育型黄泥田；一年两熟，作物类型是双季稻。

（2）抚州市东乡区岗上积镇前桂省级监测点　代码为 361029JC20122，建点于 2012 年，东经 116°29′43″, 北纬 28°06′44″, 由当地农户管理; 土类为水稻土, 亚类为潴育型水稻土, 土属为黄泥田, 土种为潴育型灰黄泥田; 一年两熟, 作物类型是双季稻。

11.1.2.4　广昌县

(1) **抚州市广昌县甘竹镇坪上村省级监测点**　代码为 361030JC20122, 建点于 2012 年, 东经 116°21′05″, 北纬 26°55′14″, 由当地农户管理; 土类为水稻土, 亚类为潴育型水稻土, 土属为红泥田, 土种为灰黄泥田; 一年一熟, 作物类型为单季稻。

(2) **抚州市广昌县赤水镇章甫村省级监测点**　代码为 361030JC20151, 建点于 2015 年, 东经 116°22′33″, 北纬 26°41′49″, 由当地农户管理; 土类为水稻土, 亚类为潴育型水稻土, 土属为潮泥田, 土种为其他潮泥田; 一年一熟, 作物类型为单季稻。

(3) **抚州市广昌县塘坊镇枧坑村省级监测点**　代码为 361030JC20152, 建点于 2015 年, 东经 26°38′49″, 北纬 26°38′49″, 由当地农户管理; 土类为水稻土, 亚类为潴育型水稻土, 土属为麻砂泥田, 土种为其他麻砂泥田; 一年一熟, 作物类型为单季稻。

(4) **抚州市广昌县水南圩乡水南村省级监测点**　代码为 361030JC20153, 建点于 2015 年, 东经 116°28′09″, 北纬 26°49′51″, 由当地农户管理; 土类为水稻土, 亚类为潴育型水稻土, 土属为潮泥田, 土种为潮砂泥田; 一年一熟, 作物类型为单季稻。

11.1.2.5　黎川县

(1) **抚州市黎川县日峰镇燎源村省级监测点**　代码为 344600JC20111, 建点于 2011 年, 东经 27°14′43″, 北纬 116°54′29″, 由当地农户管理; 土类为水稻土, 亚类为淹育型水稻土, 土属为淹育型麻砂泥田, 土种为弱淹麻砂泥田; 一年两熟, 作物类型为双季稻。

(2) **抚州市黎川县日峰镇五一村省级监测点**　代码为 344600JC20123, 建点于 2012 年, 东经 117°54′41″, 北纬 27°15′20″, 由当地农户管理; 土类为水稻土, 亚类为潴育型水稻土, 土属为潴育型麻砂泥田, 土种为中潴麻砂泥田; 一年两熟, 作物类型为双季稻。

(3) **抚州市黎川县荷源乡炉油村省级监测点**　代码为 344600JC20112, 建点于 2011 年, 东经 116°57′0″, 北纬 27°23′42″, 由当地农户管理; 土类为水稻土, 亚类为潴育型水稻土, 土属为潴育型麻砂泥田, 土种为强潴麻砂泥田; 一年两熟, 作物类型为双季稻。

(4) **抚州市黎川县潭溪乡大芸村省级监测点**　代码为 344600JC20121, 建点于 2012 年, 东经 117°57′19″, 北纬 27°17′00″, 由当地农户管理; 土类为水稻土, 亚类为淹育型水稻土, 土属为淹育型潮砂泥田, 土种为强淹灰潮砂泥田; 一年两熟, 作物类型为双季稻。

(5) **抚州市黎川县荷源乡稠源村省级监测点**　代码为 344600JC20171, 建点于 2017 年, 东经 117°00′05″, 北纬 27°20′08″, 由当地农户管理; 土类为水稻土, 亚类为淹育型水稻土, 土属为淹育型麻砂泥田, 土种为强淹麻砂泥田; 一年两熟, 作物类型为双季稻。

(6) **抚州市黎川县宏村镇孔洲村省级监测点**　代码为 344600JC20122, 建点于 2012 年, 东经 116°50′49″, 北纬 27°07′36″, 由当地农户管理; 土类为水稻土, 亚类为淹育型水稻土, 土属为淹育型麻砂泥田, 土种为强淹麻砂泥田; 一年一熟, 作物类型为单季稻。

11.1.2.6　南丰县

(1) **抚州市南丰县付坊乡付坊村省级监测点**　代码为 361023JC20141, 建点于 2014 年, 东经 116°34′52″, 北纬 26°58′14″, 由当地农户管理; 土类为水稻土, 亚类为潴育型水稻土,土属为潴育型潮砂泥田，土种为中潴灰潮砂泥田；一年两熟，作物类型为双季稻。

（2）抚州市南丰县太和镇太和村省级监测点　代码为 361023JC20142，建点于 2014 年，东经 116°37'01″，北纬 27°02'43″，由当地农户管理；土类为水稻土，亚类为潴育型水稻土，土属为潴育型潮砂泥田，土种为中潴灰潮砂泥田；一年两熟，作物类型为双季稻。

（3）抚州市南丰县白舍镇河东村省级监测点　代码为 361023JC20144，建点于 2014 年，东经 116°26'16″，北纬 27°01'53″，由当地农户管理；土类为水稻土，亚类为潜育型水稻土，土属为潜育型麻砂泥田，土种为全层弱潜灰麻砂泥田；一年两熟，作物类型为双季稻。

（4）抚州市南丰县桑田镇水口村省级监测点　代码为 361023JC20161，建点于 2016 年，东经 116°32'16″，北纬 27°04'42″，由当地农户管理；土类为水稻土，亚类为潜育型水稻土，土属为潜育型麻砂泥田，土种为全层中潜灰潮砂泥田；一年两熟，作物类型为双季稻。

（5）抚州市南丰县莱溪乡莱溪村省级监测点　代码为 361023JC20162，建点于 2016 年，东经 116°35'52″，北纬 27°13'29″，由当地农户管理；土类为水稻土，亚类为潴育型水稻土，土属为潴育型黄砂泥田，土种为中潴灰黄砂泥田；一年两熟，作物类型为双季稻。

11.1.2.7　临川区

（1）抚州市临川区河埠乡河埠村省级监测点　代码为 361002JC20081，建点于 2008 年，由当地农户管理；土类为水稻土，亚类为潴育型水稻土，土属为潴育型潮砂泥田，土种为中潴灰潮砂泥田；一年两熟，作物类型为双季稻。

（2）抚州市临川区温泉乡翁坪村省级监测点　代码为 361002JC20082，建点于 2008 年，由当地农户管理；土类为水稻土，亚类为潴育型水稻土，土属为潴育型黄砂泥田，土种为中潴灰黄砂泥田；一年两熟，作物类型为双季稻。

（3）抚州市临川区东馆镇东馆村省级监测点　代码为 361002JC20083，建点于 2008 年，由当地农户管理；土类为水稻土，亚类为潴育型水稻土，土属为潴育型麻砂泥田，土种为中潴灰麻砂泥田；一年两熟，作物类型为双季稻。

11.1.3　抚州市市（县）级耕地质量监测点情况介绍

11.1.3.1　南丰县

（1）抚州市南丰县洽湾镇桃源村县级监测点　代码为 361023JC20181，建点于 2018 年，东经 116°33'23″，北纬 27°18'37″，由当地农户管理；土类为水稻土，亚类为潴育型水稻土，土属为潴育型红砂泥田；一年一熟，作物类型为单季稻。

（2）抚州市南丰县东坪乡下堡村县级监测点　代码为 361023JC20182，建点于 2018 年，东经 116°40'32″，北纬 27°19'38″，由当地农户管理；土类为水稻土，亚类为潴育型水稻土，土属为潴育型潮砂泥田，土种为中潴灰潮砂泥田；一年两熟，作物类型为双季稻。

（3）抚州市南丰县白舍镇桥头村县级监测点　代码为 361023JC20183，建点于 2018 年，东经 116°30'29″，北纬 27°42'26″，由当地农户管理；土类为水稻土，亚类为潜育型水稻土，土属为潜育型麻砂泥田，土种为中位弱潜灰麻砂泥田；一年一熟，作物类型为单季稻。

（4）抚州市南丰县桑田镇西源村县级监测点　代码为 361023JC20184，建点于 2018 年，东经 116°32'04″，北纬 27°12'51″，由当地农户管理；土类为水稻土，亚类为潜育型水稻土，土属为潜育型麻砂泥田，土种为全层中潜灰麻砂泥田；一年一熟，作物类型为单季稻。

（5）**抚州市南丰县太和镇司前村县级监测点**　代码为361023JC20185，建点于2018年，东经116°35′46″，北纬27°05′17″，由当地农户管理；土类为水稻土，亚类为潴育型水稻土，土属为潴育型潮砂泥田，土种为中潴灰潮砂泥田；一年一熟，作物类型为单季稻。

（6）**抚州市南丰县莱溪乡黄满村县级监测点**　代码为361023JC20186，建点于2018年，东经116°35′52″，北纬27°11′13″，由当地农户管理；土类为水稻土，亚类为潴育型水稻土，土属为潴育型麻砂泥田，土种为中潴灰麻砂泥田；一年一熟，作物类型为单季稻。

11.1.3.2　资溪县

（1）**抚州市资溪县乌石镇横山村县级监测点**　代码为361028JC20171，建点于2017年，东经116°57′20″，北纬27°34′58″，由当地农户管理；土类为水稻土，亚类为潴育型水稻土，土属为潮砂泥田，土种为中潴乌潮砂泥田；土地利用类型为水田。

（2）**抚州市资溪县鹤城镇三江村县级监测点**　代码为361028JC20172，建点于2017年，东经117°01′36″，北纬27°42′58″，由当地农户管理；土类为水稻土，亚类为潴育型水稻土，土属为黄砂泥田，土种为中潜灰黄砂泥田；土地利用类型为水田。

（3）**抚州市资溪县高阜镇石陂村县级监测点**　代码为361028JC20173，建点于2017年，东经117°02′02″，北纬27°46′18″，由当地农户管理；土类为水稻土，亚类为潴育型水稻土，土属为麻砂泥田，土种为中潴灰麻砂泥田；土地利用类型为水田。

（4）**抚州市资溪县高田乡黄坊村县级监测点**　代码为361028JC20174，建点于2017年，东经116°51′57″，北纬27°45′28″，由当地农户管理；土类为水稻土，亚类为淹育型水稻土，土属为麻砂泥田，土种为强淹灰麻砂泥田；土地利用类型为水田。

（5）**抚州市资溪县高田乡高田村县级监测点**　代码为361028JC20175，建点于2017年，东经116°50′17″，北纬27°48′47″，由当地农户管理；土类为水稻土，亚类为潴育型水稻土，土属为麻砂泥田，土种为表潜性中潴灰麻砂泥田；土地利用类型为水田。

11.1.3.3　临川区

（1）**抚州市临川区高坪镇塘头村区级监测点**　代码为361002JC20166，建点于2016年，由当地农户管理；土类为水稻土，亚类为潴育型水稻土，土属为潴育型鳝泥田，土种为表潜性中潴灰鳝泥田；土地利用类型为水田。

（2）**抚州市临川区河埠乡塔溪村区级监测点**　代码为361002JC20162，建点于2016年，由当地农户管理；土类为红壤，亚类为红壤，土属为红砂岩类红壤，土种为中层中有机质红砂岩红壤；土地利用类型为果园。

（3）**抚州市临川区河埠乡封家村市级监测点**　代码为361002JC20163，建点于2016年，由当地农户管理；土类为水稻土，亚类为潴育型水稻土，土属为潴育型红砂泥田，土种为中潴灰红砂泥田；土地利用类型为水田。

（4）**抚州市临川区河埠乡秋溪村市级监测点**　代码为361002JC20164，建点于2016年，由当地农户管理；土类为红壤，亚类为红壤，土属为第四纪红黏土红壤，土种为中层中有机质红黏土红壤；土地利用类型为果园。

（5）**抚州市临川区河埠乡上顿渡村市级监测点**　代码为361002JC20165，建点于2016年；由当地农户管理；土类为水稻土，亚类为潴育型水稻土，土属为潴育型潮砂泥田，土种为中潴灰潮砂泥田；土地利用类型为水田。

（6）**抚州市临川区东馆镇桥下村区级监测点**　代码为361002JC20161，建点于2016年，由当地农户管理；土类为红壤，亚类为红壤，土属为花岗岩类红壤，土种厚层多有机质花岗岩红壤，土地利用类型为果园。

11.2　抚州市各监测点作物产量

11.2.1　单季稻产量年际变化（2016—2020）

2016—2020年5个年份抚州市常规施肥、无肥处理的单季稻分别有17个、17个、22个、20个和11个监测点。由于每年都有新增或减少的监测点位，且同一监测点位的稻作制度不完全相同，个别点位还有种植蜜橘、猕猴桃等作物的情况，因此不同年份之间监测点位数量不同。

2016—2020年5个年份抚州市无肥处理的单季稻年均产量分别为285.41 kg/亩、307.61 kg/亩、301.98 kg/亩、294.89 kg/亩和310.97 kg/亩（图11-1）；常规施肥处理的单季稻年均产量分别为506.94 kg/亩、528.47 kg/亩、531.73 kg/亩、527.76 kg/亩和533.40 kg/亩（图11-1）。相较于无肥处理，常规施肥2016—2020年5个年份单季稻的产量分别提高了77.62%、71.80%、76.08%、78.97%、71.53%。

从图11-2可以看出，2016—2020年无肥处理单季稻的平均产量为300.17 kg/亩，常规施肥处理的单季稻平均产量为525.66 kg/亩。相较于无肥处理，常规施肥处理单季稻的平均产量提高75.12%。这表明相较于不施肥的处理，常规施肥处理可以显著提高单季稻产量。

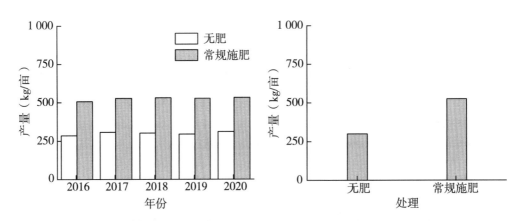

图11-1　抚州市耕地质量监测点常规施肥、无肥处理对单季稻产量的影响　　**图11-2　抚州市耕地质量监测点2016—2020年常规施肥、无肥处理下的单季稻平均产量**

11.2.2　双季稻产量年际变化（2016—2020）

2016—2020年5个年份抚州市水田常规施肥、无肥处理的双季稻分别有28个、30

个、31 个、29 个和 30 个监测点。与单季稻的情况类似，不同年份之间监测点位数量不同，主要原因是每年都有新增或减少的监测点位，且同一监测点位的稻作制度不完全相同，个别点位还有种植蜜橘、猕猴桃等作物的情况。

11.2.2.1 早稻产量年际变化（2016—2020）

2016—2020 年 5 个年份抚州市无肥处理的早稻年均产量分别为 208.92 kg/亩、203.01 kg/亩、209.27 kg/亩、208.58 kg/亩和 225.26 kg/亩，常规施肥处理的早稻年均产量分别为 466.18 kg/亩、476.01 kg/亩、473.8 kg/亩、462.22 和 kg/亩 490.80 kg/亩（图 11-3）。相较于无肥处理，常规施肥处理 5 个年份的早稻年均产量分别提高了 123.14%、134.48%、126.41%、121.60%、117.88%。

从图 11-4 可以看出，2016—2020 年抚州市耕地质量监测点无肥处理的早稻平均产量为 211.01 kg/亩，常规施肥处理早稻平均产量为 473.8 kg/亩。相较于无肥处理，常规施肥处理 2016—2020 年抚州市耕地质量监测点的早稻产量提高了 124.54%。这表明常规施肥处理能够显著提高早稻的产量。

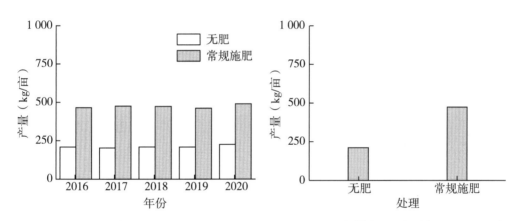

图 11-3 抚州市耕地质量监测点常规施肥、无肥处理对早稻产量的影响　　图 11-4 抚州市耕地质量监测点 2016—2020 年常规施肥、无肥处理下的早稻平均产量

11.2.2.2 晚稻产量年际变化（2016—2020）

2016—2020 年 5 个年份抚州市无肥处理的晚稻年均产量分别为 204.37 kg/亩、208.91 kg/亩、218.26 kg/亩、242.28 kg/亩和 240.40 kg/亩，常规施肥处理的晚稻年均产量分别为 505.57 kg/亩、502.54 kg/亩、510.98 kg/亩、503.48 kg/亩和 508.60 kg/亩（图 11-5）。相较于无肥处理，常规施肥处理 5 个年份的早稻年均产量分别提高了 147.38%、140.55%、134.12%、107.81%、111.56%。

从图 11-6 可以看出，2016—2020 年抚州市耕地质量监测点无肥处理的晚稻平均产量为 222.84 kg/亩，常规施肥处理的晚稻平均产量为 506.24 kg/亩，如图 11-6 所示。相较于无肥处理，常规施肥处理 2016—2020 年抚州市耕地质量监测点的晚稻产量提高了 127.18%，这表明常规施肥处理能够显著提高晚稻的产量。

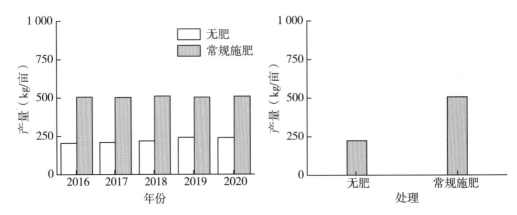

图 11-5　抚州市耕地质量监测点常规施肥、 图 11-6　抚州市耕地质量监测点 2016—2020 年
无肥处理对晚稻产量的影响　　　　　常规施肥、无肥处理下的晚稻平均产量

11.2.2.3　双季稻产量年际变化（2016—2020）

2016—2020 年 5 个年份抚州市无肥处理的双季稻年均产量分别为 413.29 kg/亩、411.92 kg/亩、427.53 kg/亩、450.86 kg/亩和 465.67 kg/亩，常规施肥处理的双季稻年均产量分别为 971.75 kg/亩、978.55 kg/亩、984.78 kg/亩、965.70 kg/亩和999.41 kg/亩（图 11-7）。相较于无肥处理，常规施肥处理 5 个年份的双季稻年均产量分别提高了 135.13%、137.58%、130.34%、114.19%、114.62%。

从图 11-8 可以看出，2016—2020 年抚州市耕地质量监测点无肥处理的双季稻平均产量为 433.85 kg/亩，常规施肥处理双季稻平均产量为 980.04 kg/亩。相较于无肥处理，常规施肥处理 2016—2020 年抚州市耕地质量监测点的双季稻产量提高了 125.89%，这表明常规施肥处理能够显著提高双季稻的产量。

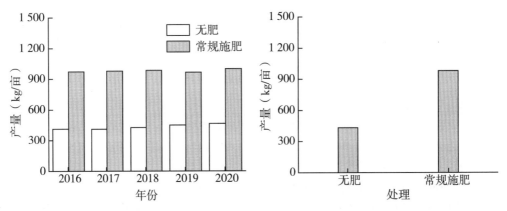

图 11-7　抚州市耕地质量监测点常规施肥、 图 11-8　抚州市耕地质量监测点 2016—2020 年
无肥处理对双季稻产量的影响　　　　常规施肥、无肥处理下的双季稻平均产量

11.3 抚州市各监测点土壤性质

抚州市位于东经 115°35′~117°18′，北纬 26°29′~28°30′，是江西省第一个纳入国家战略区域性发展规划的鄱阳湖生态经济区和原中央苏区重要城市之一，被誉为"天然大氧吧"，自古有"襟领江湖，控带闽粤"之称。本节汇总了抚州市 2016—2020 年各级耕地质量监测点的土壤理化性质，明确了抚州市常规施肥及无肥条件下土壤理化性质的差异。

2016—2020 年 5 个年份抚州市耕地质量监测点分别有 56 个、56 个、56 个、55 个和 52 个监测点。

11.3.1 土壤 pH 变化

2016—2020 年 5 个年份抚州市无肥处理的土壤 pH 分别为 5.16、5.12、5.18、5.11和 5.14，常规施肥处理的土壤 pH 分别为 5.11、5.02、5.11、5.06 和 5.03（图 11-9）。与 2016 年的土壤 pH 相比，2017—2020 年 4 个年份无肥处理的土壤 pH 分别增加了 -0.04、0.02、-0.05、-0.02 个单位；常规施肥处理的土壤 pH 分别降低了 0.09、0.00、0.05 和 0.08 个单位。相较于无肥处理，2016—2020 年 5 个年份常规施肥处理的 pH 分别减少了 0.05、0.10、0.07、0.05 和 0.11 个单位。

从图 11-10 可以看出，抚州市耕地质量监测点 2016—2020 年无肥处理的 pH 平均值为 5.14，而常规施肥处理的 pH 平均值为 5.07。相较于无肥处理，2016—2020 年常规施肥处理的 pH 平均值减少了 -0.07 个单位。

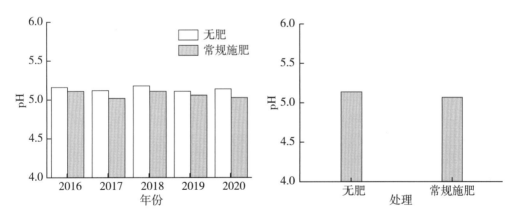

图 11-9 抚州市耕地质量监测点常规施肥、无肥处理对土壤 pH 的影响

图 11-10 抚州市耕地质量监测点 2016—2020 年常规施肥、无肥处理下土壤 pH 的平均值

11.3.2 土壤有机质年际变化

2016—2020 年 5 个年份抚州市无肥处理的土壤有机质分别为 26.34 g/kg、28.09 g/kg、27.39 g/kg、26.59 g/kg 和 29.80 g/kg，常规施肥处理的土壤有机质分别

为 30.59 g/kg、32.76 g/kg、32.81 g/kg、32.73 g/kg 和 34.07 g/kg（图 11-11）。与 2016 年的相比，2017—2020 年 4 个年份无肥处理的土壤有机质分别增加了 6.64%、3.99%、0.95% 和 13.14%；常规施肥处理的土壤有机质分别增加了 7.09%、7.26%、7.00% 和 11.38%。相较于无肥处理，2016—2020 年 5 个年份常规施肥处理的土壤有机质分别增加了 16.14%、16.63%、19.79%、23.09% 和 14.33%。

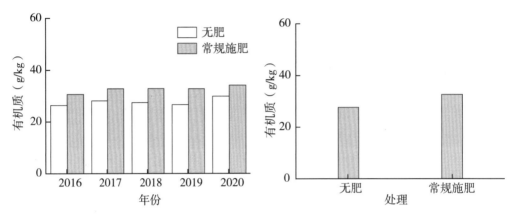

图 11-11 抚州市耕地质量监测点常规施肥、无肥处理对土壤有机质的影响　　图 11-12 抚州市耕地质量监测点 2016—2020 年常规施肥、无肥处理下土壤有机质的平均值

从图 11-12 可以看出，抚州市耕地质量监测点 2016—2020 年无肥处理的土壤有机质平均值为 27.64 g/kg，而常规施肥处理土壤有机质的平均值为 32.59 g/kg。相较于无肥处理，常规施肥处理 2016—2020 年土壤有机质的平均值增加了 17.91%。

11.3.3 土壤全氮年际变化

2016—2020 年 5 个年份抚州市无肥处理的土壤全氮分别为 1.64 g/kg、1.52 g/kg、1.44 g/kg、1.82 g/kg 和 1.26 g/kg，常规施肥处理的土壤全氮分别为 1.78 g/kg、1.72 g/kg、1.63 g/kg、2.00 g/kg 和 1.44 g/kg（图 11-13）。与 2016 年的相比，2017—2020 年 4 个年份无肥处理的土壤全氮分别增加了 -7.32%、-12.20%、10.98% 和 -23.17%；常规施肥处理的土壤全氮分别增加了 -3.37%、-8.43%、12.36% 和 -19.10%。相较于无肥处理，2016—2020 年 5 个年份常规施肥处理的土壤全氮分别增加了 8.54%、13.16%、13.19%、9.89% 和 14.29%。

从图 11-14 可以看出，抚州市耕地质量监测点 2016—2020 年无肥处理的土壤全氮平均值为 1.54 g/kg，而常规施肥处理土壤全氮的平均值为 1.71 g/kg。相较于无肥处理，常规施肥处理 2016—2020 年土壤全氮的平均值增加了 11.04%。

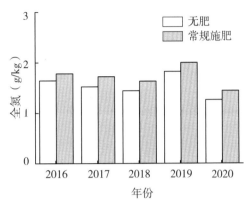

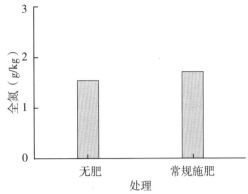

图 11-13　抚州市耕地质量监测点常规施肥、
无肥处理对土壤全氮的影响

图 11-14　抚州市耕地质量监测点 2016—2020 年
常规施肥、无肥处理下土壤全氮的平均值

11.3.4　土壤碱解氮年际变化

2016—2020 年 5 个年份抚州市无肥处理的土壤碱解氮分别为 140.49 mg/kg、135.02 mg/kg、119.60 mg/kg、132.57 mg/kg 和 168.25 mg/kg，常规施肥处理的土壤碱解氮分别为 164.74 mg/kg、162.24 mg/kg、157.20 mg/kg、164.14 mg/kg 和 169.68 mg/kg（图 11-15）。与 2016 年的相比，2017—2020 年 4 个年份无肥处理的土壤碱解氮分别增加了-3.89%、-14.87%、-5.64%和 19.76%；常规施肥处理的土壤碱解氮分别减少了 1.52%、4.58%、0.36%和 3.00%。相较于无肥处理，2016—2020 年 5 个年份常规施肥处理的土壤碱解氮分别增加了 17.26%、20.16%、31.44%、23.81%和 0.85%。

从图 11-16 可以看出，抚州市耕地质量监测点 2016—2020 年无肥处理的土壤碱解氮平均值为 139.19 mg/kg，而常规施肥处理土壤碱解氮的平均值为 163.6 mg/kg。相较于无肥处理，常规施肥处理 2016—2020 年土壤碱解氮的平均值增加了 17.54%。

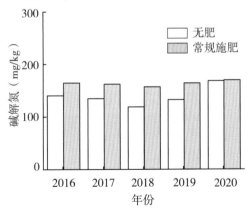

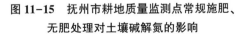

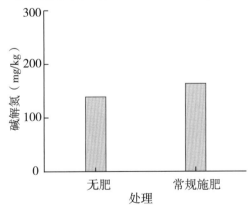

图 11-15　抚州市耕地质量监测点常规施肥、
无肥处理对土壤碱解氮的影响

图 11-16　抚州市耕地质量监测点 2016—2019 年
常规施肥、无肥处理下土壤碱解氮的平均值

11.3.5　土壤有效磷年际变化

2016—2020 年 5 个年份抚州市无肥处理的土壤有效磷分别为 17.49 mg/kg、16.95 mg/kg、15.13 mg/kg、14.88 mg/kg 和 23.16 mg/kg，常规施肥处理的土壤有效磷分别为 19.78 mg/kg、21.43 mg/kg、21.10 mg/kg、19.57 mg/kg 和 29.98 mg/kg（图 11-17）。与 2016 年的相比，2017—2020 年 4 个年份无肥处理的土壤有效磷分别增加了 -3.09%、-13.49%、-14.92% 和 32.42%；常规施肥处理的土壤有效磷分别增加了 8.34%、11.73%、-1.06% 和 51.57%。相较于无肥处理，2016—2020 年 5 个年份常规施肥处理的土壤有效磷分别增加了 13.09%、26.43%、46.07%、31.52% 和 29.45%。

从图 11-18 可以看出，抚州市耕地质量监测点 2016—2020 年无肥处理的土壤有效磷平均值为 17.52 mg/kg，而常规施肥处理土壤有效磷的平均值为 22.57 mg/kg。相较于无肥处理，常规施肥处理 2016—2020 年土壤有效磷的平均值增加了 28.82%。

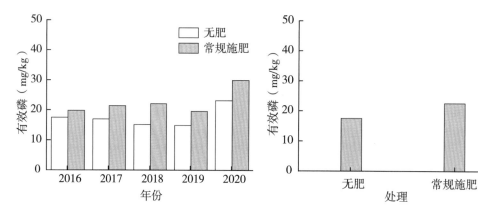

图 11-17　抚州市耕地质量监测点常规施肥、无肥处理对土壤有效磷的影响　　**图 11-18　抚州市耕地质量监测点 2016—2020 年常规施肥、无肥处理下土壤有效磷的平均值**

11.3.6　土壤速效钾年际变化

2016—2020 年 5 个年份抚州市无肥处理的土壤速效钾分别为 90.33 mg/kg、81.09 mg/kg、81.70 mg/kg、81.05 mg/kg 和 81.85 mg/kg，常规施肥处理的土壤速效钾分别为 112.98 mg/kg、105.51 mg/kg、106.11 mg/kg、107.55 mg/kg 和 96.63 mg/kg（图 11-19）。与 2016 年的相比，2017—2020 年 4 个年份无肥处理的土壤速效钾分别减少了 10.23%、9.55%、10.27% 和 9.39%；常规施肥处理的土壤速效钾分别减少了 6.61%、6.08%、4.81% 和 14.87%。相较于无肥处理，2016—2020 年 5 个年份常规施肥处理的土壤速效钾分别增加了 25.07%、30.11%、29.88%、32.70% 和 18.06%。

从图 11-20 可以看出，抚州市耕地质量监测点 2016—2020 年无肥处理的土壤速效钾平均值为 83.20 mg/kg，而常规施肥处理土壤速效钾的平均值为 105.76 mg/kg。相较于无肥处理，常规施肥处理 2016—2020 年土壤速效钾的平均值增加了 27.12%。

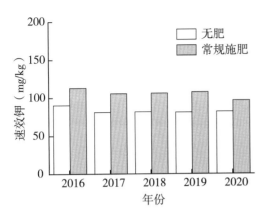

图 11-19 抚州市耕地质量监测点常规施肥、
无肥处理对土壤速效钾的影响

图 11-20 抚州市耕地质量监测点 2016—2020 年
常规施肥、无肥处理下土壤速效钾的平均值

11.3.7 土壤缓效钾年际变化

2016—2020 年 5 个年份抚州市无肥处理的土壤缓效钾分别为 221.58 mg/kg、226.08 mg/kg、243.40 mg/kg、204.39 mg/kg 和 359.75 mg/kg，常规施肥处理的土壤缓效钾分别为 272.81 mg/kg、267.29 mg/kg、246.17 mg/kg、235.16 mg/kg 和 446.76 mg/kg（图 11-21）。与 2016 年的相比，2017—2020 年 4 个年份无肥处理的土壤缓效钾分别增加了 2.03%、9.85%、-7.76% 和 62.36%；常规施肥处理的土壤缓效钾分别增加了 -2.02%、-9.77%、-13.80% 和 63.76%。相较于无肥处理，2016—2020 年 5 个年份常规施肥处理的土壤缓效钾分别增加了 23.12%、18.23%、1.14%、15.05% 和 24.19%。

从图 11-22 可以看出，抚州市耕地质量监测点 2016—2020 年无肥处理的土壤缓效钾平均值为 251.04 mg/kg，而常规施肥处理土壤缓效钾的平均值为 293.64 mg/kg。相较于无肥处理，常规施肥处理 2016—2020 年土壤缓效钾的平均值增加了 16.97%。

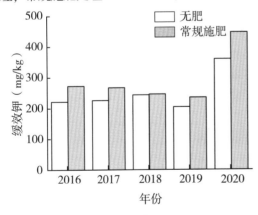

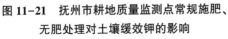

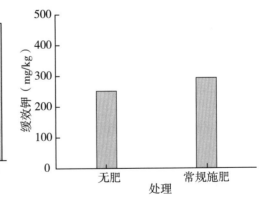

图 11-21 抚州市耕地质量监测点常规施肥、
无肥处理对土壤缓效钾的影响

图 11-22 抚州市耕地质量监测点 2016—2020 年
常规施肥、无肥处理下土壤缓效钾的平均值

11.3.8 耕层厚度及土壤容重

2016—2020 年 5 个年份抚州市无肥处理的土壤耕层厚度分别为 16.89 cm、17.05 cm、16.71 cm、17.02 cm 和 17.79 cm，常规施肥处理的土壤耕层厚度分别为 16.89 cm、17.05 cm、16.74 cm、16.70 cm 和 18.28 cm（表 11-1）。与 2016 年的相比，2017—2020 年 4 个年份无肥处理的土壤耕层厚度分别增加了 0.16 cm、-0.18 cm、0.13 cm 和 0.90 cm；常规施肥处理的土壤耕层厚度分别增加了 0.16 cm、-0.15 cm、-0.19 cm 和 1.39 cm。相较于无肥处理，2018—2020 年 5 个年份常规施肥处理的土壤耕层厚度分别增加了 0.03 cm、-0.32 cm 和 0.49 cm。

从表 11-1 可以看出，抚州市耕地质量监测点 2016—2020 年无肥处理的土壤耕层厚度平均值为 17.09 cm，而常规施肥处理土壤耕层厚度的平均值为 17.13 cm。相较于无肥处理，常规施肥处理 2016—2020 年土壤耕层厚度的平均值增加了 0.04 cm。

表 11-1　抚州市耕地质量监测点 2016—2020 年常规施肥、无肥处理的土壤耕层厚度

单位：cm

年份	无肥处理	常规施肥处理
2016	16.89	16.89
2017	17.05	17.05
2018	16.71	16.74
2019	17.02	16.70
2020	17.79	18.28
平均	17.09	17.13

2016—2020 年 5 个年份抚州市无肥处理的土壤容重分别为 1.16 g/cm³、1.14 g/cm³、1.11 g/cm³、1.13 g/cm³ 和 1.16 g/cm³，常规施肥处理的土壤容重分别为 1.14 g/cm³、1.12 g/cm³、1.11 g/cm³、1.12 g/cm³ 和 1.15 g/cm³（表 11-2）。与 2016 年相比，2017—2020 年 4 个年份无肥处理的土壤容重分别降低了 1.72%、4.31%、2.59% 和 0.00%；常规施肥处理的土壤容重分别增加了 -1.75%、-2.63%、-1.75% 和 0.87%。相较于无肥处理，2016—2020 年 5 个年份常规施肥处理的土壤容重分别减少了 1.72%、1.75%、0.00%、0.88% 和 0.86%。

从表 11-2 可以看出，抚州市耕地质量监测点 2016—2020 年无肥处理的土壤容重平均值为 1.14 g/cm³，而常规施肥处理土壤容重的平均值为 1.13 g/cm³。相较于无肥处理，常规施肥处理 2016—2020 年土壤容重的平均值减少了 0.87%。

表 11-2　抚州市耕地质量监测点 2016—2020 年常规施肥、无肥处理的土壤容重　单位：g/cm³

年份	无肥处理	常规施肥处理
2016	1.16	1.14
2017	1.14	1.12

（续表）

年份	无肥处理	常规施肥处理
2018	1.11	1.11
2019	1.13	1.12
2020	1.16	1.15
平均	1.14	1.13

11.3.9　土壤理化性状小结

2016—2020 年抚州市耕地质量监测点无肥处理的土壤 pH 为 5.11~5.18，常规施肥处理的土壤 pH 为 5.02~5.11，均为酸性和弱酸性土壤；耕地质量监测点无肥处理的土壤有机质为 20.34~29.80 g/kg，常规施肥处理的土壤有机质为 30.59~34.07 g/kg，均为二级；耕地质量监测点无肥处理的土壤全氮为 1.26~1.82 g/kg，为三级至二级，常规施肥处理的土壤全氮为 1.44~2.00 g/kg，为三级至二级级；耕地质量监测点无肥处理的土壤碱解氮为 119.60~168.25 mg/kg，常规施肥处理的土壤碱解氮为 157.20~169.68 mg/kg；耕地质量监测点无肥处理的土壤有效磷为 14.88~23.16 mg/kg，为三级至二级，常规施肥处理的土壤有效磷为 19.57~29.98 mg/kg，为三级至二级；耕地质量监测点无肥处理的土壤速效钾为 81.05~90.33 mg/kg，为三级，常规施肥处理的土壤速效钾为 96.63~112.98 mg/kg，为三级；耕地质量监测点无肥处理的土壤缓效钾为 204.39~359.75 mg/kg，常规施肥处理的土壤缓效钾为 235.16~446.76 mg/kg，均为一级。

11.4　抚州市各监测点耕地质量等级评价

抚州市耕地质量监测点主要分布在崇仁县、东乡区、广昌县、金溪县、黎川县、临川区、南丰县、资溪县 8 个县区。2016—2019 年崇仁县耕地质量监测点均为 6 个，其各点位综合耕地质量等级 2016 年、2018 年和 2019 年均为 2 等，在 2017 年为 5 等（图 11-23）；2016—2020 年东乡区耕地质量监测点分别有 5 个、5 个、7 个、7 个、2 个，其各点位综合耕地质量等级 2016—2019 年均为 4 等，2020 年降为 5 等；2016—2020 年广昌县耕地质量监测点均为 5 个，其各点位综合耕地质量等级 2016 年、2017 年、2019 年和 2020 年均为 4 等，2018 年为 5 等；2016—2020 年金溪县耕地质量监测点分别有 7 个、7 个、5 个、5 个、7 个，其各点位综合耕地质量等级 2017—2020 年均为 4 等；2016—2020 年黎川县耕地质量监测点均为 6 个，其各点位综合耕地质量等级 2016—2020 年均为 4 等；2016—2020 年临川区长期定位监测点分别有 11 个、11 个、11 个、10 个、10 个，其各点位综合耕地质量等级 2016 年、2019 年和 2020 年为 4 等，2017 年和 2018 年为 3 等；2016—2020 年南丰县耕地质量监测点分别有 11 个、11 个、11 个、11 个、11 个，其各点位综合耕地质量等级 2016—2020 年均为 5 等；2016—2020 年资溪县耕地质量监测点均为 5 个，其各点位综合耕地质量等级 2016 年为 7 等，2017 年和 2019 年为 6 等，2018 年和 2020 年为 5 等（图 11-23）。

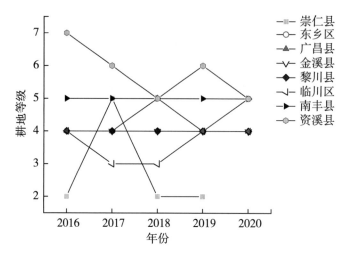

图 11-23 抚州市耕地质量监测点耕地质量等级年度变化

第十二章　吉安市监测点作物产量及土壤性质

12.1　吉安市监测点情况介绍

吉安市主要包括国家级监测点（吉安县、吉水县、遂川县、万安县、峡江县、永新县、井冈山市、吉州区、新干县、泰和县）、省级监测点（井冈山市黄坳乡、厦坪镇、柏露乡；遂川县雩田镇、碧洲镇、枚江镇、珠田乡；吉州区兴桥镇、长塘镇；新干县溧江镇、潭丘乡、金川镇、界埠镇、七琴镇；吉水县文峰镇、白水镇、醪桥镇）、市（县）级监测点（井冈山市拿山镇、古城镇、龙市镇、葛田乡、古城镇；遂川县泉江镇、雩田镇、双桥乡、新江乡、堆子前镇、黄坑乡；青原区东固乡、富田镇、值夏镇、富滩镇、天玉镇；万安县芙蓉镇、窑头镇、涧田乡、罗塘乡、百嘉镇；峡江县水边镇、罗田镇、金坪乡、巴邱镇；永丰县坑田镇、沿陂镇、古县镇、沙溪镇、县果园、八江乡、瑶田镇；安福县枫田镇、寮塘乡、洲湖镇、金田乡、横龙镇、山庄乡；吉安县桐坪镇、敖城镇、永和镇、横江镇、万福镇；泰和县马市镇、禾市镇、沿溪镇、万合镇；吉水县白水镇、尚贤乡、丁江镇、白沙镇、黄桥镇、盘谷镇、水南镇；永新县象形乡、高桥楼镇、怀忠镇、龙源口镇、在中乡、里田镇、石桥镇；吉州区长塘镇、樟山镇）等共 92 个监测点位。

12.1.1　吉安市国家级耕地质量监测点情况介绍

（1）**吉安市吉安县国家级监测点**　代码为 360726，建点于 2014 年，位于吉安县横江镇高垄村，东经 114°54′00″，北纬 26°58′48″，由当地农户管理；常年降水量 1 427 mm，常年有效积温 6 180 ℃，常年无霜期 286 d，海拔高度 54 m，地下水深 71 m，无障碍因素，耕地地力水平高，满足灌溉能力，排水能力强，农业区划分属于长江中下游区，一年两熟，作物类型为双季稻；成土母质为河湖沉积物，土类为水稻土，亚类为潴育型水稻土，土属为潮砂泥田，土种为其他潮砂泥田，质地构型为松散型，生物多样性一般，农田林网化程度高，土壤养分状况为最佳水平，无盐渍化。土壤剖面理化性状如下。

耕作层：0~25 cm，深褐色，块状，疏松，土壤容重为 1.26 g/cm³，无新生体，植物根系较多，质地为中砾质黏壤土，pH 5.4，有机质含量为 51.2 g/kg，全氮含量为 1.69 g/kg，全磷含量为 0.380 g/kg，全钾含量为 11.00 g/kg，阳离子交换量为 10.8 cmol/kg。

犁底层：25~41 cm，浅棕色，块状，较紧实，土壤容重为 1.56 g/cm³，无新生体，无植物根系，质地为黏壤土，pH 5.9，有机质含量为 19.2 g/kg，全氮含量为 1.07 g/kg，全磷含量为 0.730 g/kg，全钾含量为 8.40 g/kg，阳离子交换量为 5.8 cmol/kg。

潴育层：41~110 cm，棕黄色，柱状，稍坚实，土壤容重为 1.79 g/cm³，无新生体，无植物根系，质地为砂质黏壤土，pH 6.3，有机质含量为 20.9 g/kg，全氮含量为 0.42 g/kg，全磷含量为 0.340 g/kg，全钾含量为 9.20 g/kg，阳离子交换量为 5.5 cmol/kg。

（2）**吉安市吉水县国家级监测点** 代码为 360743，建点于 2009 年，位于吉水县八都镇大井村，东经 115°20′24″，北纬 27°36′00″，由当地农户管理；常年降水量 1 500 mm，常年有效积温 5 200 ℃，常年无霜期 290 d，海拔高度 74 m，地下水深 6 m，无障碍因素，耕地地力水平中等，基本满足灌溉能力，排水能力中等，农业区划分属于长江中下游区，一年两熟，作物类型为双季稻；成土母质为第四纪红色黏土，土类为水稻土，亚类为潴育型水稻土，土属为黄泥田，土种为中潴灰黄泥田，生物多样性一般，农田林网化程度中等，土壤养分状况为潜在缺乏，无盐渍化。土壤剖面理化性状如下。

耕作层：0~18 cm，青灰色，粒状，松，有锈纹，植物根系多，质地为黏壤土，pH 5.2，有机质含量为 27.0 g/kg，全氮含量为 1.56 g/kg，全磷含量为 0.352 g/kg，全钾含量为 31.71 g/kg，阳离子交换量为 7.8 cmol/kg。

犁底层：18~35 cm，黄灰色，块状，紧，有锈纹，植物根系中等，质地为黏壤土，pH 5.7，有机质含量为 12.9 g/kg，全氮含量为 0.83 g/kg，全磷含量为 0.285 g/kg，全钾含量为 32.74 g/kg，阳离子交换量为 5.0 cmol/kg。

潴育层：35~55 cm，棕灰色，棱块状，较紧，有胶膜，植物根系多，质地为壤土，pH 5.9，有机质含量为 8.6 g/kg，全氮含量为 0.54 g/kg，全磷含量为 0.281 g/kg，全钾含量为 26.40 g/kg，阳离子交换量为 3.4 cmol/kg。

（3）**吉安市遂川县国家级监测点** 代码为 360750，建点于 2012 年，位于遂川县泉江镇谐田村，东经 114°34′12″，北纬 26°21′00″，由当地农户管理；常年降水量 1 400 mm，常年有效积温 3 170 ℃，常年无霜期 280 d，海拔高度 98 m，地下水深 1 m，无障碍因素，耕地地力水平高，满足灌溉能力，排水能力强，农业区划分属于长江中下游区，一年两熟，作物类型为双季稻；成土母质为洪积母质，土类为水稻土，亚类为潴育型水稻土，土属为潮砂泥田，土种为其他潮砂泥田，生物多样性丰富，农田林网化程度中等，无盐渍化。土壤剖面理化性状如下。

耕作层：0~27 cm，褐色，粒状，较松，土壤容重为 0.95 g/cm³，无新生体，植物根系多，质地为中壤土，pH 4.9，有机质含量为 41.9 g/kg，全氮含量为 2.24 g/kg，全磷含量为 0.859 g/kg，全钾含量为 13.98 g/kg，阳离子交换量为 6.3 cmol/kg。

犁底层：27~37 cm，灰黄色，块状，较紧实，土壤容重为 1.19 g/cm³，少量铁锰结核，无植物根系，质地为黏土，pH 5.6，有机质含量为 18.3 g/kg，全氮含量为 0.52 g/kg，全磷含量为 0.550 g/kg，全钾含量为 8.58 g/kg，阳离子交换量为 5.0 cmol/kg。

潴育层：37~64 cm，淡黄色，团状，紧实，土壤容重为 1.45 g/cm³，较多铁锰结核，无植物根系，质地为重黏土，pH 6.0，有机质含量为 23.5 g/kg，全氮含量为 0.60 g/kg，全磷含量为 0.680 g/kg，全钾含量为 4.82 g/kg，阳离子交换量为 9.8 cmol/kg。

（4）**吉安市万安县国家级监测点** 代码为 360751，建点于 2016 年，位于万安县芙蓉镇芙蓉村，东经 114°16′12″，北纬 26°16′48″，由当地农户管理；常年降水量 1 383 mm，常年有效积温 5 844 ℃，常年无霜期 288 d，海拔高度 96 m，地下水深 5 m，无障碍因素，耕地地力水平中等，满足灌溉能力，排水能力强，农业区划分属于长江中下游区，一年两熟，作物类型为双季稻；土类为红壤，亚类为典型红壤，土属为麻砂质红壤，土种为砂黏红泥，质地构型为薄层型，生物多样性一般，农田林网化程度低，土壤养分状况为潜在缺乏，无盐渍化。土壤剖面理化性状如下。

耕作层：0~15 cm，黄棕色，团粒，疏松，无新生体，大量植物根系，质地为黏壤土，pH 5.1，有机质含量为 14.2 g/kg，全氮含量为 0.99 g/kg，全磷含量为 0.450 g/kg，全钾含量为 17.33 g/kg，阳离子交换量为 9.2 cmol/kg。

犁底层：15~25 cm，黄色，片状，稍紧实，少量铁锈，少量植物根系，质地为粉砂质壤土，pH 5.4，有机质含量为 4.2 g/kg，全氮含量为 0.41 g/kg，全磷含量为 0.260 g/kg，全钾含量为 14.87 g/kg，阳离子交换量为 11.2 cmol/kg。

潴育层：25~100 cm，红色，块状，紧实，有铁锈，无植物根系，质地为粉砂质壤土，pH 5.0，有机质含量为 3.8 g/kg，全氮含量为 0.41 g/kg，全磷含量为 0.260 g/kg，全钾含量为 12.91 g/kg，阳离子交换量为 13.4 cmol/kg。

（5）**吉安市峡江县国家级监测点** 代码为 360754，建点于 2016 年，位于峡江县福民乡娄屋得，东经 115°12′36″，北纬 27°34′12″，由当地农户管理；常年降水量 1 700 mm，常年有效积温 5 100 ℃，常年无霜期 277 d，海拔高度 39 m，地下水深 25 m，无障碍因素，耕地地力水平中等，满足灌溉能力，排水能力中等，农业区划分属于长江中下游区，一年两熟，作物类型为双季稻；成土母质为泥质岩类残积物，土类为水稻土，亚类为潴育型水稻土，土属为鳝泥田，土种为其他鳝泥田。土壤剖面理化性状如下。

耕作层：0~20 cm，灰色，团粒状，松软，有新生体，大量植物根系，质地为黏壤土，pH 5.5，有机质含量为 29.9 g/kg，全氮含量为 2.01 g/kg，全磷含量为 0.370 g/kg，全钾含量为 17.20 g/kg，阳离子交换量为 8.2 cmol/kg。

犁底层：20~36 cm，黄色，片状，较紧实，无新生体，少量植物根系，质地为轻黏土，pH 5.7，有机质含量为 11.6 g/kg，全氮含量为 0.99 g/kg，全磷含量为 0.080 g/kg，全钾含量为 4.40 g/kg，阳离子交换量为 8.4 cmol/kg。

潴育层：36~100 cm，淡黄色，块状，很紧实，无新生体，无植物根系，质地为砂黏土，pH 5.9，有机质含量为 6.5 g/kg，全氮含量为 0.75 g/kg，全磷含量为 0.070 g/kg，全钾含量为 5.90 g/kg，阳离子交换量为 8.5 cmol/kg。

（6）**吉安市永新县国家级监测点** 代码为 360759，建点于 2011 年，位于永新县石桥樟枧，东经 114°19′12″，北纬 26°58′12″，由当地农户管理；常年降水量 1 503 mm，常年有效积温 5 750 ℃，常年无霜期 281 d，海拔高度 105 m，地下水深 5 m，无障碍因素，耕地地力水平高，基本满足灌溉能力，排水能力中等，农业区划分属于长江中下游区，一年两熟，作物类型为双季稻；土类为水稻土，亚类为潴育型水稻土，土属为黄泥田，土种为灰黄泥田。土壤剖面理化性状如下。

耕作层：0~15 cm，黑褐色，粒状，松散，土壤容重为 1.20 g/cm³，大量植物根系，质地为少砾质砂质壤土，pH 5.8，有机质含量为 61.0 g/kg，全氮含量为 2.12 g/kg，全磷含量为 1.275 g/kg，全钾含量为 26.95 g/kg，阳离子交换量为 7.8 cmol/kg。

犁底层：15~24 cm，暗棕色，片状，稍紧实，土壤容重为 1.27 g/cm³，有锈纹，植物根系多，质地为少砾质黏壤土，pH 5.0，有机质含量为 25.3 g/kg，全氮含量为 1.15 g/kg，全磷含量为 0.962 g/kg，全钾含量为 21.54 g/kg，阳离子交换量为 13.5 cmol/kg。

潴育层 1：24~64 cm，黄带红色，棱柱状，稍紧实，土壤容重为 1.25 g/cm³，有锈斑，植物根系中等，质地为黏壤土，pH 5.1，有机质含量为 31.7 g/kg，全氮含量为 0.86 g/kg，全磷含量为 0.598 g/kg，全钾含量为 54.54 g/kg，阳离子交换量为 14.8 cmol/kg。

潴育层 2：64~104 cm，黄带灰色，块状，稍紧实，土壤容重为 1.26 g/cm³，有铁锰结核，少量植物根系，质地为少砾质砂质壤土，pH 5.1，有机质含量为 33.8 g/kg，全氮含量为 0.87 g/kg，全磷含量为 0.666 g/kg，全钾含量为 27.61 g/kg，阳离子交换量为 7.0 cmol/kg。

潜育层：104~138 cm，黄带黑色，块状，极紧实，土壤容重为 1.32 g/cm³，有铁锰结核，少量植物根系，质地为黏壤土，pH 5.5，有机质含量为 28.3 g/kg，全氮含量为 0.68 g/kg，全磷含量为 0.376 g/kg，全钾含量为 24.00 g/kg，阳离子交换量为 8.0 cmol/kg。

（7）吉安市井冈山市国家级监测点 代码为 360764JC20091，建点于 2009 年，位于井冈山市拿山镇拿山村，东经 114°17′27″，北纬 26°44′02″，由当地农户管理；常年降水量 1 891 mm，常年有效积温 5 292 ℃，常年无霜期 300 d，海拔高度 249 m，地下水深 1 m，无障碍因素，耕地地力水平中等，满足灌溉能力，排水能力强，农业区划分属于长江中下游区，一年一熟，作物类型为单季稻；土类为水稻土，亚类为潴育型水稻土，土属为黄泥田，土种为其他黄泥田。土壤剖面理化性状如下。

耕作层：0~20 cm，灰黑色，块状，稍坚实，有二氧化硅粉末，大量植物根系，质地为中砾质砂质壤土，pH 5.3，有机质含量为 36.5 g/kg，全氮含量为 1.40 g/kg，全磷含量为 0.890 g/kg，全钾含量为 22.30 g/kg，阳离子交换量为 2.5 cmol/kg。

渗育层：20~40 cm，赤红色，团块核状，疏松，有锈纹，少量植物根系，质地为少砾质砂质壤土，pH 5.8，有机质含量为 19.0 g/kg，全氮含量为 1.04 g/kg，全磷含量为 0.660 g/kg，全钾含量为 17.30 g/kg，阳离子交换量为 6.8 cmol/kg。

潜育层：40~60 cm，褐黄色，板状，稍坚实，有铁锰胶膜，无植物根系，质地为少砾质壤土，pH 6.1，有机质含量为 12.4 g/kg，全氮含量为 0.74 g/kg，全磷含量为 0.850 g/kg，全钾含量为 11.40 g/kg，阳离子交换量为 6.3 cmol/kg。

母质层：60~80 cm，土黄色，片状，极紧，有铁锰结核，无植物根系，质地为粉砂质黏壤土，pH 5.9，有机质含量为 23.3 g/kg，全氮含量为 0.80 g/kg，全磷含量为 0.370 g/kg，全钾含量为 16.10 g/kg，阳离子交换量为 4.5 cmol/kg。

（8）**吉安市吉州区国家级监测点**　代码为360765，建点于2011年，位于吉州区曲濑瓦桥，东经114°52′34″，北纬27°04′16″，由当地农户管理；常年降水量1 519 mm，常年有效积温5 824 ℃，常年无霜期279 d，海拔高度52 m，地下水深1 m，无障碍因素，耕地地力水平中等，基本满足灌溉能力，排水能力中等，农业区划分属于长江中下游区，一年两熟，作物类型为双季稻；成土母质为湖积物，土类为水稻土，亚类为潜育型水稻土，土属为潜育型潮砂泥田，土种为全潜潮砂泥田，质地构型为紧实型，生物多样性一般，农田林网化程度中等，土壤养分状况为潜在缺乏，无盐渍化。土壤剖面理化性状如下。

耕作层：0~25 cm，灰棕色，细粒状，疏松，土壤容重为1.19 g/cm³，植物根系多，质地为壤质黏土。

犁底层：25~37 cm，棕褐色，棱块状，较紧，土壤容重为1.71 g/cm³，有铁锰质淀积，少量植物根系，质地为粉砂质黏壤土。

潜育层：37~100 cm，黄棕色，块状，紧实，土壤容重为1.74 g/cm³，有铁锰质淀积，无植物根系，质地为壤质黏土。

（9）**吉安市新干县国家级监测点**　代码为360778，建点于2016年，位于新干县沂江乡大洲村，东经115°00′00″，北纬27°00′00″，由当地农户管理；常年降水量1 500 mm，常年有效积温5 585 ℃，常年无霜期270 d，海拔高度51 m，地下水深2 m，无障碍因素，耕地地力水平中等，满足灌溉能力，排水能力强，农业区划分属于长江中下游区，一年两熟，作物类型为双季稻；成土母质为河流冲积物，土类为水稻土，亚类为潴育型水稻土，土属为潮砂泥田，土种为其他潮砂泥田，质地构型为紧实型，生物多样性丰富，农田林网化程度中等，土壤养分状况为最佳水平，无盐渍化。土壤剖面理化性状如下。

耕作层：0~21 cm，浅灰色，团粒，松，多植物根系。

犁底层：21~31 cm，淡黄色，团粒，紧，少量植物根系。

潴育层：31~61 cm，黑褐色，团粒，较紧，有铁锰斑纹，无植物根系。

母质层：61~100 cm，白色，团粒，较松，无植物根系。

（10）**吉安市泰和县国家级监测点**　代码为360782，建点于2016年，位于泰和县冠朝镇社下村，东经115°07′12″，北纬26°50′24″，由当地农户管理；常年降水量1 415 mm，常年有效积温5 918 ℃，常年无霜期282 d，海拔高度74 m，地下水深4 m，无障碍因素，耕地地力水平中等，满足灌溉能力，排水能力强，农业区划分属于长江中下游区，一年两熟，作物类型为双季稻；土类为水稻土，亚类为潴育型水稻土，土属为潮砂泥田，土种为其他潮砂泥田，质地构型为薄层型，生物多样性一般，农田林网化程度低，土壤养分状况为潜在缺乏，无盐渍化。土壤剖面理化性状如下。

耕作层：0~17 cm，灰黑色，团块状，松散，无新生体，98%植物根系，质地为砂质壤土，pH 4.8，有机质含量为38.6 g/kg，全氮含量为1.24 g/kg，全磷含量为0.440 g/kg，全钾含量为45.38 g/kg，阳离子交换量为4.3 cmol/kg。

犁底层：17~30 cm，灰黄色，块状，坚实，无新生体，2%植物根系，质地为砂质壤土，pH 4.6，有机质含量为20.1 g/kg，全氮含量为0.85 g/kg，全磷含量为

0.260 g/kg，全钾含量为 14.87 g/kg，阳离子交换量为 3.0 cmol/kg。

潴育层：30~78 cm，灰黄色，块状，稍坚实，有锈纹，无植物根系，质地为砂质壤土，pH 5.2，有机质含量为 18.0 g/kg，全氮含量为 0.48 g/kg，全磷含量为 0.280 g/kg，全钾含量为 12.91 g/kg，阳离子交换量为 4.8 cmol/kg。

12.1.2 吉安市省级耕地质量监测点情况介绍

12.1.2.1 井冈山市

（1）**吉安市井冈山市黄坳乡洪石村省级监测点**　代码为 360881JC20163，建点于 2016 年，东经 114°09′13″，北纬 26°17′37″，由当地农户管理；土类为水稻土，亚类为潴育型水稻土，土属为潴育型红黄泥田，土种为强潴灰红黄泥田；一年两熟，作物类型为油-稻。

（2）**吉安市井冈山市厦坪镇厦坪村省级监测点**　代码为 360881JC20164，建点于 2016 年，东经 114°09′15″，北纬 26°25′58″，由当地农户管理；土类为水稻土，亚类为潴育型水稻土，土属为潴育型黄泥田，土种为弱潴黄泥田；一年两熟，作物类型为油-稻。

（3）**吉安市井冈山市柏露乡白石村省级监测点**　代码为 360881JC20162，建点于 2016 年，东经 114°03′49″，北纬 26°26′06″，由当地农户管理；土类为水稻土，亚类为潜育型水稻土，土属为潜育型灰麻砂泥田，土种为弱潜灰麻砂泥田；一年两熟，作物类型为油-稻。

12.1.2.2 遂川县

（1）**吉安市遂川县雩田镇雩田村省级监测点**　代码为 360827JC20121，建点于 2012 年，东经 114°36′08″，北纬 26°24′22″，由当地农户管理；土类为水稻土，亚类为潴育型水稻土，土属为潮泥田，土种为潴育型潮砂泥田；一年两熟，作物类型为双季稻。

（2）**吉安市遂川县碧洲镇粟头村省级监测点**　代码为 360827JC20123，建点于 2012 年，东经 114°39′23″，北纬 26°23′34″，由当地农户管理；土类为水稻土，亚类为潴育型水稻土；一年两熟，作物类型为双季稻。

（3）**吉安市遂川县枚江镇邵溪村省级监测点**　代码为 360827JC20124，建点于 2012 年，东经 114°34′17″，北纬 26°20′26″，由当地农户管理；土类为水稻土，亚类为潴育型水稻土，土属为潮泥田，土种为中潴乌潮砂泥田；一年两熟，作物类型为双季稻。

（4）**吉安市遂川县珠田乡黄塘村省级监测点**　代码为 360827JC20125，建点于 2012 年，东经 114°29′16″，北纬 26°17′00″，由当地农户管理；土类为水稻土，亚类为潴育型水稻土，土属为黄泥田，土种为中潴黄泥田；一年一熟，作物类型为单季稻。

12.1.2.3 吉州区

（1）**吉安市吉州区兴桥镇湖丘村省级监测点**　代码为 360800JC201602，建点于 2016 年，东经 114°49′51″，北纬 27°06′09″，由当地农户管理；土类为水稻土，亚类为淹育型水稻土，土属为淹育型青泥田，土种为青紫泥田；一年两熟，作物类型为双季稻。

（2）**吉安市吉州区长塘镇毛山村省级监测点**　代码为 360800JC201603，建点于 2016 年，东经 114°49′51″，北纬 27°06′09″，由当地农户管理；土类为水稻土，亚类为淹育型水稻土，土属为淹育型潮砂泥田，土种为淹育型黄潮砂泥田；一年两熟，作物类型为双季稻。

12.1.2.4　新干县

（1）**吉安市新干县溧江镇堆背村省级监测点**　代码为 360824JC201621，建点于 2016 年，东经 115°27′52″，北纬 27°50′32″，由当地农户管理；土类为水稻土，亚类为潴育型水稻土，土属为潴育型潮砂泥田，土种为中潴灰潮砂泥田；一年两熟，作物类型为双季稻。

（2）**吉安市新干县潭丘乡潭丘村省级监测点**　代码为 360824JC201622，建点于 2016 年，东经 115°35′46″，北纬 27°37′57″，由当地农户管理；土类为水稻土，亚类为潴育型水稻土，土属为潴育型鳝泥田，土种为中潴灰鳝泥田；一年两熟，作物类型为双季稻。

（3）**吉安市新干县金川镇长港村省级监测点**　代码为 360824JC201623，建点于 2016 年，东经 115°26′30″，北纬 27°41′72″，由当地农户管理；土类为红壤土，亚类为典型红壤土，土属为红泥质红壤土，土种为熟红土；一年一熟，作物类型为果树。

（4）**吉安市新干县界埠镇廖圩村省级监测点**　代码为 360824JC201625，建点于 2016 年，东经 115°32′47″，北纬 27°54′42″，由当地农户管理；土类为水稻土，亚类为潴育型水稻土，土属为潴育型潮砂泥田，土种为中潴灰潮砂泥田；一年两熟，作物类型为双季稻。

（5）**吉安市新干县七琴镇秋南村省级监测点**　代码为 360800JC201866，建点于 2018 年，东经 115°36′15″，北纬 27°41′16″，由当地农户管理；土类为水稻土，亚类为潴育型水稻土，土属为潴育型麻砂泥田，土种为中潴麻砂泥田；一年两熟，作物类型为双季稻。

12.1.2.5　吉水县

（1）**吉安市吉水县文峰镇龙田村省级监测点**　代码为 360822JC20092，建点于 2009 年，东经 115°21′46″，北纬 27°13′44″，由当地农户管理；土类为水稻土，亚类为潴育型水稻土，土属为紫砂泥田，土种为中潴紫砂泥田；一年两熟，作物类型为双季稻。

（2）**吉安市吉水县白水镇土岭村省级监测点**　代码为 360822JC20093，建点于 2009 年，东经 115°21′49″，北纬 27°04′59″，由当地农户管理；土类为水稻土，亚类为潴育型水稻土，土属为鳝泥田，土种为中潴灰鳝泥田；一年两熟，作物类型为双季稻。

（3）**吉安市吉水县醪桥镇日岗村省级监测点**　代码为 360822JC20094，建点于 2009 年，东经 115°20′57″，北纬 27°34′05″，由当地农户管理；土类为水稻土，亚类为潴育型水稻土，土属为鳝泥田，土种为中潴灰鳝泥田；一年两熟，作物类型为双季稻。

12.1.3　吉安市市（县）级耕地质量监测点情况介绍

12.1.3.1　井冈山市

（1）**吉安市井冈山市拿山镇南岸村市级监测点**　代码为 360800JC201661，建点于

2016年，东经114°18′27″，北纬26°16′18″，由当地农户管理；土类为水稻土，亚类为潜育型水稻土，土属为潜育型潮砂泥田，土种为弱潜潮砂泥田；一年两熟，作物类型为油-稻。

（2）**吉安市井冈山市古城镇沃壤次村市级监测点**　代码为360800JC201662，建点于2016年，东经114°00′02″，北纬26°45′42″，由当地农户管理；土类为水稻土，亚类为潴育型水稻土，土属为潴育型麻砂泥田，土种为弱潴灰麻砂泥田；一年两熟，作物类型为油-稻。

（3）**吉安市井冈山市龙市镇坳里村市级监测点**　代码为360800JC201663，建点于2016年，东经113°56′46″，北纬26°44′22″，由当地农户管理；土类为水稻土，亚类为潴育型水稻土，土属为潴育型麻砂泥田，土种为中潴灰麻砂泥田；一年两熟，作物类型为油-稻。

（4）**吉安市井冈山市葛田乡葛田村市级监测点**　代码为360800JC201664，建点于2016年，东经113°59′41″，北纬26°39′30″，由当地农户管理；土类为水稻土，亚类为潴育型水稻土，土属为潴育型灰麻砂泥田，土种为中潴灰麻砂泥田；一年一熟，作物类型为单季稻。

（5）**吉安市井冈山市古城镇寺源村市级监测点**　代码为360800JC201665，建点于2016年，东经114°00′09″，北纬26°45′09″，由当地农户管理；土类为红壤，亚类为水稻土，土属为花岗岩泥田，土种为厚层中有机质花岗岩类泥田；一年一熟，作物类型为单季稻。

12.1.3.2　遂川县

（1）**吉安市遂川县泉江镇桃园村市级监测点**　代码为360800JC201646，建点于2016年，东经114°30′11″，北纬26°17′58″，由当地农户管理；土类为水稻土，亚类为潴育型水稻土，土属为潮泥田，土种为弱潴潮砂泥田；一年两熟，作物类型为双季稻。

（2）**吉安市遂川县雩田镇中洲村市级监测点**　代码为360800JC201647，建点于2016年，东经114°35′52″，北纬26°22′51″，由当地农户管理；土类为潮土，亚类为潮土，土属为壤质潮土，土种为厚层壤质潮土，作物类型为蔬菜。

（3）**吉安市遂川县双桥乡双桥村市级监测点**　代码为360800JC201648，建点于2016年，东经114°32′09″，北纬26°36′46″，由当地农户管理；土类为水稻土，亚类为潴育型水稻土，土属为黄泥田，土种为弱潴灰红黄泥田；一年一熟，作物类型为单季稻。

（4）**吉安市遂川县新江乡新江村市级监测点**　代码为360800JC201649，建点于2016年，东经114°25′31″，北纬26°38′34″，由当地农户管理；土类为水稻土，亚类为潴育型水稻土，土属为黄泥田，土种为强潴灰红黄泥田；一年一熟，作物类型为单季稻。

（5）**吉安市遂川县堆子前镇堆子前村市级监测点**　代码为360800JC201650，建点于2016年，东经114°17′28″，北纬26°20′18″，由当地农户管理；土类为水稻土，亚类为潴育型水稻土，土属为潮泥田，土种为弱潴砂底灰潮砂泥田；一年一熟，作物类型为单季稻。

（6）**吉安市遂川县黄坑乡龙口村市级监测点**　代码为 360800JC201869，建点于 2016 年，东经 114°16′58″，北纬 26°13′05″，由当地农户管理；土类为水稻土，亚类为潴育型水稻土，土属为潮泥田，土种为弱潴砂底潮砂泥田；一年一熟，作物类型为单季稻。

12.1.3.3　青原区

（1）**吉安市青原区东固乡古竹村市级监测点**　代码为 360800JC201606，建点于 2016 年，东经 115°21′54″，北纬 26°44′51″，由当地农户管理；土类为水稻土，亚类为潴育型水稻土，土属为麻砂泥田，土种为乌麻砂泥田；一年两熟，作物类型为油-稻。

（2）**吉安市青原区富田镇云楼村市级监测点**　代码为 360800JC201607，建点于 2016 年，东经 115°10′08″，北纬 26°51′32″，由当地农户管理；土类为水稻土，亚类为潴育型水稻土，土属为黄砂泥田，土种为灰黄砂泥田；一年两熟，作物类型为双季稻。

（3）**吉安市青原区值夏镇万胜村市级监测点**　代码为 360800JC201608，建点于 2016 年，东经 115°06′28″，北纬 26°57′46″，由当地农户管理；土类为水稻土，亚类为潴育型水稻土，土属为潮砂泥田，土种为乌潮砂泥田；一年两熟，作物类型为双季稻。

（4）**吉安市青原区富滩镇龙口村市级监测点**　代码为 360800JC2016009，建点于 2016 年，东经 115°06′38″，北纬 26°57′46″，由当地农户管理；土类为水稻土，亚类为潴育型水稻土；一年两熟，作物类型为双季稻。

（5）**吉安市青原区天玉镇平湖村市级监测点**　代码为 360800JC201610，建点于 2016 年，东经 115°03′20″，北纬 27°04′58″，由当地农户管理；土类为潮土，亚类为潮土，土属为潮砂泥土，土种为灰潮砂泥土；一年一熟，作物类型为果树。

12.1.3.4　万安县

（1）**吉安市万安县芙蓉镇光明村市（县）级监测点**　代码为 360800JC201641，建点于 2016 年，东经 114°55′58″，北纬 26°37′37″，由当地农户管理；土类为水稻土，亚类为潴育型水稻土，土属为潴育型红砂泥田，土种为中潴灰红砂泥田；一年两熟。

（2）**吉安市万安县窑头镇窑头村市（县）级监测点**　代码为 360800JC201643，建点于 2016 年，东经 114°55′18″，北纬 26°39′24″，由当地农户管理；土类为水稻土，亚类为潴育型水稻土，土属为潴育型潮砂泥田，土种为中潴灰潮砂泥田；一年两熟。

（3）**吉安市万安县涧田乡上陈村市（县）级监测点**　代码为 360800JC201644，建点于 2016 年，东经 114°42′47″，北纬 26°28′59″，由当地农户管理；土类为水稻土，亚类为潴育型水稻土，土属为潴育型红黄泥田，土种为中潴灰红黄泥田。

（4）**吉安市万安县罗塘乡奇富村市（县）级监测点**　代码为 360800JC201944，建点于 2019 年，东经 114°42′47″，北纬 26°28′59″，由当地农户管理；土类为水稻土，亚类为潴育型水稻土，土属为潴育型红黄泥田，土种为中潴灰红黄泥田；一年两熟。

（5）**吉安市万安县百嘉镇九贤村市（县）级监测点**　代码为 360800JC201941，建点于 2019 年，东经 114°41′40″，北纬 26°32′17″，由当地农户管理；土类为水稻土，亚类为潴育型水稻土，土属为潴育型潮砂泥田，土种为中层潮砂泥田；一年两熟。

（6）**吉安市万安县窑头镇通津村市（县）级监测点**　代码为 360800JC201645，建点于 2016 年，东经 114°56′17″，北纬 26°45′46″，由当地农户管理；土类为潮土，亚类为潮土，土属为砂质潮土，土种为厚层潮砂土。

12.1.3.5 峡江县

（1）**吉安市峡江县水边镇义桥村市级监测点**　代码为 360800JC201632，建点于 2016 年，东经 115°19′41″，北纬 27°33′24″，由当地农户管理；土类为水稻土，亚类为潴育型水稻土，土属为黄泥田，土种为其他黄泥田；一年两熟，作物类型为双季稻。

（2）**吉安市峡江县罗田镇张家村市级监测点**　代码为 360800JC201633，建点于 2016 年，东经 115°03′29″，北纬 27°32′29″，由当地农户管理；土类为水稻土，亚类为潴育型水稻土，土属为潴育型潮砂泥田，土种为新建潮砂泥田；一年两熟，作物类型为双季稻。

（3）**吉安市峡江县金坪乡新民村市级监测点**　代码为 360800JC201635，建点于 2016 年，东经 115°25′01″，北纬 27°30′55″，由当地农户管理；土类为红壤，亚类为典型红壤，土属为红泥质红壤。

（4）**吉安市峡江县巴邱镇坳上村委大坪村市级监测点**　代码为 360800JC201867，建点于 2018 年，东经 115°12′15″，北纬 27°37′22″，由当地农户管理；土类为水稻土，亚类为潴育型水稻土，土属为潮泥田，土种为新建潮砂泥田；一年两熟，作物类型为双季稻。

12.1.3.6 永丰县

（1）**吉安市永丰县坑田镇上田村市级监测点**　代码为 360800JC201726，建点于 2017 年，东经 115°27′18″，北纬 27°33′21″，由当地农户管理；土类为水稻土，亚类为潴育型水稻土，土属为潴育型鳝泥田，土种为潴育型灰鳝泥田；一年两熟，作物类型为双季稻。

（2）**吉安市永丰县沿陂镇下袍村市级监测点**　代码为 360800JC201727，建点于 2017 年，东经 115°38′59″，北纬 27°23′35″，由当地农户管理；土类为水稻土，亚类为潴育型水稻土，土属为潴育型紫砂泥田，土种为潴育型灰紫砂泥田；一年两熟，作物类型为双季稻。

（3）**吉安市永丰县古县镇五团村市级监测点**　代码为 360800JC201728，建点于 2017 年，东经 115°41′12″，北纬 28°06′55″，由当地农户管理；土类为水稻土，亚类为潴育型水稻土，土属为潴育型潮砂泥田，土种为潴育型灰潮砂泥田；一年两熟，作物类型为双季稻。

（4）**吉安市永丰县沙溪镇梅林村市级监测点**　代码为 360800JC201729，建点于 2017 年，东经 115°50′14″，北纬 28°06′55″，由当地农户管理；土类为水稻土，亚类为潴育型水稻土，土属为潴育型鳝泥田，土种为潴育型灰鳝泥田；一年两熟，作物类型为双季稻。

（5）**吉安市永丰县县果园市级监测点**　代码为 360800JC201730，建点于 2017 年，东经 115°32′22″，北纬 27°21′02″，由当地农户管理；土类为潮土，亚类为潴育型水稻土，土属为壤质潮砂泥土，土种为壤质灰潮砂泥土；一年一熟，作物类型为柑橘。

（6）**吉安市永丰县八江乡茶口村市级监测点**　代码为 360800JC201826，建点于

2018 年，东经 115°31′04″，北纬 27°13′10″，由当地农户管理；土类为水稻土，亚类为潴育型水稻土，土属为潴育型鳝泥田，土种为潴育型灰鳝泥田。

（7）**吉安市永丰县瑶田镇三龙村市级监测点**　代码为 360800JC201926，建点于 2019 年，东经 115°41′54″，北纬 27°16′06″，由当地农户管理；土类为水稻土，亚类为潴育型水稻土，土属为潴育型潮砂泥田，土种为潴育型灰潮砂泥田。

12.1.3.7　安福县

（1）**吉安市安福县枫田镇松田村市级监测点**　代码为 360800JC201651，建点于 2016 年，东经 114°40′31″，北纬 27°22′31″，由当地农户管理；土类为水稻土，亚类为潴育型水稻土，土属为潴育型潮砂泥田，土种为弱潴灰潮砂泥田；一年两熟，作物类型为双季稻。

（2）**吉安市安福县寮塘乡寮塘村市级监测点**　代码为 360800JC201652，建点于 2016 年，东经 114°35′51″，北纬 27°16′16″，由当地农户管理；土类为水稻土，亚类为潴育型水稻土，土属为潴育型黄泥田，土种为中潴黄泥田；一年两熟，作物类型为双季稻。

（3）**吉安市安福县洲湖镇毛田村市级监测点**　代码为 360800JC201653，建点于 2016 年，东经 114°30′18″，北纬 27°08′05″，由当地农户管理；土类为水稻土，亚类为潴育型水稻土，土属为潴育型黄砂泥田，土种为中潴黄砂泥田；一年两熟，作物类型为双季稻。

（4）**吉安市安福县金田乡沿沛村市级监测点**　代码为 360800JC201654，建点于 2016 年，东经 114°25′17″，北纬 27°10′26″，由当地农户管理；土类为水稻土，亚类为潴育型水稻土，土属为潴育型黄泥田，土种为中潴黄泥田；一年两熟，作物类型为双季稻。

（5）**吉安市安福县横龙镇盆形村市级监测点**　代码为 360800JC201655，建点于 2016 年，东经 114°33′29″，北纬 27°22′35″，由当地农户管理；土类为红壤，亚类为红壤；一年一熟，作物类型为果树。

（6）**吉安市安福县山庄乡笪桥村市级监测点**　代码为 360800JC201870，建点于 2018 年，东经 114°34′57″，北纬 27°28′29″，由当地农户管理；土类为水稻土，亚类为潜育型水稻土，土属为潜育型麻砂泥田；一年两熟，作物类型为双季稻。

12.1.3.8　吉安县

（1）**吉安市吉安县桐坪镇桐坪村市级监测点**　代码为 360800JC201611，建点于 2016 年，东经 114°55′54″，北纬 27°14′52″，由当地农户管理；土类为型水稻土，亚类为淹育型水稻土，土属为浅潮砂泥田；一年两熟，作物类型为双季稻。

（2）**吉安市吉安县敖城镇版塘村市级监测点**　代码为 360800JC201612，建点于 2016 年，东经 114°35′09″，北纬 26°58′44″，由当地农户管理；土类为水稻土，亚类为潴育型水稻土，土属为红泥田，土种为灰黄泥田；一年两熟，作物类型为双季稻。

（3）**吉安市吉安县敖城镇大村村市级监测点**　代码为 360800JC201613，建点于 2016 年，东经 114°33′53″，北纬 26°57′15″，由当地农户管理；土类为红壤，亚类为棕红壤，土属为麻砂质棕红壤，土种为灰棕麻砂土；一年两熟，作物类型为油菜-花生。

（4）**吉安市吉安县永和镇彭家村市级监测点**　代码为360800JC201614，建点于2016年，东经114°00′28″，北纬27°01′23″，由当地农户管理；土类为水稻土，亚类为潴育型水稻土，土属为红泥田，土种为灰黄泥田；一年两熟，作物类型为双季稻。

（5）**吉安市吉安县横江镇高垅村市级监测点**　代码为360800JC201615，建点于2016年，东经114°54′05″，北纬26°58′54″，由当地农户管理；土类为水稻土，亚类为潴育型水稻土，土属为潮泥田，土种为潮砂泥田；一年两熟，作物类型为双季稻。

（6）**吉安市吉安县万福镇炯村市级监测点**　代码为360800JC201816，建点于2018年，东经114°54′18″，北纬27°24′26″，由当地农户管理；土类为水稻土，亚类为潴育型水稻土；一年两熟，作物类型为双季稻。

12.1.3.9　泰和县

（1）**吉安市泰和县马市镇高田村6组市级监测点**　代码为360800JC201637，建点于2016年，东经115°09′30″，北纬26°55′47″，由当地农户管理；土类为水稻土，亚类为潴育型水稻土，土属为潴育型黄砂泥田，土种为潴育型灰黄砂泥田；一年两熟。

（2）**吉安市泰和县禾市镇禾院村官田组市级监测点**　代码为360800JC201638，建点于2016年，东经114°54′10″，北纬26°56′28″，由当地农户管理；土类为水稻土，亚类为潴育型水稻土，土属为潴育型潮砂泥田，土种为潴育型灰潮砂泥田；一年两熟。

（3）**吉安市泰和县沿溪镇山东村市级监测点**　代码为360800JC201639，建点于2016年，东经115°08′08″，北纬26°57′57″，由当地农户管理；土类为水稻土，亚类为潴育型水稻土，土属为潴育型潮砂泥田，土种为潴育型乌潮砂泥田；一年两熟。

（4）**吉安市泰和县万合镇罗家村市级监测点**　代码为360800JC201640，建点于2016年，东经115°02′29″，北纬27°02′06″，由当地农户管理；土类为水稻土，亚类为潴育型水稻土，土属为潴育型鳝泥田，土种为潴育型灰鳝泥田；一年两熟。

12.1.3.10　吉水县

（1）**吉安市吉水县白水镇二分场村市级监测点**　代码为360800JC201616，建点于2016年，东经115°20′17″，北纬27°06′17″，由当地农户管理；土类为红壤，土属为千枚岩类红壤，土种为厚层少有机质千枚岩类红壤；一年一熟，作物类型为果树。

（2）**吉安市吉水县尚贤乡黄螺坪村市级监测点**　代码为360800JC201617，建点于2016年，东经114°57′11″，北纬27°21′43″，由当地农户管理；土类为水稻土，亚类为潴育型水稻土，土属为紫泥田，土种为中潴紫泥田；一年两熟，作物类型为双季稻。

（3）**吉安市吉水县丁江镇塘边村市级监测点**　代码为360800JC201618，建点于2016年，东经115°18′13″，北纬27°11′18″，由当地农户管理；土类为水稻土，亚类为潴育型水稻土，土属为鳝泥田，土种为中潴鳝泥田；一年两熟，作物类型为双季稻。

（4）**吉安市吉水县白沙镇白沙村市级监测点**　代码为360800JC201619，建点于2016年，东经115°26′11″，北纬26°57′17″，由当地农户管理；土类为水稻土，亚类为潴育型水稻土，土属为潮砂泥田，土种为中潴灰潮砂泥田；一年两熟，作物类型为双季稻。

（5）**吉安市吉水县黄桥镇南陂村市级监测点**　代码为 360800JC201620，建点于 2016 年，东经 115°01′17″，北纬 27°20′08″，由当地农户管理；土类为水稻土，亚类为潴育型水稻土，土属为红砂泥田，土种为中潴红砂泥田；一年两熟，作物类型为双季稻。

（6）**吉安市吉水县盘谷镇松城村县级监测点**　代码为 360822JC201901，建点于 2019 年，东经 114°59′06″，北纬 27°26′11″，由当地农户管理；土类为水稻土，亚类为潴育型水稻土，土属为紫泥田，土种为中潴紫泥田；一年两熟，作物类型为双季稻。

（7）**吉安市吉水县水南镇上车村县级监测点**　代码为 360822JC202002，建点于 2020 年，由当地农户管理；土类为水稻土，亚类为潴育型水稻土，土属为黄泥田，土种为中潴灰黄泥田；一年两熟，作物类型为双季稻。

12.1.3.11　永新县

（1）**吉安市永新县象形乡琥溪村市级监测点**　代码为 360800JC201657，建点于 2016 年，东经 114°13′38″，北纬 27°07′59″，由当地农户管理；土类为水稻土，亚类为潴育型水稻土，土属为紫砂泥田，土种为灰紫砂泥田；一年一熟。

（2）**吉安市永新县高桥楼镇高桥楼村市级监测点**　代码为 360800JC201658，建点于 2016 年，东经 114°21′29″，北纬 27°01′06″，由当地农户管理；土类为红壤，亚类为典型红壤，土属为红泥质红壤，土种为其他红泥质红壤；一年一熟。

（3）**吉安市永新县怀忠镇泉塘村市级监测点**　代码为 360800JC201759，建点于 2017 年，东经 114°23′15″，北纬 27°01′06″，由当地农户管理；土类为水稻土，亚类为潜育型水稻土，土属为青石灰泥田；一年两熟。

（4）**吉安市永新县龙源口镇墩上村市级监测点**　代码为 360800JC201760，建点于 2017 年，东经 114°07′06″，北纬 26°52′21″，由当地农户管理；土类为水稻土，亚类为潴育型水稻土，土属为鳝泥田，土种为灰鳝泥田；一年一熟。

（5）**吉安市永新县在中乡中洲村市级监测点**　代码为 360800JC202061，建点于 2020 年，东经 114°10′34″，北纬 26°56′15″，由当地农户管理；土类为水稻土，亚类为潴育型水稻土，土属为潮砂泥田，土种为其他潮砂泥田；一年一熟。

（6）**吉安市永新县里田镇里西村县级监测点**　代码为 360830JC201801，建点于 2018 年，东经 114°07′07″，北纬 27°01′06″，由当地农户管理；土类为水稻土，亚类为潴育型水稻土，土属为紫泥田，土种为灰紫泥田；一年两熟。

（7）**吉安市永新县石桥镇燎源村县级监测点**　代码为 360830JC202002，建点于 2020 年，东经 114°19′31″，北纬 26°55′58″，由当地农户管理；土类为水稻土，亚类为潜育型水稻土，土属为青鳝泥田，土种为其他青鳝泥田；一年两熟。

12.1.3.12　吉州区

（1）**吉安市吉州区长塘镇毛山村市（县）级监测点**　代码为 360800JC201604，建点于 2016 年，东经 114°49′51″，北纬 27°06′09″，由当地农户管理；土类为水稻土，亚类为潴育型水稻土，土属为潴育型红砂泥田，土种为潴育型红砂泥田；一年两熟，作物类型为双季稻。

（2）**吉安市吉州区樟山镇桥头村市（县）级监测点**　代码为 360800JC201605，建点于 2016 年，东经 114°49′51″，北纬 27°06′09″，由当地农户管理；土类为水稻土，亚类为淹育型水稻土，土属为淹育型黄泥田，土种为淹育型黄泥砂田；一年两熟，作物类型为双季稻。

12.2　吉安市各监测点作物产量

12.2.1　单季稻产量年际变化（2016—2020）

2016—2020 年 5 个年份吉安市常规施肥、无肥处理的单季稻分别有 10 个、11 个、10 个、13 个和 20 个监测点。由于每年都有新增或减少的监测点位，且同一监测点位的稻作制度不完全相同，个别点位还有种植柑橘、花生、柚子等作物的情况，因此不同年份之间监测点位数量不同。

2016—2020 年 5 个年份吉安市无肥处理的单季稻年均产量分别为 309.64 kg/亩、246.98 kg/亩、279.42 kg/亩、299.41 kg/亩和 299.61 kg/亩；常规施肥处理的单季稻年均产量分别为 546.38 kg/亩、488.28 kg/亩、488.73 kg/亩、501.92 kg/亩和 570.18 kg/亩（图 12-1）。相较于无肥处理，常规施肥处理 2016—2020 年 5 个年份的单季稻的产量分别提高了 76.46%、97.70%、74.91%、67.64%、90.31%。

从图 12-2 可以看出，2016—2020 年无肥处理单季稻的平均产量为 287.01 kg/亩，常规施肥处理的单季稻平均产量为 519.10 kg/亩。相较于无肥处理，常规施肥处理单季稻的平均产量提高 80.86%，这表明相较于不施肥的处理，常规施肥处理可以显著提高单季稻产量。

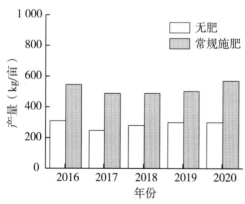
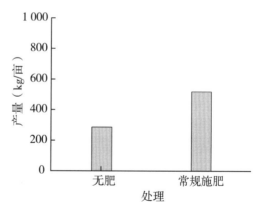

图 12-1　吉安市耕地质量监测点常规施肥、无肥处理对单季稻产量的影响　　　　**图 12-2**　吉安市耕地质量监测点 2016—2020 年常规施肥、无肥处理下的单季稻平均产量

12.2.2　双季稻产量年际变化（2016—2020）

2016—2020 年 5 个年份吉安市常规施肥、无肥处理的双季稻分别有 29 个、48 个、

53 个、51 个和 62 个监测点。与单季稻的情况类似，不同年份之间监测点位数量不同，主要原因为每年都有新增或减少的监测点位，且同一监测点位的稻作制度不完全相同，个别点位还有种植柑橘、花生、柚子等作物的情况。

12.2.2.1 早稻产量年际变化（2016—2020）

2016—2020 年 5 个年份吉安市无肥处理的早稻年均产量分别为 223.22 kg/亩、261.47 kg/亩、240.7 kg/亩、222.59 kg/亩和 229.70 kg/亩，常规施肥处理早稻年均产量分别为 437.74 kg/亩、447.85 kg/亩、446.04 kg/亩、437.17 kg/亩和 459.45 kg/亩（图 12-3）。相较于无肥处理，常规施肥处理 5 个年份的早稻年均产量分别提高了 96.10%、71.28%、85.31%、96.40%、100.02%。

从图 12-4 可以看出，2016—2020 年吉安市耕地质量监测点无肥处理的早稻平均产量为 235.54 kg/亩，常规施肥处理早稻平均产量为 445.65 kg/亩。相较于无肥处理，常规施肥处理 2016—2020 年吉安市耕地质量监测点的早稻产量提高了 89.20%，这表明常规施肥处理能够显著提高早稻的产量。

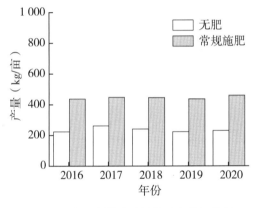

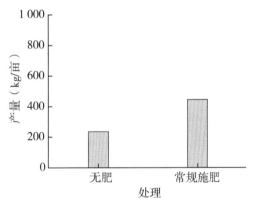

图 12-3 吉安市耕地质量监测点常规施肥、无肥处理对早稻产量的影响

图 12-4 吉安市耕地质量监测点 2016—2020 年常规施肥、无肥处理下的早稻平均产量

12.2.2.2 晚稻产量年际变化（2016—2020）

2016—2020 年 5 个年份吉安市无肥处理的晚稻年均产量分别为 221.68 kg/亩、262.31 kg/亩、243.60 kg/亩、231.06 kg/亩和 224.62 kg/亩，常规施肥处理的晚稻年均产量分别为 468.01 kg/亩、474.47 kg/亩、466.18 kg/亩、472.73 kg/亩和 451.75 kg/亩（图 12-5）。相较于无肥处理，常规施肥处理 5 个年份的晚稻年均产量分别提高了 111.12%、80.88%、91.37%、104.59%、101.12%。

从图 12-6 可以看出，2016—2020 年吉安市耕地质量监测点无肥处理的晚稻平均产量为 236.65 kg/亩，常规施肥处理的晚稻平均产量为 466.63 kg/亩。相较于无肥处理，常规施肥处理 2016—2020 年吉安市耕地质量监测点的晚稻产量提高了 97.18%。这表明常规施肥处理能够显著提高晚稻的产量。

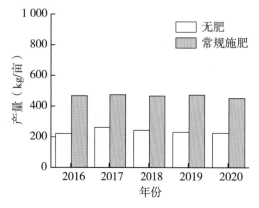

图 12-5　吉安市耕地质量监测点常规施肥、
无肥处理对晚稻产量的影响

图 12-6　吉安市耕地质量监测点 2016—2020 年
常规施肥、无肥处理下的晚稻平均产量

12.2.2.3　双季稻产量年际变化（2016—2020）

2016—2020 年 5 个年份吉安市无肥处理的双季稻年均产量分别为 444.90 kg/亩、504.28 kg/亩、470.71 kg/亩、445.71 kg/亩和 457.15 kg/亩，常规施肥处理的双季稻年均产量分别为 905.75 kg/亩、918.38 kg/亩、908.17 kg/亩、899.01 kg/亩和 907.00 kg/亩（图 12-7）。相较于无肥处理，常规施肥处理 5 个年份的双季稻年均产量分别提高了 103.59%、82.12%、92.94%、101.70%、98.40%。

从图 12-8 可以看出，2016—2020 年吉安市耕地质量监测点无肥处理的双季稻平均产量为 464.55 kg/亩，常规施肥处理的双季稻平均产量为 907.66 kg/亩。相较于无肥处理，常规施肥处理 2016—2020 年吉安市耕地质量监测点的双季稻产量提高了 95.38%。这表明常规施肥处理能够显著提高双季稻的产量。

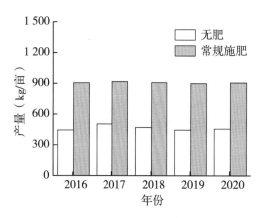
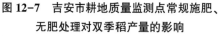
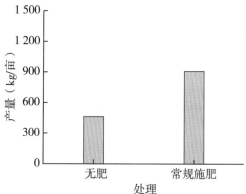

图 12-7　吉安市耕地质量监测点常规施肥、
无肥处理对双季稻产量的影响

图 12-8　吉安市耕地质量监测点 2016—2020 年
常规施肥、无肥处理下的双季稻平均产量

12.3　吉安市各监测点土壤性质

吉安市位于东经 113°46′~115°56′，北纬 25°58′~27°57′，是江西省建制最早的古郡之一，是赣文化发源地之一，是举世闻名的革命摇篮井冈山所在地。本节汇总了吉安市2016—2020 年各级耕地质量监测点的土壤理化性质，明确了吉安市常规施肥及无肥条件下土壤理化性质的差异。

2016—2019 年 4 个年份吉安市长期定位监测点分别有 40 个、71 个、77 个、79 个，2020 年又增至 92 个监测点。

12.3.1　土壤 pH 变化

2016—2020 年 5 个年份吉安市无肥处理的土壤 pH 分别为 4.99、5.08、5.07、5.11 和 5.28，常规施肥处理的土壤 pH 分别为 5.24、5.15、5.10、5.20 和 5.32（图 12-9）。与 2016 年的土壤 pH 相比，2017—2020 年 4 个年份无肥处理的土壤 pH 分别增加了 0.09、0.08、0.12 和 0.29 个单位；常规施肥处理的土壤 pH 分别增加了 -0.09、-0.14、-0.04 和 0.08 个单位。相较于无肥处理，2016—2020 年 5 个年份常规施肥处理的 pH 分别增加了 0.25、0.07、0.03、0.09 和 0.04 个单位。

从图 12-10 可以看出，吉安市耕地质量监测点 2016—2020 年无肥处理的 pH 平均值为 5.10，而常规施肥处理的 pH 平均值为 5.20。相较于无肥处理，2016—2020 年常规施肥处理的 pH 平均值增加了 0.10 个单位。

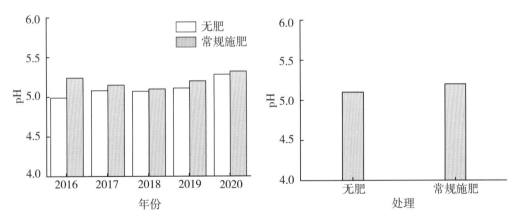

图 12-9　吉安市耕地质量监测点常规施肥、无肥处理对土壤 pH 的影响　　图 12-10　吉安市耕地质量监测点 2016—2020 年常规施肥、无肥处理下土壤 pH 的平均值

12.3.2　土壤有机质年际变化

2016—2020 年 5 个年份吉安市无肥处理的土壤有机质分别为 27.47 g/kg、31.80 g/kg、30.79 g/kg、31.51 g/kg 和 31.03 g/kg，常规施肥处理的土壤有机质

分别为 32.79 g/kg、32.99 g/kg、33.05 g/kg、33.32 g/kg 和 36.38 g/kg（图 12-11）。与 2016 年的相比，2017—2020 年 4 个年份无肥处理的土壤有机质分别增加了 15.76%、12.09%、14.71%和 12.96%；常规施肥处理的土壤有机质分别增加了 0.61%、0.79%、1.62%和 10.95%。相较于无肥处理，2016—2020 年 5 个年份常规施肥处理的土壤有机质分别增加了 19.37%、3.74%、7.34%、5.74%和 17.24%。

从图 12-12 可以看出，吉安市耕地质量监测点 2016—2020 年无肥处理的土壤有机质平均值为 30.52 g/kg，而常规施肥处理土壤有机质的平均值为 33.71 g/kg。相较于无肥处理，常规施肥处理 2016—2020 年土壤有机质的平均值增加了 10.45%。

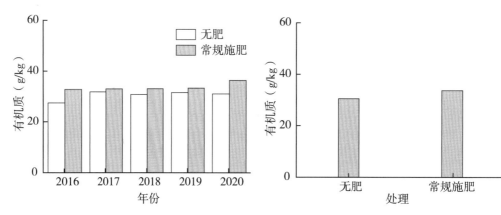

图 12-11 吉安市耕地质量监测点常规施肥、无肥处理对土壤有机质的影响

图 12-12 吉安市耕地质量监测点 2016—2020 年常规施肥、无肥处理下土壤有机质的平均值

12.3.3 土壤全氮年际变化

2016—2020 年 5 个年份吉安市无肥处理的土壤全氮分别为 1.32 g/kg、1.68 g/kg、1.85 g/kg、2.05 g/kg 和 1.88 g/kg，常规施肥处理的土壤全氮分别为 1.77 g/kg、1.79 g/kg、1.98 g/kg、2.13 g/kg 和 2.13 g/kg（图 12-13）。与 2016 年的相比，2017—2020 年 4 个年份无肥处理的土壤全氮分别增加了 27.27%、40.15%、55.30% 和 42.42%；常规施肥处理的土壤全氮分别增加了 1.13%、11.86%、20.34% 和 20.34%。相较于无肥处理，2016—2020 年 5 个年份常规施肥处理的土壤全氮分别增加了 34.09%、6.55%、7.03%、3.90% 和 13.30%。

从图 12-14 可以看出，吉安市耕地质量监测点 2016—2020 年无肥处理的土壤全氮平均值为 1.75 g/kg，而常规施肥处理土壤全氮的平均值为 1.96 g/kg。相较于无肥处理，常规施肥处理 2016—2020 年土壤全氮的平均值增加了 12.00%。

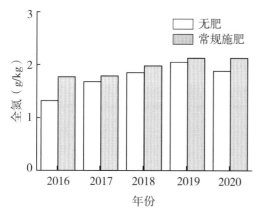

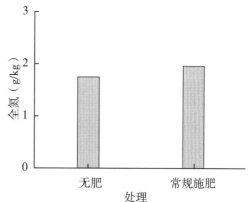

图 12-13　吉安市耕地质量监测点常规施肥、
无肥处理对土壤全氮的影响

图 12-14　吉安市耕地质量监测点 2016—2020 年
常规施肥、无肥处理下土壤全氮的平均值

12.3.4　土壤碱解氮年际变化

2016—2020 年 5 个年份吉安市无肥处理的土壤碱解氮分别为 133.78 mg/kg、139.79 mg/kg、147.33 mg/kg、202.91 mg/kg 和 152.87 mg/kg，常规施肥处理的土壤碱解氮分别为 156.37 mg/kg、171.36 mg/kg、142.79 mg/kg、219.27 mg/kg 和 180.89 mg/kg（图 12-15）。与 2016 年的相比，2017—2020 年 4 个年份无肥处理的土壤碱解氮分别增加了 4.49%、10.13%、51.67% 和 14.27%；常规施肥处理的土壤碱解氮分别增加了 9.59%、-8.68%、40.23% 和 15.68%。相较于无肥处理，2016—2020 年 5 个年份常规施肥处理的土壤碱解氮分别增加了 16.89%、22.58%、-3.08%、8.06% 和 18.33%。

从图 12-16 可以看出，吉安市耕地质量监测点 2016—2020 年无肥处理的土壤碱解氮平均值为 155.34 mg/kg，而常规施肥处理土壤碱解氮的平均值为 174.14 mg/kg。相较于无肥处理，常规施肥处理 2016—2020 年土壤碱解氮的平均值增加了 12.26%。

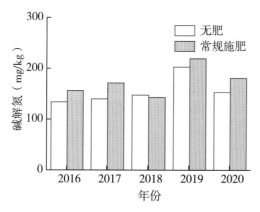

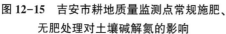

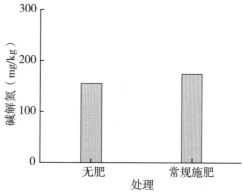

图 12-15　吉安市耕地质量监测点常规施肥、
无肥处理对土壤碱解氮的影响

图 12-16　吉安市耕地质量监测点 2016—2019 年
常规施肥、无肥处理下土壤碱解氮的平均值

12.3.5 土壤有效磷年际变化

2016—2020 年 5 个年份吉安市无肥处理的土壤有效磷分别为 13.84 mg/kg、26.34 mg/kg、20.30 mg/kg、19.09 mg/kg 和 19.81 mg/kg，常规施肥处理的土壤有效磷分别为 28.36 mg/kg、29.57 mg/kg、31.99 mg/kg、30.16 mg/kg 和 34.40 mg/kg（图 12-17）。与 2016 年的相比，2017—2020 年 4 个年份无肥处理的土壤有效磷分别增加了 90.32%、46.68%、37.93% 和 43.14%；常规施肥处理的土壤有效磷分别增加了 4.27%、12.80%、6.35% 和 21.30%。相较于无肥处理，2016—2020 年 5 个年份常规施肥处理的土壤有效磷分别增加了 104.91%、12.26%、57.59%、57.99% 和 73.65%。

从图 12-18 可以看出，吉安市耕地质量监测点 2016—2020 年无肥处理的土壤有效磷平均值为 19.88 mg/kg，而常规施肥处理土壤有效磷的平均值为 30.90 mg/kg。相较于无肥处理，常规施肥处理 2016—2020 年土壤有效磷的平均值增加了 55.43%。

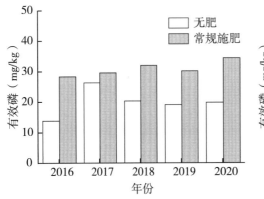

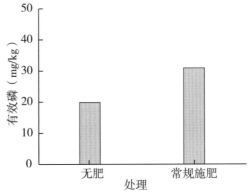

图 12-17　吉安市耕地质量监测点常规施肥、
无肥处理对土壤有效磷的影响

图 12-18　吉安市耕地质量监测点 2016—2020 年
常规施肥、无肥处理下土壤有效磷的平均值

12.3.6 土壤速效钾年际变化

2016—2020 年 5 个年份吉安市无肥处理的土壤速效钾分别为 44.74 mg/kg、56.77 mg/kg、59.30 mg/kg、60.09 mg/kg 和 64.14 mg/kg，常规施肥处理的土壤速效钾分别为 85.65 mg/kg、82.79 mg/kg、42.04 mg/kg、98.17 mg/kg 和 82.08 mg/kg（图 12-19）。与 2016 年的相比，2017—2020 年 4 个年份无肥处理的土壤速效钾分别增加了 26.89%、32.54%、34.31% 和 43.36%；常规施肥处理的土壤速效钾分别增加了 -3.34%、-50.92%、14.62% 和 -4.17%。相较于无肥处理，2016—2020 年 5 个年份常规施肥处理的土壤速效钾分别增加了 91.44%、45.83%、-29.11%、63.37% 和 27.97%。

从图 12-20 可以看出，吉安市耕地质量监测点 2016—2020 年无肥处理的土壤速效钾平均值为 57.01 mg/kg，而常规施肥处理土壤速效钾的平均值为 76.14 mg/kg。相较于无肥处理，常规施肥处理 2016—2020 年土壤速效钾的平均值增加了 33.56%。

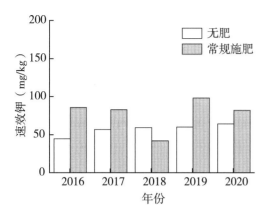

图 12-19　吉安市耕地质量监测点常规施肥、
无肥处理对土壤速效钾的影响

图 12-20　吉安市耕地质量监测点 2016—2020 年
常规施肥、无肥处理下土壤速效钾的平均值

12.3.7　土壤缓效钾年际变化

2016—2020 年 5 个年份吉安无肥处理的土壤缓效钾分别为 70.58 mg/kg、136.39 mg/kg、144.58 mg/kg、152.10 mg/kg 和 244.29 mg/kg，常规施肥处理的土壤缓效钾分别为 307.89 mg/kg、203.53 mg/kg、199.07 mg/kg、187.70 mg/kg 和 277.80 mg/kg（图 12-21）。与 2016 年的相比，2017—2020 年 4 个年份无肥处理的土壤缓效钾分别增加了 93.24%、104.85%、115.50% 和 246.12%；常规施肥处理的土壤缓效钾分别减少了 33.90%、35.34%、39.04% 和 9.77%。相较于无肥处理，2016—2020 年 5 个年份常规施肥处理的土壤缓效钾分别增加了 336.23%、49.23%、37.69%、23.41% 和 13.72%。

从图 12-22 可以看出，吉安市耕地质量监测点 2016—2020 年无肥处理的土壤缓效钾平均值为 149.59 mg/kg，而常规施肥处理土壤缓效钾的平均值为 235.20 mg/kg。相较于无肥处理，常规施肥处理 2016—2020 年土壤缓效钾的平均值增加了 57.23%。

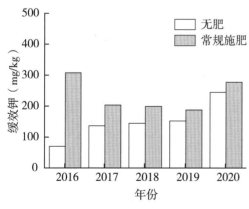
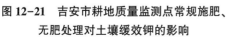

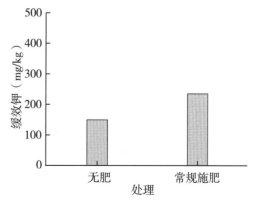

图 12-21　吉安市耕地质量监测点常规施肥、
无肥处理对土壤缓效钾的影响

图 12-22　吉安市耕地质量监测点 2016—2020 年
常规施肥、无肥处理下土壤缓效钾的平均值

12.3.8 耕层厚度及土壤容重

2016—2020 年 5 个年份吉安市无肥处理的土壤耕层厚度分别为 20.00 cm、19.97 cm、18.69 cm、18.73 cm 和 19.48 cm，常规施肥处理的土壤耕层厚度分别为 19.85 cm、19.12 cm、18.81 cm、19.18 cm 和 20.38 cm（表 12-1）。与 2016 年的相比，2017—2020 年 4 个年份无肥处理的土壤耕层厚度分别减少了 0.03 cm、1.31 cm、1.27 cm 和 0.52 cm；常规施肥处理的土壤耕层厚度分别增加了 -0.73 cm、-1.04 cm、-0.67 cm 和 0.53。相较于无肥处理，2016—2020 年 5 个年份常规施肥处理的土壤耕层厚度分别增加了 -0.15 cm、-0.85 cm、0.12 cm、0.45 cm 和 1.01 cm。

从表 12-1 可以看出，吉安市耕地质量监测点 2016—2020 年无肥处理的土壤耕层厚度平均值为 19.37 cm，而常规施肥处理土壤耕层厚度的平均值为 19.47 cm。相较于无肥处理，常规施肥处理 2016—2020 年土壤耕层厚度的平均值增加了 0.10 cm。

表 12-1 吉安市耕地质量监测点 2016—2020 年常规施肥、无肥处理的土壤耕层厚度

单位：cm

年份	无肥处理	常规施肥处理
2016	20.00	19.85
2017	19.97	19.12
2018	18.69	18.81
2019	18.73	19.18
2020	19.48	20.38
平均	19.37	19.47

2016—2020 年 5 个年份吉安市无肥处理的土壤容重分别为 0.91 g/cm^3、1.20 g/cm^3、1.18 g/cm^3、1.17 g/cm^3 和 1.16 g/cm^3，常规施肥处理的土壤容重分别为 1.13 g/cm^3、1.23 g/cm^3、1.21 g/cm^3、1.13 g/cm^3 和 1.15 g/cm^3（表 12-1）。与 2016 年的相比，2017—2020 年 4 个年份无肥处理的土壤容重分别增加了 31.87%、29.67%、28.57% 和 27.47%；常规施肥处理的土壤容重分别增加了 8.85%、7.08%、0.00% 和 1.77%。相较于无肥处理，2016—2020 年 5 个年份常规施肥处理的土壤容重分别变化了 24.18%、2.50%、2.54%、-3.42% 和 -0.86%。

从表 12-2 可以看出，吉安市耕地质量监测点 2016—2020 年无肥处理的土壤容重平均值为 1.12 g/cm^3，而常规施肥处理土壤容重的平均值为 1.17 g/cm^3。相较于无肥处理，常规施肥处理下 2016—2020 年土壤容重的平均值增加了 4.46%。

表 12-2 吉安市耕地质量监测点 2016—2020 年常规施肥、无肥处理的土壤容重

单位：g/cm^3

年份	无肥处理	常规施肥处理
2016	0.91	1.13

（续表）

年份	无肥处理	常规施肥处理
2017	1. 20	1. 23
2018	1. 18	1. 21
2019	1. 17	1. 13
2020	1. 16	1. 15
平均	1. 12	1. 17

12.3.9 土壤理化性状小结

2016—2020 年吉安市耕地质量监测点无肥处理的土壤 pH 为 5. 10～5. 32，常规施肥处理的土壤 pH 为 54. 99～5. 28，均为酸性和弱酸性土壤；耕地质量监测点无肥处理的土壤有机质为 20. 90～34. 31 g/kg，常规施肥处理的土壤有机质为 27. 47～31. 80 g/kg，均为三级至二级；耕地质量监测点无肥处理的土壤全氮为 1. 32～2. 05 g/kg，为三级至一级，常规施肥处理的土壤全氮为 1. 77～2. 13 g/kg，为二级至一级；耕地质量监测点无肥处理的土壤碱解氮为 133. 78～202. 91 mg/kg，常规施肥处理的土壤碱解氮为 156. 37～219. 27 mg/kg；长期定位监测点无肥处理的土壤有效磷为 13. 84～26. 34 mg/kg，为三级至二级，常规施肥处理的土壤有效磷为 28. 36～34. 40 mg/kg，为二级；耕地质量监测点无肥处理的土壤速效钾为 44. 74～64. 14 mg/kg，为四级，常规施肥处理的土壤速效钾为 42. 04～98. 17 mg/kg，为四级至三级；长期定位监测点无肥处理的土壤缓效钾为 70. 58～244. 29 mg/kg，常规施肥处理的土壤缓效钾为 187. 70～307. 89 mg/kg，为五级至四级。

12.4 吉安市各监测点耕地质量等级评价

吉安市耕地质量监测点主要分布在新干县、永丰县、永新县、峡江县、万安县、泰和县、遂川县、青原区、井冈山市、吉州区、吉水县、吉安县、安福县 13 个县区。2016—2020 年新干县耕地质量监测点分别有 5 个、5 个、5 个、6 个、6 个，其各点位综合耕地质量等级 2017 年、2018 年和 2020 年为 2 等，2015 年和 2019 年为 1 等；2017—2020 年永丰县长期定位监测点分别有 7 个、6 个、7 个、7 个，其各点位综合耕地质量等级 2017 年为 5 等，2018—2020 年为 4 等；2016—2020 年永新县耕地质量监测点分别有 5 个、5 个、6 个、6 个、8 个，但有部分年份没有数据，其各点位综合耕地质量等级 2016 年为 5 等，2017—2019 年为 4 等；2017—2020 年峡江县耕地质量监测点均为 5 个，其各点位综合耕地质量等级 2017 年为 4 等，2018—2020 年均升为 3 等；2016—2020 年万安县耕地质量监测点分别有 3 个、5 个、5 个、6 个、7 个，但有部分年份没有数据，其各点位综合耕地质量等级 2018 年和 2019 年为 2 等，2020 年升为 1 等；2016—2020 年泰和县耕地质量监测点均有 5 个，其各点位综合耕地质量等级

2016—2020年均为2等；2016—2020年遂川县耕地质量监测点分别有5个、5个、5个、11个、11个，其各点位综合耕地质量等级2016—2020年均为3等；2017—2020年青原区耕地质量监测点均有5个，其各点位综合耕地质量等级2019年为6等，2017年、2018年和2020年为5等；2016—2020年井冈山市耕地质量监测点均有9个，但有部分年份没有数据，其各点位综合耕地质量等级2016年、2018年和2019年均为5等，2017年为6等；2016—2020年吉州区耕地质量监测点均有5个，其各点位综合耕地质量等级在2016年、2017年、2019年和2020年均为5等，2018年为6等；2016—2020年吉水县耕地质量监测点分别有4个、6个、9个、10个、11个，其各点位综合耕地质量等级2019年为5等，2016年和2018年为4等，2017年和2020年为3等；2017—2020年吉安县耕地质量监测点均有5个，其各点位综合耕地质量等级2016—2020年均为4等；2016—2020年安福县耕地质量监测点分别有5个、6个、6个、6个、6个，其各点位综合耕地质量等级在2016年、2018年和2019年为4等，2017年和2020年为3等（图12-23）。

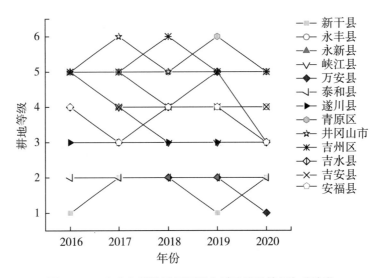

图12-23　吉安市耕地质量监测点耕地质量等级年度变化

第十三章　赣州市监测点作物产量及土壤性质

13.1　赣州市监测点情况介绍

赣州市主要有国家级监测点（兴国县、大余县、宁都县）、省级监测点（瑞金市沙洲坝、叶坪乡、黄柏乡；兴国县社富乡、均村乡、龙口镇、长冈乡；石城县大由乡、琴江镇；会昌县麻州镇、周田镇、庄口镇、西江镇、文武坝镇；赣县区江口镇；于都县黄麟乡、仙下乡、宽田乡、贡江镇、梓山镇；宁都县田头镇、固厚乡、会同乡、钓峰乡；安远县新龙乡、孔田镇、老围乡、车头镇；上犹县东山镇、社溪镇、梅水乡、双溪乡、水岩乡；定南县历市镇、天九镇、龙塘镇、岭北镇、老城镇；大余县青龙镇、池江镇、黄龙镇、河洞乡；南康区浮石乡、朱坊乡、坪市乡、大坪乡、镜坝镇）、市（县）级监测点（赣县区王母渡镇、南塘镇、储潭镇；崇义县长龙镇、关田镇、龙勾乡、扬眉镇、铅厂镇、上堡乡、关田镇；上犹县安和乡；大余县池江镇；全南县城厢镇；龙南市里仁镇、龙南镇、渡江镇；南康区坪市乡、大坪乡、龙回镇；寻乌县桂竹帽镇、晨光镇、澄江镇、南桥镇、留车镇、菖蒲乡；安远县新龙乡、孔田镇、镇岗乡；会昌县西江镇、珠兰乡；信丰县大阿镇、古陂镇、万隆乡、西牛镇、正平镇、嘉定镇；瑞金市黄柏乡、大柏地乡、九堡镇；宁都县黄陂镇、蔡江镇、小布镇、洛口镇、长胜镇、田头镇、竹笮乡、赖村镇、青塘镇、固村镇、固厚乡、田埠乡、会同乡、湛田乡、梅江镇、石上镇、安福乡、钓峰乡、大沽乡、东山坝镇、东韶乡、肖田乡；兴国县高兴镇、江背镇、崇贤乡、埠头乡、长冈乡、方太乡；定南县天九镇、龙塘镇；石城县珠坑乡、木兰乡、小松镇、大由乡、琴江镇、龙岗乡、横江镇、屏山镇、丰山乡、高田镇；章贡区砂石镇；于都县梓山镇、车溪乡、仙下乡、利村乡、罗坳镇、岭背镇）共225个监测点位。

13.1.1　赣州市国家级耕地质量监测点情况介绍

（1）**赣州市兴国县国家级监测点**　代码为360156，建点于1998年，位于兴国县永丰乡荷岭村，东经115°14′38″，北纬26°19′38″，由当地农户管理；常年降水量1 500 mm，常年有效积温5 000 ℃，常年无霜期284 d，地下水深1 m，障碍因素为潜育型水稻土，耕地地力水平中等，满足灌溉能力，排水能力中等，农业区划分属于长江中下游区，一年两熟，作物类型为双季稻，成土母质为酸性结晶岩类红壤，土类为水稻土，亚类为潜育型水稻土，土属为麻砂泥田，土种为其他麻砂泥田，质地构型为夹层型，生物多样性一般，土壤养分状况为潜在缺乏，轻度盐渍化。土壤剖面理化性状如下。

耕作层：0~18 cm，褐色，粒状，土壤容重为 1.45 g/cm³，有新生体，质地为砂质壤土，pH 5.1，有机质含量为 25.0 g/kg，全氮含量为 1.40 g/kg，全磷含量为 0.550 g/kg，全钾含量为 15.0 g/kg。

犁底层：18~35 cm，青褐色，小块状，土壤容重为 1.47 g/cm³，有少量新生体，质地为砂质壤土，pH 5.3，有机质含量为 22.0 g/kg，全氮含量为 1.00 g/kg，全磷含量为 0.430 g/kg。

潴育层：45~90 cm，灰褐色，小团块，土壤容重为 1.54 g/cm³，无新生体，质地为砂质黏壤土，pH 5.5，有机质含量为 14.0 g/kg，全氮含量为 0.90 g/kg，全磷含量为 0.240 g/kg。

（2）赣州市大余县国家级监测点 代码为 360731，建点于 2016 年，位于大余县新城镇龙王庙村，东经 114°35′27″，北纬 25°32′39″，由当地农户管理；常年降水量 1 700 mm，常年有效积温 5 500 ℃，常年无霜期 305 d，海拔高度 142 m，地下水深 3 m，无障碍因素，耕地地力水平中等，满足灌溉能力，排水能力强，农业区划分属于长江中下游区，一年一熟，作物类型为单季稻；成土母质为黄土，土类为赤红壤，亚类为典型赤红壤，土属为红泥质赤红壤，土种为红泥赤土，质地构型为紧实型，生物多样性一般，土壤养分状况为潜在缺乏，轻度盐渍化。土壤剖面理化性状如下。

耕作层：0~17 cm，灰色，块状，稍松，有锈纹锈斑，植物根系多，质地为黏壤土，pH 5.3，有机质含量为 38.3 g/kg，全氮含量为 1.87 g/kg，全磷含量为 0.196 g/kg，全钾含量为 28.35 g/kg，阳离子交换量为 9.0 cmol/kg。

犁底层：17~26 cm，灰色，块状，紧实，有锈纹锈斑，植物根系少，质地为黏壤土，pH 7.8，有机质含量为 16.6 g/kg，全氮含量为 0.70 g/kg，全磷含量为 0.116 g/kg，全钾含量为 31.60 g/kg，阳离子交换量为 4.2 cmol/kg。

潴育层：26~44 cm，黄棕色，棱柱状，稍紧实，有锈纹锈斑，无植物根系，质地为黏壤土，pH 6.4，有机质含量为 6.4 g/kg，全氮含量为 0.36 g/kg，全磷含量为 0.323 g/kg，全钾含量为 28.96 g/kg，阳离子交换量为 7.6 cmol/kg。

母质层：44~100 cm，浅棕色，块状，稍紧实，有锈纹锈斑，无植物根系，质地为粉砂质黏土，pH 6.8，有机质含量为 4.2 g/kg，全氮含量为 0.25 g/kg，全磷含量为 0.261 g/kg，全钾含量为 24.00 g/kg，阳离子交换量为 12.3 cmol/kg。

（3）赣州市宁都县国家级监测点 代码为 360734，建点于 2010 年，位于宁都县黄石镇大岭村，东经 115°55′48″，北纬 26°16′48″，由当地农户管理；常年降水量 1 700 mm，常年有效积温 5 795 ℃，常年无霜期 280 d，海拔高度 165 m，地下水深 4 m，无障碍因素，耕地地力水平中等，基本满足灌溉能力，排水能力中等，农业区划分属于长江中下游区，一年两熟，作物类型为双季稻；土类为水稻土，亚类为潴育型水稻土，土属为红泥田，土种为灰黄泥田，质地构型为上松下紧型，生物多样性一般，土壤养分状况为潜在缺乏，无盐渍化。土壤剖面理化性状如下。

耕作层：0~17 cm，深灰色，团粒结构，稍松，土壤容重为 1.15 g/cm³，无新生体，含丰富的植物根系，质地为粉砂质黏壤土，pH 5.6，有机质含量为 28.1 g/kg，全氮含量为 1.71 g/kg，全磷含量为 0.192 g/kg，全钾含量为 15.70 g/kg，阳离子交换量为 8.1 cmol/kg。

犁底层：17~32 cm，浅灰色，块状，紧实，土壤容重为 1.21 g/cm³，有锈纹锈斑，植物根系少，质地为粉砂质黏壤土，pH 6.7，有机质含量为 9.0 g/kg，全氮含量为 0.79 g/kg，全磷含量为 0.343 g/kg，全钾含量为 15.37 g/kg，阳离子交换量为 9.5 cmol/kg。

潴育层：32~60 cm，灰棕色，棱柱状，较紧实，土壤容重为 1.29 g/cm³，有较多锈纹锈斑，无植物根系，质地为粉砂质黏壤土，pH 7.5，有机质含量为 4.4 g/kg，全氮含量为 0.11 g/kg，全磷含量为 0.191 g/kg，全钾含量为 15.67 g/kg，阳离子交换量为 8.4 cmol/kg。

母质层：64~100 cm，黄色，粒状，较紧实，土壤容重为 1.4 g/cm³，无新生体，无植物根系，质地为粉砂质黏土，pH 7.5，有机质含量为 2.8 g/kg，全氮含量为 0.07 g/kg，全磷含量为 0.100 g/kg，全钾含量为 18.22 g/kg，阳离子交换量为 7.8 cmol/kg。

13.1.2　赣州市省级耕地质量监测点情况介绍

13.1.2.1　瑞金市

（1）**赣州市瑞金市沙洲坝镇清水村省级监测点**　代码为 360781JC20161，建点于 2016 年，东经 116°00′11″，北纬 25°50′27″，由当地农户管理；土类为水稻土，亚类为潴育型水稻土，土属为潴育型黄泥田，土种为中潴黄泥田；一年一熟，作物类型为单季稻。

（2）**赣州市瑞金市叶坪乡山岐村省级监测点**　代码为 360781JC20162，建点于 2016 年，东经 116°06′43″，北纬 25°55′28″，由当地农户管理；土类为水稻土，亚类为潴育型水稻土，土属为潴育型黄泥田，土种为中潴乌黄泥田；一年两熟，作物类型为双季稻。

（3）**赣州市瑞金市黄柏乡胡岭村省级监测点**　代码为 360781JC20163，建点于 2016 年，东经 116°00′43″，北纬 25°56′45″，由当地农户管理；土类为水稻土，亚类为潴育型水稻土，土属为潴育型黄泥田，土种为中潴乌黄泥田；一年一熟，作物类型为单季稻。

13.1.2.2　兴国县

（1）**赣州市兴国县社富乡东韶村省级监测点**　代码为 360732JC20072，建点于 2007 年，东经 115°25′01″，北纬 26°10′42″，由当地农户管理；土类为水稻土，亚类为潴育型水稻土，土属为潴育型潮砂泥田。

（2）**赣州市兴国县均村乡石溪村省级监测点**　代码为 360732JC20073，建点于 2007 年，东经 115°06′50″，北纬 26°19′42″，由当地农户管理；土类为水稻土，亚类为潴育型水稻土，土属为潴育型鳝泥田。

（3）**赣州市兴国县龙口镇文院村省级监测点**　代码为 360732JC20074，建点于 2007 年，东经 115°18′54″，北纬 26°10′27″，由当地农户管理；土类为水稻土，亚类为潴育型水稻土，土属为潴育型紫泥田，土种为潴育型紫油砂泥田。

（4）**赣州市兴国县长冈乡仁塘村省级监测点**　代码为 360732JC20075，建点于 2007 年，东经 115°24′01″，北纬 26°22′41″，由当地农户管理；土类为水稻土，亚类为潴育型水稻土，土属为潴育型紫泥田，土种为潴育型紫油砂泥田。

13.1.2.3　石城县

（1）**赣州市石城县大由乡濯龙村省级监测点**　代码为 342700G20171008F035，建点于 2017 年，东经 116°26′35″，北纬 26°20′08″，由当地农户管理；土类为水稻土，亚类为潴育型水稻土，土属为潴育型黄砂泥田，土种为中潴灰黄砂泥田。

（2）**赣州市石城县琴江镇坝口村省级监测点**　代码为 342700G20171008F048，建点于 2017 年，东经 116°21′50″，北纬 26°21′42″，由当地农户管理；土类为水稻土，亚类为潴育型水稻土，土属为潴育型黄砂泥田，土种为弱潴灰黄砂泥田。

13.1.2.4　会昌县

（1）**赣州市会昌县麻州镇下堡村省级监测点**　代码为 360733JC20121，建点于 2012 年，东经 115°44′22″，北纬 25°28′34″，由当地农户管理；土类为水稻土，亚类为潴育型水稻土，土属为潴育型紫砂泥田，土种为中潴灰紫砂泥田。

（2）**赣州市会昌县周田镇河墩村省级监测点**　代码为 360733JC20122，建点于 2012 年，东经 115°44′31″，北纬 25°20′34″，由当地农户管理；土类为水稻土，亚类为潴育型水稻土，土属为潴育型黄泥田，土种为中潴灰黄泥田；一年两熟，作物类型为双季稻。

（3）**赣州市会昌县庄口镇大排村省级监测点**　代码为 360733JC20123，建点于 2012 年，东经 115°40′31″，北纬 25°44′56″，由当地农户管理；土类为水稻土，亚类为潴育型水稻土，土属为潴育型黄砂泥田，土种为中潴灰黄砂泥田；一年两熟，作物类型为双季稻。

（4）**赣州市会昌县西江镇南星村省级监测点**　代码为 360733JC20124，建点于 2012 年，东经 115°48′05″，北纬 25°49′55″，由当地农户管理；土类为水稻土，亚类为潴育型水稻土，土属为潴育型黄泥田，土种为中潴灰黄泥田；一年两熟，作物类型为双季稻。

（5）**赣州市会昌县文武坝镇勤建村省级监测点**　代码为 360733JC20125，建点于 2012 年，东经 115°45′16″，北纬 25°36′55″，由当地农户管理；土类为水稻土，亚类为潴育型水稻土，土属为潴育型紫泥田，土种为中潴灰紫泥田；一年两熟，作物类型为双季稻。

13.1.2.5　赣县区

赣州市赣县区江口镇优良村省级监测点　代码为 360721JC20112，建点于 2011 年，东经 115°08′16″，北纬 25°58′15″，由当地农户管理；土类为水稻土，亚类为潴育型水稻土，土属为潮砂泥田，土种为乌潮砂泥田；一年两熟，作物类型为双季稻。

13.1.2.6　于都县

（1）**赣州市于都县黄麟乡罗西村省级监测点**　代码为 360731JC20091，建点于 2009 年，东经 115°38′25″，北纬 25°54′10″，由当地农户管理；土类为水稻土，亚类为潴育型水稻土，土属为紫泥田，土种为灰紫泥田；一年两熟，作物类型为双季稻。

（2）**赣州市于都县仙下乡潭石村省级监测点**　代码为 360731JC20092，建点于 2009 年，东经 115°35′10″，北纬 26°08′03″，由当地农户管理；土类为水稻土，亚类为潴育型水稻土，土属为砂泥田，土种为乌黄砂泥田；一年两熟，作物类型为双季稻。

（3）**赣州市于都县宽田乡宽田村省级监测点**　代码为 360731JC20093，建点于 2009

年，东经115°39′32″，北纬25°59′44″，由当地农户管理；土类为水稻土，亚类为潴育型水稻土，土属为潮泥田，土种为新建潮砂泥田；一年两熟，作物类型为双季稻。

（4）**赣州市于都县贡江镇楂林村省级监测点** 代码为360731JC20094，建点于2009年，东经115°23′46″，北纬25°56′14″，由当地农户管理；土类为水稻土，亚类为潴育型水稻土，土属为潮泥田，土种为新建潮砂泥田；一年两熟，作物类型为双季稻。

（5）**赣州市于都县梓山镇潭头村省级监测点** 代码为360731JC20095，建点于2009年，东经115°29′49″，北纬25°57′36″，由当地农户管理；土类为水稻土，亚类为潴育型水稻土，土属为鳝泥田，土种为灰鳝泥田；一年两熟，作物类型为双季稻。

13.1.2.7 宁都县

（1）**赣州市宁都县田头镇村头村省级监测点** 代码为360730JC20142，建点于2014年，东经115°58′33″，北纬26°23′46″，由当地农户管理；土类为水稻土，亚类为潴育型水稻土，土属为紫砂泥田，土种为乌紫砂泥田；一年两熟，作物类型为双季稻。

（2）**赣州市宁都县固厚乡桥背村省级监测点** 代码为360730JC20143，建点于2014年，东经116°06′31″，北纬26°20′27″，由当地农户管理；土类为水稻土，亚类为潴育型水稻土，土属为潴育型潮砂泥田；一年两熟，作物类型为双季稻。

（3）**赣州市宁都县会同乡鹧鸪村省级监测点** 代码为360730JC20144，建点于2014年，东经116°05′34″，北纬26°31′11″，由当地农户管理；土类为水稻土，亚类为潴育型水稻土，土属为潴育型潮砂泥田，土种为乌潮砂泥田；一年一熟，作物类型为单季稻。

（4）**赣州市宁都县钓峰乡下湾村省级监测点** 代码为360730JC20145，建点于2014年，东经115°56′13″，北纬26°42′07″，由当地农户管理；土类为水稻土，亚类为潴育型水稻土，土属为麻砂泥田，土种为灰麻砂泥田；一年两熟，作物类型为双季稻。

13.1.2.8 安远县

（1）**赣州市安远县新龙乡小孔田村省级监测点** 代码为360726JC20191，建点于2019年，东经115°10′58″，北纬25°55′16″，由当地农户管理；土类为水稻土，亚类为潴育型水稻土，土属为灰泥田，土种为其他灰泥田。

（2）**赣州市安远县孔田镇太平村省级监测点** 代码为360726JC20193，建点于2019年，东经115°10′33″，北纬25°55′16″，由当地农户管理；土类为水稻土，亚类为潴育型水稻土。

（3）**赣州市安远县老围乡镇岗村省级监测点** 代码为360726JC20194，建点于2019年，东经115°19′48″，北纬25°00′36″，由当地农户管理；土类为水稻土，亚类为潴育型水稻土，土属为鳝泥田，土种为灰鳝泥田。

13.1.2.9 上犹县

（1）**赣州市上犹县东山镇南塘村省级监测点** 代码为360724JC20091，建点于2009年，东经114°31′26″，北纬25°46′18″，由当地农户管理；土类为水稻土，亚类为潴育型水稻土，土属为潮砂泥田，土种为灰潮砂泥田；一年一熟，作物类型为单季稻。

（2）**赣州市上犹县社溪镇麻田村省级监测点** 代码为360724JC20092，建点于2009年，东经114°34′37″，北纬25°56′59″，由当地农户管理；土类为水稻土，亚类为潴育型水稻土，土属为麻砂泥田，土种为乌麻砂泥田；一年一熟，作物类型为单季稻。

（3）赣州市上犹县梅水乡新建村省级监测点 代码为 360724JC20093，建点于 2009 年，东经 114°28′23″，北纬 25°51′20″，由当地农户管理；土类为水稻土，亚类为潴育型水稻土，土属为麻砂泥田，土种为灰麻砂泥田；一年一熟，作物类型为单季稻。

（4）赣州市上犹县双溪乡大布村省级监测点 代码为 360724JC20094，建点于 2009 年，东经 114°22′55″，北纬 26°01′01″，由当地农户管理；土类为水稻土，亚类为潴育型水稻土，土属为鳝泥田，土种为灰鳝泥田；一年一熟，作物类型为单季稻。

（5）赣州市上犹县水岩乡龙门村省级监测点 代码为 360724JC20095，建点于 2009 年，东经 114°17′53″，北纬 25°57′33″，由当地农户管理；土类为水稻土，亚类为潴育型水稻土，土属为鳝泥田，土种为乌鳝泥田；一年一熟，作物类型为单季稻。

13.1.2.10 定南县

（1）赣州市定南县历市镇汶岭村省级监测点 代码为 360728JC20191，建点于 2019 年，东经 114°57′11″，北纬 24°55′32″，由当地农户管理；土类为水稻土，亚类为潴育型水稻土，土属为麻砂泥田；一年一熟，作物类型为单季稻。

（2）赣州市定南县天九镇东山村省级监测点 代码为 360728JC20192，建点于 2019 年，东经 115°07′13″，北纬 24°47′53″，由当地农户管理；土类为水稻土，亚类为潴育型水稻土，土属为麻砂泥田；一年一熟，作物类型为单季稻。

（3）赣州市定南县龙塘镇忠诚村省级监测点 代码为 360728JC20193，建点于 2019 年，东经 115°09′21″，北纬 24°54′48″，由当地农户管理；土类为水稻土，亚类为潴育型水稻土，土属为砂泥田，土种为乌黄砂泥田；一年一熟，作物类型为单季稻。

（4）赣州市定南县岭北镇古隆村省级监测点 代码为 360728JC20194，建点于 2019 年，东经 115°01′42″，北纬 24°53′53″，由当地农户管理；土类为水稻土，亚类为潴育型水稻土，土属为麻砂泥田，土种为乌麻砂泥田；一年一熟，作物类型为单季稻。

（5）赣州市定南县老城镇中墩村省级监测点 代码为 360728JC201945，建点于 2019 年，东经 115°02′00″，北纬 24°41′14″，由当地农户管理；土类为水稻土，亚类为潴育型水稻土，土属为麻砂泥田；作物类型为蔬菜。

13.1.2.11 大余县

（1）赣州市大余县青龙镇二塘村省级监测点 代码为 360723JC20153，建点于 2015 年，东经 114°30′59″，北纬 25°28′22″，由当地农户管理；土类为水稻土，亚类为潴育型水稻土，土属为黄泥田，土种为中潴灰黄泥田。

（2）赣州市大余县池江镇庄下村省级监测点 代码为 360723JC20171，建点于 2017 年，东经 114°33′35″，北纬 25°28′26″，由当地农户管理；土类为水稻土，亚类为潴育型水稻土，土属为潮泥田，土种为新建潮砂泥田。

（3）赣州市大余县黄龙镇旱田村省级监测点 代码为 360723JC20172，建点于 2017 年，东经 114°26′34″，北纬 25°26′27″，由当地农户管理；土类为水稻土，亚类为潴育型水稻土，土属为鳝泥田，土种为灰鳝泥田。

（4）赣州市大余县河洞乡河洞村省级监测点 代码为 360723JC20173，建点于 2017 年，东经 114°08′00″，北纬 25°21′25″，由当地农户管理；土类为水稻土，亚类为潴育型水稻土，土属为麻砂泥田，土种为中潴乌麻砂泥田。

13.1.2.12　南康区

（1）**赣州市南康区浮石乡幸福村省级监测点**　代码为341400JC201701，建点于2017年，东经114°50′07″，北纬25°00′10″，由当地农户管理；土类为水稻土，亚类为潴育型水稻土，土属为黄泥田，土种为其他黄泥田；一年两熟，作物类型为双季稻。

（2）**赣州市南康区朱坊乡新兴村省级监测点**　代码为341400JC201702，建点于2017年，东经114°42′10″，北纬25°41′50″，由当地农户管理；土类为水稻土，亚类为潴育型水稻土，土属为紫泥田，土种为乌紫泥田；一年两熟，作物类型为双季稻。

（3）**赣州市南康区坪市乡坪市村省级监测点**　代码为341400JC201703，建点于2017年，东经114°32′51″，北纬26°07′37″，由当地农户管理；土类为水稻土，亚类为潴育型水稻土，土属为鳝泥田，土种为中潴灰鳝泥田；一年两熟，作物类型为双季稻。

（4）**赣州市南康区大坪乡大坪村省级监测点**　代码为341400JC201704，建点于2017年，东经114°39′22″，北纬26°07′44″，由当地农户管理；土类为水稻土，亚类为潴育型水稻土，土属为鳝泥田，土种为中潴灰鳝泥田；一年两熟，作物类型为双季稻。

（5）**赣州市南康区镜坝镇洋江村省级监测点**　代码为341400JC201705，建点于2017年，东经114°45′48″，北纬25°43′24″，由当地农户管理；土类为水稻土，亚类为潴育型水稻土，土属为紫泥田，土种为乌紫泥田；一年两熟，作物类型为双季稻。

13.1.3　赣州市市（县）级耕地质量监测点情况介绍

13.1.3.1　赣县区

（1）**赣州市赣县区王母渡镇大陂村市级监测点**　代码为360721JC20191，建点于2019年，东经114°58′53″，北纬25°36′27″，由当地农户管理；土类为水稻土，亚类为潴育型水稻土，土属为黄泥田，土种为其他黄泥田；一年一熟，作物类型为单季稻。

（2）**赣州市赣县区南塘镇黄屋村市级监测点**　代码为360721JC20192，建点于2019年，东经115°12′33″，北纬26°05′28″，由当地农户管理；土类为水稻土，亚类为潴育型水稻土，土属为麻砂泥田，土种为乌麻砂泥田；一年一熟，作物类型为单季稻。

（3）**赣州市赣县区储潭镇滩头村市级监测点**　代码为360721JC20193，建点于2019年，东经114°56′20″，北纬25°57′30″，由当地农户管理；土类为水稻土，亚类为潴育型水稻土，土属为黄泥田，土种为乌黄泥田；一年一熟，作物类型为单季稻。

13.1.3.2　崇义县

（1）**赣州市崇义县长龙镇沈埠村市级监测点**　代码为360725JC20192，建点于2019年，东经114°26′30″，北纬25°52′20″，由当地农户管理；土类为水稻土，亚类为潴育型水稻土，土属为潴育型灰砂泥田，土种为中潴乌灰砂泥田；一年一熟，作物类型为单季稻。

（2）**赣州市崇义县关田镇关田村市级监测点**　代码为360725JC20201，建点于2020年，东经114°09′11″，北纬25°35′37″，由当地农户管理；土类为水稻土，亚类为潴育型水稻土，土属为潴育型灰砂泥田，土种为中潴乌灰砂泥出；一年一熟，作物类型为单季稻。

（3）**赣州市崇义县龙勾乡龙勾村县级监测点** 代码为 360725JC20121，建点于 2012 年，东经 114°33′49″，北纬 25°42′47″，当地农户管理；土类为水稻土，亚类为潴育型水稻土，土属为潴育型乌泥田，土种为中潴乌灰泥田。

（4）**赣州市崇义县扬眉镇华坪村县级监测点** 代码为 360725JC20122，建点于 2012 年，东经 114°29′29″，北纬 25°40′55″，当地农户管理；土类为水稻土，亚类为潴育型水稻土，土属为潴育型乌泥田，土种为中潴乌灰泥田。

（5）**赣州市崇义县铅厂镇石罗村县级监测点** 代码为 360725JC20123，建点于 2012 年，东经 113°18′18″，北纬 25°29′26″，当地农户管理；土类为水稻土，亚类为潴育型水稻土，土属为潴育型黄砂泥田，土种为中潴黄砂泥田。

（6）**赣州市崇义县上堡乡上堡村县级监测点** 代码为 360725JC20124，建点于 2012 年，东经 114°03′00″，北纬 25°43′52″，当地农户管理；土类为水稻土，亚类为潴育型水稻土，土属为潴育型黄砂泥田，土种为中潴黄砂泥田。

（7）**赣州市崇义县关田镇关田村县级监测点** 代码为 360725JC20125，建点于 2012 年，东经 114°08′21″，北纬 25°35′34″，当地农户管理；土类为水稻土，亚类为潴育型水稻土，土属为潴育型黄砂泥田，土种为中潴黄砂泥田。

13.1.3.3 上犹县

赣州市上犹县安和乡富湾村市级监测点 代码为 360724JC20191，建点于 2019 年，东经 114°32′28″，北纬 25°56′37″，由当地农户管理；土类为水稻土，亚类为潴育型水稻土，土属为潮砂泥田，土种为中潴灰潮砂泥田；一年一熟，作物类型为单季稻。

13.1.3.4 大余县

赣州市大余县池江镇新江村市级监测点 代码为 360723JC20171，建点于 2017 年，东经 114°34′31″，北纬 25°29′27″，由当地农户管理；土类为水稻土，亚类为潴育型水稻土，土属为潮泥田，土种为新建潮砂泥田；一年一熟，作物类型为单季稻。

13.1.3.5 全南县

（1）**赣州市全南县城厢镇樟树村市级监测点** 代码为 360729JC20191，建点于 2019 年，东经 114°28′28″，北纬 24°47′08″，由当地农户管理；土类为水稻土，亚类为潴育型水稻土，土属为潴育型潮砂泥田，土种为中潴砾石底灰潮砂泥田；一年一熟，作物类型为单季稻。

（2）**赣州市全南县城厢镇樟树村市级监测点** 代码为 360729JC20201，建点于 2020 年，东经 114°29′31″，北纬 24°47′08″，由当地农户管理；土类为水稻土，亚类为潜育型水稻土，土属为潜育型鳝泥田，土种为中位弱潜鳝泥田；一年一熟，作物类型为单季稻。

13.1.3.6 龙南市

（1）**赣州市龙南市里仁镇圳背村市级监测点** 代码为 360727JC20191，建点于 2019 年，东经 114°53′19″，北纬 24°47′08″，由当地农户管理；土类为水稻土，亚类为潴育型水稻土，土属为鳝泥田，土种为中潴乌鳝泥田；一年一熟，作物类型为单季稻。

（2）**赣州市龙南市龙南镇井岗村县级监测点**　代码为 360727JC20161，建点于 2017 年，东经 114°47′16″，北纬 24°55′55″，当地农户管理；土类为水稻土，亚类为潴育型水稻土，土属为紫砂泥田，土种为弱潴紫油砂泥田；一年两熟，作物类型为双季稻。

（3）**赣州市龙南市渡江镇新布村县级监测点**　代码为 360727JC20162，建点于 2016 年，东经 114°44′47″，北纬 24°52′11″，当地农户管理；土类为水稻土，亚类为潴育型水稻土，土属为黄砂泥田，土种为中潴乌黄砂泥田；一年两熟，作物类型为双季稻。

13.1.3.7　南康区

（1）**赣州市南康区坪市乡坪市村市级监测点**　代码为 360782JC201901，建点于 2019 年，东经 114°19′30″，北纬 26°04′27″，由当地农户管理；土类为水稻土，亚类为潴育型水稻土，土属为鳝泥田，土种为中潴乌鳝泥田；一年一熟，作物类型为单季稻。

（2）**赣州市南康区大坪乡大坪村市级监测点**　代码为 360782JC201902，建点于 2019 年，东经 114°39′22″，北纬 26°07′44″，由当地农户管理；土类为水稻土，亚类为潴育型水稻土，土属为鳝泥田，土种为中潴灰鳝泥田；一年一熟，作物类型为单季稻。

（3）**赣州市南康区龙回镇龙西村市级监测点**　代码为 360782JC201903，建点于 2019 年，东经 114°45′34″，北纬 25°29′44″，由当地农户管理；土类为水稻土，亚类为潴育型水稻土，土属为麻砂泥田，土种为中潴乌麻砂泥田；一年一熟，作物类型为单季稻。

13.1.3.8　寻乌县

（1）**赣州市寻乌县桂竹帽镇高头村市级监测点**　代码为 360734JC20191，建点于 2019 年，东经 115°15′18″，北纬 24°30′05″，由当地农户管理；土类为水稻土，亚类为潴育型水稻土，土属为鳝泥田；一年一熟，作物类型为单季稻。

（2）**赣州市寻乌县晨光镇桂花村县级监测点**　代码为 360734JC20091，建点于 2009 年，东经 115°32′34″，北纬 24°47′29″，当地农户管理；土类为水稻土，亚类为淹育型水稻土，土属为麻砂泥田，土种为强淹乌麻砂泥田；一年两熟，作物类型为双季稻。

（3）**赣州市寻乌县澄江镇北亭村县级监测点**　代码为 360734JC20092，建点于 2009 年，东经 115°24′52″，北纬 24°27′08″，当地农户管理；土类为红壤，亚类为红壤，土属为石英岩红壤，土种为厚层中有机质；作物类型为多年生植物。

（4）**赣州市寻乌县南桥镇黄塘村县级监测点**　代码为 360734JC20093，建点于 2009 年，东经 115°26′09″，北纬 24°28′12″，当地农户管理；土类为水稻土，亚类为潴育型水稻土，土属为鳝泥田，土种为乌鳝泥田；一年两熟，作物类型为双季稻。

（5）**赣州市寻乌县留车镇新村村县级监测点**　代码为 360734JC20094，建点于 2009 年，东经 115°23′42″，北纬 24°26′41″，当地农户管理；土类为水稻土，亚类为淹育型水稻土，土属为麻砂泥田，土种为强淹乌麻砂泥田；一年两熟，作物类型为双季稻。

（6）**赣州市寻乌县菖蒲乡铜锣村县级监测点**　代码为 360734JC20095，建点于 2009 年，东经 115°19′16″，北纬 24°26′33″，当地农户管理；土类为水稻土，亚类为潴育型水稻土，土属为鳝泥田，土种为灰鳝泥田；一年两熟，作物类型为双季稻。

13.1.3.9　安远县

（1）**赣州市安远县新龙乡小孔田村市级监测点**　代码为 360726JC20201，建点于

2020 年，东经 115°10′58″，北纬 25°55′16″，由当地农户管理；土类为水稻土，亚类为潴育型水稻土，土属为灰泥田，土种为其他灰泥田；一年一熟，作物类型为单季稻。

（2）**赣州市安远县孔田镇太平村市级监测点** 代码为 360726JC20202，建点于 2020 年，东经 115°10′33″，北纬 24°34′30″，由当地农户管理；土类为水稻土，亚类为潴育型水稻土，土属为潮泥砂田，土种为其他潮泥砂田；一年一熟，作物类型为单季稻。

（3）**赣州市安远县镇岗乡镇岗村市级监测点** 代码为 360726JC20203，建点于 2020 年，东经 115°19′48″，北纬 25°00′36″，由当地农户管理；土类为水稻土，亚类为潴育型水稻土，土属为鳝泥田，土种为灰鳝泥田；一年一熟，作物类型为单季稻。

13.1.3.10 会昌县

（1）**赣州市会昌县西江镇南星村市级监测点** 代码为 360733JC20191，建点于 2019 年，东经 115°48′06″，北纬 25°49′55″，由当地农户管理；土类为水稻土，亚类为潴育型水稻土，土属为潴育型黄泥田，土种为其他黄泥田；一年一熟，作物类型为单季稻。

（2）**赣州市会昌县西江镇南星村市级监测点** 代码为 360733JC20192，建点于 2019 年，东经 115°40′31″，北纬 25°44′56″，由当地农户管理；土类为水稻土，亚类为潴育型水稻土，土属为潴育型黄砂泥田；一年一熟，作物类型为单季稻。

（3）**赣州市会昌县珠兰乡珠兰村市级监测点** 代码为 360733JC20192，建点于 2019 年，东经 115°44′16″，北纬 25°14′06″，由当地农户管理；土类为水稻土，亚类为潴育型水稻土，土属为潮砂泥田，土种为其他潮砂泥田；一年一熟，作物类型为单季稻。

13.1.3.11 信丰县

（1）**赣州市信丰县大阿镇大阿村市级监测点** 代码为 360722JC20191，建点于 2019 年，东经 114°51′3″，北纬 24°24′34″，由当地农户管理；土类为水稻土，亚类为潴育型水稻土，土属为潴育型黄砂泥田，土种为中潴黄砂泥田；一年一熟，作物类型为单季稻。

（2）**赣州市信丰县古陂镇天光村市级监测点** 代码为 360722JC20192，建点于 2019 年，东经 115°01′51″，北纬 25°19′15″，由当地农户管理；土类为水稻土，亚类为潴育型水稻土，土属为潴育型潮砂泥田，土种为中潴灰潮砂泥田；一年一熟，作物类型为单季稻。

（3）**赣州市信丰县万隆乡万隆村市级监测点** 代码为 360722JC20193，建点于 2019 年，东经 114°47′27″，北纬 25°15′14″，由当地农户管理；土类为水稻土，亚类为潴育型水稻土，土属为潴育型潮砂泥田，土种为中潴黄泥田；一年一熟，作物类型为单季稻。

（4）**赣州市信丰县西牛镇高丘村市级监测点** 代码为 360722JC20194，建点于 2019 年，东经 114°56′42″，北纬 25°26′25″，由当地农户管理；土类为水稻土，亚类为潴育型水稻土，土属为潴育型潮砂泥田，土种为中潴乌黄泥田；一年一熟，作物类型为单季稻。

（5）**赣州市信丰县正平镇正坳村市级监测点** 代码为 360722JC20201，建点于 2020 年，东经 114°47′51″，北纬 25°19′16″，由当地农户管理；土类为水稻土，亚类为潴育型水稻土，土属为潴育型紫砂泥田，土种为中潴紫砂泥田；一年一熟，作物类型为单季稻。

（6）**赣州市信丰县嘉定镇上七里村市级监测点** 代码为360722JC20202，建点于2020年，东经114°56′34″，北纬25°20′46″，由当地农户管理；土类为水稻土，亚类为潴育型水稻土，土属为潴育型紫砂泥田，土种为中潴灰潮砂泥田；一年一熟，作物类型为单季稻。

（7）**赣州市信丰县大阿镇莲塘村县级监测点** 代码为360722JC20101，建点于2010年，东经114°52′21″，北纬25°33′15″，由当地农户管理；土类为水稻土，亚类为潴育型水稻土，土属为潴育型黄泥田，土种为中潴黄砂泥田；一年两熟，作物类型为双季稻。

（8）**赣州市信丰县西牛镇中星村县级监测点** 代码为360722JC20102，建点于2010年，东经115°02′19″，北纬25°38′12″，由当地农户管理；土类为水稻土，亚类为潴育型水稻土，土属为潴育型潮砂泥田，土种为中潴灰潮砂泥田；一年两熟，作物类型为双季稻。

13.1.3.12 瑞金市

（1）**赣州市瑞金市黄柏乡上墩村市级监测点** 代码为360781JC20191，建点于2019年，东经116°01′16″，北纬25°58′41″，由当地农户管理；土类为水稻土，亚类为潴育型水稻土，土属为潴育型黄泥田，土种为中潴黄泥田；一年一熟，作物类型为单季稻。

（2）**赣州市瑞金市大柏地乡大柏地村市级监测点** 代码为360781JC20192，建点于2019年，东经116°02′36″，北纬26°05′30″，由当地农户管理；土类为水稻土，亚类为潴育型水稻土，土属为潴育型黄泥田，土种为中潴黄泥田；一年一熟，作物类型为单季稻。

（3）**赣州市瑞金市九堡镇羊角村市级监测点** 代码为360781JC20192，建点于2019年，东经115°54′30″，北纬25°55′52″，由当地农户管理；土类为水稻土，亚类为淹育型水稻土，土属为淹育型黄泥田；一年一熟，作物类型为单季稻。

（4）**赣州市瑞金市九堡镇羊角村市级监测点** 代码为360781JC20201，建点于2020年，东经116°04′36″，北纬25°54′47″，由当地农户管理；土类为水稻土，亚类为潴育型水稻土，土属为潴育型黄泥田，土种为中潴乌黄泥田；一年一熟，作物类型为单季稻。

13.1.3.13 宁都县

（1）**赣州市宁都县黄陂镇黄陂村市级监测点** 代码为360730JC20191，建点于2019年，东经115°50′34″，北纬26°54′47″，由当地农户管理；土类为水稻土，亚类为潴育型水稻土，土属为潴育型黄泥田，土种为灰黄泥田；一年一熟，作物类型为单季稻。

（2）**赣州市宁都县蔡江镇蔡江村市级监测点** 代码为360730JC20192，建点于2019年，东经115°48′54″，北纬26°36′07″，由当地农户管理；土类为水稻土，亚类为潴育型水稻土，土属为潴育型黄泥田，土种为灰黄泥田；一年一熟，作物类型为单季稻。

（3）**赣州市宁都县小布镇陂下村市级监测点** 代码为360730JC20193，建点于2019年，东经115°48′41″，北纬26°48′14″，由当地农户管理；土类为水稻土，亚类为潴育型水稻土，土属为潴育型潮砂泥田；一年一熟，作物类型为单季稻。

（4）**赣州市宁都县洛口镇洛口村市级监测点** 代码为360730JC20194，建点于2019年，东经116°04′14″，北纬26°52′03″，由当地农户管理；土类为水稻土，亚类为潴育型水稻土，土属为潴育型黄泥田；一年一熟，作物类型为单季稻。

（5）赣州市宁都县长胜镇法砂村县级监测点　代码为342818G20171219C006，建点于2017年，东经116°00′07″，北纬26°22′42″，当地农户管理；土类为水稻土，亚类为潴育型水稻土，土属为潮砂泥田，土种为乌潮砂泥田。

（6）赣州市宁都县长胜镇真君堂村县级监测点　代码为342818G20171219C007，建点于2017年，东经116°00′34″，北纬26°22′42″，当地农户管理；土类为水稻土，亚类为潴育型水稻土，土属为黄泥田，土种为灰黄泥田。

（7）赣州市宁都县长胜镇大岭背村县级监测点　代码为342818G20171219C008，建点于2017年，东经116°00′46″，北纬26°19′17″，当地农户管理；土类为水稻土，亚类为潴育型水稻土，土属为紫砂泥田，土种为灰紫砂泥田。

（8）赣州市宁都县长胜镇长胜村县级监测点　代码为342818G20171219C009，建点于2017年，东经116°00′38″，北纬26°17′32″，当地农户管理；土类为水稻土，亚类为潴育型水稻土，土属为紫砂泥田，土种为乌紫砂泥田。

（9）赣州市宁都县长胜镇水枞村县级监测点　代码为342818G20171219C010，建点于2017年，东经115°58′59″，北纬26°17′25″，当地农户管理；土类为水稻土，亚类为潴育型水稻土，土属为黄泥田，土种为灰黄泥田。

（10）赣州市宁都县长胜镇大坪村县级监测点　代码为342818G20171219C011，建点于2017年，东经116°00′30″，北纬26°15′33″，当地农户管理；土类为水稻土，亚类为潴育型水稻土，土属为麻砂泥田，土种为灰麻砂泥田。

（11）赣州市宁都县长胜镇璜山村县级监测点　代码为342818G20171219C012，建点于2017年，东经115°58′38″，北纬26°18′44″，当地农户管理；土类为水稻土，亚类为潴育型水稻土，土属为紫砂泥田，土种为乌紫砂泥田。

（12）赣州市宁都县田头镇坪上村县级监测点　代码为342826G20171211D014，建点于2017年，东经115°58′25″，北纬26°21′02″，当地农户管理；土类为水稻土，亚类为淹育型水稻土，土属为潮砂泥田。

（13）赣州市宁都县田头镇王坊村县级监测点　代码为342826G20171211D015，建点于2017年，东经115°57′40″，北纬26°20′24″，当地农户管理；土类为水稻土，亚类为潴育型水稻土。

（14）赣州市宁都县竹笮乡新街村县级监测点　代码为342826G20171211D016，建点于2017年，东经115°59′22″，北纬26°22′05″，当地农户管理；土类为水稻土，亚类为淹育型水稻土，土属为河积性淹育型水稻土。

（15）赣州市宁都县竹笮乡松湖村县级监测点　代码为342826G20171211D017，建点于2017年，东经115°59′19″，北纬26°23′05″，当地农户管理；土类为水稻土，亚类为淹育型水稻土，土属为河积性淹育型水稻土。

（16）赣州市宁都县竹笮乡鹅婆村县级监测点　代码为342826G20171211D018，建点于2017年，东经115°56′29″，北纬26°24′15″，当地农户管理；土类为水稻土，亚类为淹育型水稻土，土属为红黏土性淹育型水稻土。

（17）赣州市宁都县赖村镇围足村县级监测点　代码为342826G20171211D019，建点于2017年，东经115°47′51″，北纬26°20′29″，当地农户管理；土类为水稻土，亚类为潴育型水稻土，土属为紫砂泥田，土种为乌紫砂泥田。

（18）赣州市宁都县赖村镇莲子村县级监测点 代码为342826G20171211D020，建点于2017年，东经115°49′58″，北纬26°21′27″，当地农户管理；土类为水稻土，亚类为淹育型水稻土，土属为麻砂泥田，土种为灰麻砂泥田。

（19）赣州市宁都县赖村镇蒙坊村县级监测点 代码为342826G20171211D021，建点于2017年，东经115°49′23″，北纬26°20′10″，当地农户管理；土类为水稻土，亚类为潴育型水稻土，土属为潮砂泥田。

（20）赣州市宁都县赖村镇虎井村县级监测点 代码为342826G20171211D022，建点于2017年，东经115°52′29″，北纬26°20′36″，当地农户管理；土类为水稻土，亚类为潴育型水稻土。

（21）赣州市宁都县青塘镇南堡村县级监测点 代码为342826G20171211D023，建点于2017年，东经115°51′52″，北纬26°26′31″，当地农户管理；土类为水稻土，亚类为潴育型水稻土，土属为潴育型灰泥田。

（22）赣州市宁都县青塘镇赤水村县级监测点 代码为342826G20171211D024，建点于2017年，东经115°49′31″，北纬26°26′21″，当地农户管理；土类为水稻土，亚类为潴育型水稻土，土属为潴育型灰泥田。

（23）赣州市宁都县青塘镇青塘村县级监测点 代码为342826G20171211D025，建点于2017年，东经115°52′27″，北纬26°27′41″，当地农户管理；土类为水稻土，亚类为潴育型水稻土，土属为冷浸田。

（24）赣州市宁都县固村镇旗山村县级监测点 代码为342826G20171211D026，建点于2017年，东经116°04′07″，北纬26°06′28″，当地农户管理；土类为水稻土，亚类为潴育型水稻土，土属为潮砂泥田。

（25）赣州市宁都县固村镇流坊村县级监测点 代码为342826G20171211D027，建点于2017年，东经116°03′56″，北纬26°07′52″，当地农户管理；土类为水稻土，亚类为淹育型水稻土，土属为紫砂泥田。

（26）赣州市宁都县固村镇中文村县级监测点 代码为342826G20171211D028，建点于2017年，东经116°04′59″，北纬26°10′00″，当地农户管理；土类为水稻土，亚类为潴育型水稻土，土属为黄泥田。

（27）赣州市宁都县固村镇湖坟村县级监测点 代码为342826G20171211D029，建点于2017年，东经116°14′16″，北纬26°27′00″，当地农户管理；土类为水稻土，亚类为淹育型水稻土，土属为黄鳝泥田。

（28）赣州市宁都县固村镇下河村县级监测点 代码为342826G20171211D030，建点于2017年，东经116°04′31″，北纬26°08′40″，当地农户管理；土类为水稻土，亚类为表潜型水稻土，土属为青湖泥田。

（29）赣州市宁都县固厚乡蜀田村县级监测点 代码为342826G20171211D031，建点于2017年，东经116°05′25″，北纬26°19′18″，当地农户管理；土类为水稻土，亚类为潴育型水稻土，土属为潴育型潮砂泥田。

（30）赣州市宁都县固厚乡上坎村县级监测点 代码为342826G20171211D032，建点于 2017 年，东经 116°05′47″，北纬 26°24′07″，当地农户管理；土类为水稻土，亚类为潴育型水稻土，土属为潴育型潮砂泥田，土种为中潴潮砂泥田。

（31）赣州市宁都县田埠乡乱里村县级监测点　代码为 342826G20171211D034，建点于 2017 年，东经 116°10′08″，北纬 26°23′04″，当地农户管理；土类为水稻土，亚类为潴育型水稻土，土属为潴育型潮砂泥田。

（32）赣州市宁都县田埠乡金钱坝村县级监测点　代码为 342826G20171211D035，建点于 2017 年，东经 116°13′17″，北纬 26°22′30″，当地农户管理；土类为水稻土，亚类为潴育型水稻土，土属为潴育型潮砂泥田。

（33）赣州市宁都县田埠乡龙下村县级监测点　代码为 342826G20171211D036，建点于 2017 年，东经 116°12′30″，北纬 26°25′02″，当地农户管理；土类为水稻土，亚类为潴育型水稻土，土属为潴育型潮砂泥田。

（34）赣州市宁都县会同乡陂头村县级监测点　代码为 342826G20171211D037，建点于 2017 年，东经 116°02′04″，北纬 26°30′48″，当地农户管理；土类为水稻土，亚类为潴育型水稻土，土属为潴育型潮砂泥田，土种为乌潮砂泥田。

（35）赣州市宁都县会同乡桐口村县级监测点　代码为 342826G20171211D038，建点于 2017 年，东经 116°03′29″，北纬 26°30′34″，当地农户管理；土类为水稻土，亚类为潴育型水稻土，土属为潴育型潮砂泥田，土种为乌潮砂泥田。

（36）赣州市宁都县会同乡百胜村县级监测点　代码为 342826G20171211D039，建点于 2017 年，东经 116°08′08″，北纬 26°31′56″，当地农户管理；土类为水稻土，亚类为潴育型水稻土，土属为潴育型潮砂泥田，土种为乌潮砂泥田。

（37）赣州市宁都县会同乡街上村县级监测点　代码为 342826G20171211D040，建点于 2017 年，东经 116°07′19″，北纬 26°31′42″，当地农户管理；土类为水稻土，亚类为潴育型水稻土，土属为潴育型潮砂泥田，土种为乌潮砂泥田。

（38）赣州市宁都县湛田乡井源村县级监测点　代码为 342825G20171214L042，建点于 2017 年，东经 116°09′39″，北纬 26°36′18″，当地农户管理；土类为水稻土，亚类为潴育型水稻土，土属为紫砂泥田，土种为灰紫砂泥田。

（39）赣州市宁都县湛田乡新田村县级监测点　代码为 342825G20171214L043，建点于 2017 年，东经 116°09′12″，北纬 26°38′51″，当地农户管理；土类为水稻土，亚类为潴育型水稻土，土属为紫砂泥田，土种为灰紫砂泥田。

（40）赣州市宁都县湛田乡吉富村县级监测点　代码为 342825G20171214L044，建点于 2017 年，东经 116°09′12″，北纬 26°38′41″，当地农户管理；土类为水稻土，亚类为潴育型水稻土，土属为紫砂泥田，土种为灰紫砂泥田。

（41）赣州市宁都县梅江镇刘坑村县级监测点　代码为 342800G20171215M045，建点于 2017 年，东经 115°59′29″，北纬 26°28′46″，当地农户管理；土类为水稻土，亚类为潴育型水稻土，土属为黄泥田，土种为灰黄泥田。

（42）赣州市宁都县梅江镇淹边村县级监测点　代码为 342800G20171215M046，建点于 2017 年，东经 116°01′05″，北纬 26°26′53″，当地农户管理；土类为水稻土，亚类为潴育型水稻土，土属为紫砂泥田，土种为灰紫砂泥田。

（43）赣州市宁都县梅江镇迳口村县级监测点　代码为 342800G20171215M047，建点于 2017 年，东经 116°00′05″，北纬 26°30′38″，当地农户管理；土类为水稻土，亚类为潴育型水稻土，土属为黄泥田，土种为灰黄泥田。

（44）赣州市宁都县石上镇湖岭村县级监测点　代码为 342800G20171215M048，建点于 2017 年，东经 116°08′06″，北纬 26°40′47″，当地农户管理；土类为水稻土，亚类为潴育型水稻土，土属为潮砂泥田，土种为乌潮砂泥田。

（45）赣州市宁都县石上镇池布村县级监测点　代码为 342802G20171216N049，建点于 2017 年，东经 116°06′10″，北纬 26°39′19″，当地农户管理；土类为水稻土，亚类为潴育型水稻土，土属为黄泥田，土种为乌黄泥田。

（46）赣州市宁都县石上镇石上村县级监测点　代码为 342802G20171216N050，建点于 2017 年，东经 116°03′09″，北纬 26°37′44″，当地农户管理；土类为水稻土，亚类为潴育型水稻土，土属为黄泥田，土种为乌黄泥田。

（47）赣州市宁都县石上镇角源村县级监测点　代码为 342802G20171216N051，建点于 2017 年，东经 116°09′50″，北纬 26°40′37″，当地农户管理；土类为水稻土，亚类为潴育型水稻土，土属为黄泥田，土种为乌黄泥田。

（48）赣州市宁都县石上镇莲湖村县级监测点　代码为 342802G20171216N052，建点于 2017 年，东经 116°02′30″，北纬 26°8′29″，当地农户管理；土类为水稻土，亚类为潴育型水稻土，土属为黄泥田，土种为乌黄泥田。

（49）赣州市宁都县安福乡马迹村县级监测点　代码为 342803G20171213O053，建点于 2017 年，东经 115°59′00″，北纬 26°37′54″，当地农户管理；土类为水稻土，亚类为潴育型水稻土，土属为黄泥田，土种为乌黄泥田。

（50）赣州市宁都县安福乡罗陂村县级监测点　代码为 342803G20171213O054，建点于 2017 年，东经 116°11′01″，北纬 27°01′29″，当地农户管理；土类为水稻土，亚类为潴育型水稻土，土属为黄泥田，土种为乌黄泥田。

（51）赣州市宁都县钓峰乡东下村县级监测点　代码为 342811G20171213P056，建点于 2017 年，东经 115°56′18″，北纬 26°43′54″，当地农户管理；土类为水稻土，亚类为潴育型水稻土，土属为潮砂泥田。

（52）赣州市宁都县黄陂镇坪溪村县级监测点　代码为 342809G20171218Q057，建点于 2017 年，东经 115°55′43″，北纬 26°40′23″，当地农户管理；土类为水稻土，亚类为潴育型水稻土，土属为潮砂泥田，土种为乌潮砂泥田。

（53）赣州市宁都县黄陂镇杨依村县级监测点　代码为 342809G20171218Q058，建点于 2017 年，东经 115°52′52″，北纬 26°43′07″，当地农户管理；土类为水稻土，亚类为潴育型水稻土，土属为潮砂泥田，土种为灰潮砂泥田。

（54）赣州市宁都县黄陂镇塘下村县级监测点　代码为 342809G20171218Q059，建点于 2017 年，东经 115°52′30″，北纬 26°40′41″，当地农户管理；土类为水稻土，亚类为潴育型水稻土，土属为麻砂泥田，土种为乌麻砂泥田。

（55）赣州市宁都县黄陂镇黄陂村县级监测点　代码为 342809G20171218Q060，建点于 2017 年，东经 115°51′19″，北纬 26°41′42″，当地农户管理；土类为水稻土，亚类为潴育型水稻土，土属为红砂泥田，土种为乌红砂泥田。

（56）赣州市宁都县黄陂镇山堂村县级监测点　代码为342809G20171218Q061，建点于2017年，东经115°50′14″，北纬26°46′32″，当地农户管理；土类为水稻土，亚类为潴育型水稻土，土属为潮砂泥田。

（57）赣州市宁都县蔡江镇蔡江村县级监测点　代码为342828G20171215R062，建点于2017年，东经115°48′53″，北纬26°36′28″，当地农户管理；土类为水稻土，亚类为淹育型水稻土，土属为结板砂田，土种为面浆田。

（58）赣州市宁都县蔡江镇湖坊村县级监测点　代码为342828G20171215R063，建点于2017年，东经115°48′55″，北纬26°37′25″，当地农户管理；土类为水稻土，亚类为潴育型水稻土，土属为石育型灰泥田。

（59）赣州市宁都县大沽乡刘家坊村县级监测点　代码为342812G20171213S064，建点于2017年，东经115°48′54″，北纬26°44′14″，当地农户管理；土类为水稻土，亚类为淹育型水稻土，土属潮砂泥田，土种为乌潮砂泥田。

（60）赣州市宁都县大沽乡上游村县级监测点　代码为342812G20171213S065，建点于2017年，东经115°43′35″，北纬26°42′01″，当地农户管理；土类为水稻土，亚类为潴育型水稻土，土属为潮砂泥田，土种为灰潮砂泥田。

（61）赣州市宁都县小布镇树陂村县级监测点　代码为342813G20171211T066，建点于2017年，东经115°50′17″，北纬26°49′05″，当地农户管理；土类为水稻土，亚类为潴育型水稻土，土属为黄泥田，土种为乌黄泥田。

（62）赣州市宁都县小布镇横照村县级监测点　代码为342813G20171211T067，建点于2017年，东经115°50′26″，北纬26°45′54″，当地农户管理；土类为水稻土，亚类为潴育型水稻土，土属为麻砂泥田，土种为灰麻砂泥田。

（63）赣州市宁都县小布镇木坑村县级监测点　代码为342813G20171211T068，建点于2017年，东经115°50′34″，北纬26°46′10″，当地农户管理；土类为水稻土，亚类为潴育型水稻土，土属为潮砂泥田。

（64）赣州市宁都县东山坝镇大布村县级监测点　代码为342804G20171215U069，建点于2017年，东经116°03′58″，北纬26°46′10″，当地农户管理；土类为水稻土，亚类为淹育型水稻土，土属为鳝泥田，土种为黄鳝泥田。

（65）赣州市宁都县东山坝镇城源村县级监测点　代码为342804G20171215U071，建点于2017年，东经116°00′32″，北纬26°43′29″，当地农户管理；土类为水稻土，亚类为潴育型水稻土，土属为潮砂泥田，土种为灰潮砂泥田。

（66）赣州市宁都县东山坝镇东山坝村县级监测点　代码为342804G20171215U072，建点于2017年，东经116°04′15″，北纬26°43′44″，当地农户管理；土类为水稻土，亚类为潴育型水稻土，土属为黄泥田，土种为灰黄泥田。

（67）赣州市宁都县东山坝镇溪边村县级监测点　代码为342804G20171215U073，建点于2017年，东经116°03′28″，北纬26°43′52″，当地农户管理；土类为水稻土，亚类为潴育型水稻土，土属为潮砂泥田，土种为灰潮砂泥田。

（68）赣州市宁都县洛口镇谢坊村县级监测点　代码为342805G20171216V074，建点于 2017 年，东经 116°05′44″，北纬 26°48′53″，当地农户管理；土类为水稻土，亚类为潴育型水稻土，土属为潮砂泥田，土种为乌潮砂泥田。

（69）赣州市宁都县洛口镇灵村县级监测点　代码为 342805G20171216V075，建点于 2017 年，东经 116°03′23″，北纬 26°53′08″，当地农户管理；土类为水稻土，亚类为潴育型水稻土，土属为麻砂泥田，土种为灰麻砂泥田。

（70）赣州市宁都县洛口镇球田村县级监测点　代码为 342805G20171216V076，建点于 2017 年，东经 116°01′44″，北纬 26°51′36″，当地农户管理；土类为水稻土，亚类为潴育型水稻土，土属为麻砂泥田，土种为灰麻砂泥田。

（71）赣州市宁都县洛口镇麻田村县级监测点　代码为 342805G20171216V077，建点于 2017 年，东经 115°57′06″，北纬 26°49′03″，当地农户管理；土类为水稻土，亚类为潴育型水稻土，土属为麻砂泥田，土种为乌麻砂泥田。

（72）赣州市宁都县洛口镇罗村县级监测点　代码为 342805G20171216V078，建点于 2017 年，东经 116°06′44″，北纬 26°52′12″，当地农户管理；土类为水稻土，亚类为潴育型水稻土，土属为麻砂泥田，土种为乌麻砂泥田。

（73）赣州市宁都县洛口镇员布村县级监测点　代码为 342805G20171216V079，建点于 2017 年，东经 116°05′06″，北纬 26°52′17″，当地农户管理；土类为水稻土，亚类为潴育型水稻土，土属为麻砂泥田，土种为灰麻砂泥田。

（74）赣州市宁都县东韶乡东韶村县级监测点　代码为 342809G20171213W080，建点于 2017 年，东经 116°00′05″，北纬 26°57′06″，当地农户管理；土类为水稻土，亚类为潴育型水稻土，土属为潮砂泥田，土种为灰潮砂泥田。

（75）赣州市宁都县东韶乡琳池村县级监测点　代码为 342809G20171213W081，建点于 2017 年，东经 116°00′04″，北纬 26°56′09″，当地农户管理；土类为水稻土，亚类为潴育型水稻土，土属为潮砂泥田，土种为乌潮砂泥田。

（76）赣州市宁都县东韶乡田营村县级监测点　代码为 342809G20171213W082，建点于 2017 年，东经 115°59′39″，北纬 26°54′26″，当地农户管理；土类为水稻土，亚类为潴育型水稻土，土属为麻砂泥田，土种为乌麻砂泥田。

（77）赣州市宁都县东韶乡永乐村县级监测点　代码为 342809G20171213W083，建点于 2017 年，东经 116°00′56″，北纬 26°55′11″，当地农户管理；土类为水稻土，亚类为潴育型水稻土，土属为麻砂泥田，土种为灰麻砂泥田。

（78）赣州市宁都县肖田乡杏公坳村县级监测点　代码为 342808G20171211X084，建点于 2017 年，东经 116°05′54″，北纬 27°04′26″，当地农户管理；土类为水稻土，亚类为潴育型水稻土，土属为潮砂泥田，土种为灰潮砂泥田。

（79）赣州市宁都县肖田乡寨背村县级监测点　代码为 342808G20171211X085，建点于 2017 年，东经 116°05′16″，北纬 27°00′11″，当地农户管理；土类为水稻土，亚类为潴育型水稻土，土属为潮砂泥田，土种为乌潮砂泥田。

13.1.3.14　兴国县

（1）赣州市兴国县高兴镇蒙山村市级监测点　代码为 360732JC201901，建点于 2019 年，东经 115°20′41″，北纬 26°31′05″，由当地农户管理；土类为水稻土，业类为潴育型水稻土，土属为潴育型潮砂泥田，土种为潴育型新建潮砂泥田。

（2）赣州市兴国县江背镇水沟村市级监测点　代码为360732JC201902，建点于2019年，东经115°26′42″，北纬26°18′16″，由当地农户管理；土类为水稻土，亚类为潴育型水稻土，土属为潴育型红砂泥田。

（3）赣州市兴国县崇贤乡霞光村市级监测点　代码为360732JC201903，建点于2019年，东经115°19′06″，北纬26°18′12″，由当地农户管理；土类为水稻土，亚类为潴育型水稻土，土属为潴育型潮砂泥田，土种为潴育型新建潮砂泥田。

（4）赣州市兴国县埠头乡桐溪村市级监测点　代码为360732JC201904，建点于2019年，东经115°19′06″，北纬26°18′12″，由当地农户管理；土类为水稻土，亚类为潴育型水稻土。

（5）赣州市兴国县长冈乡上社村市级监测点　代码为360732JC202001，建点于2020年，东经115°20′10″，北纬26°21′59″，由当地农户管理；土类为水稻土，亚类为潴育型水稻土，土属为潴育型潮砂泥田，土种为潴育型新建潮砂泥田。

（6）赣州市兴国县方太乡富坑村市级监测点　代码为360732JC202002，建点于2020年，东经115°22′49″，北纬26°30′04″，由当地农户管理；土类为水稻土，亚类为潴育型水稻土，土属为潴育型麻砂泥田。

13.1.3.15　定南县

（1）赣州市定南县天九镇洋田村市级监测点　代码为360728JC201901，建点于2019年，东经115°06′28″，北纬24°45′46″，由当地农户管理；土类为水稻土，亚类为潴育型水稻土，土属为潴育型鳝泥田，土种为中潴灰鳝砂泥田。

（2）赣州市定南县龙塘镇桐坑村市级监测点　代码为360728JC202001，建点于2020年，东经115°06′03″，北纬24°31′23″，由当地农户管理；土类为水稻土，亚类为潴育型水稻土，土属为潴育型黄砂泥田，土种为中潴黄砂泥田；一年一熟，作物类型为单季稻。

13.1.3.16　石城县

（1）赣州市石城县珠坑乡塘台村市级监测点　代码为360735JC20191，建点于2019年，东经116°22′11″，北纬26°14′25″，由当地农户管理；土类为水稻土，亚类为潴育型水稻土，土属为潴育型紫砂泥田；一年一熟，作物类型为单季稻。

（2）赣州市石城县木兰乡新河村市级监测点　代码为360735JC20192，建点于2020年，东经116°25′37″，北纬26°33′05″，由当地农户管理；土类为水稻土，亚类为潴育型水稻土，土属为麻砂泥田，土种为乌麻砂泥田；一年一熟，作物类型为单季稻。

（3）赣州市石城县小松镇小松村县级监测点　代码为342700G20171108G001，建点于2017年，东经116°12′19″，北纬26°08′20″，由当地农户管理；土类为水稻土，亚类为潴育型水稻土，土属为潴育型黄泥田，土种为弱潴灰黄泥田。

（4）赣州市石城县小松镇罗源村县级监测点　代码为342700G20171108G025，建点于2017年，东经116°18′27″，北纬26°26′04″，由当地农户管理；土类为水稻土，亚类为潴育型水稻土，土属为潴育型麻砂泥田，土种为中潴麻砂泥田。

（5）赣州市石城县小松镇桐江村县级监测点　代码为342700G20171108G033，建点于 2017 年，东经 116°16′20″，北纬 26°23′31″，由当地农户管理；土类为水稻土，亚类为潴育型水稻土，土属为潴育型黄砂泥田，土种为弱潴黄砂泥田。

（6）赣州市石城县小松镇牟岗村县级监测点　代码为 342700G20171108G042，建点于 2017 年，东经 116°22′16″，北纬 26°24′26″，由当地农户管理；土类为水稻土，亚类为潴育型水稻土，土属为潴育型黄泥田，土种为弱潴灰黄泥田。

（7）赣州市石城县大由乡河斜村县级监测点　代码为 342700G20171008F010，建点于 2017 年，东经 116°22′16″，北纬 26°22′03″，由当地农户管理；土类为水稻土，亚类为潜育型水稻土，土属为潜育型黄砂泥田，土种为中位中潜黄砂泥田。

（8）赣州市石城县大由乡水南村县级监测点　代码为 342700G20171008F019，建点于 2017 年，东经 116°18′59″，北纬 26°17′51″，由当地农户管理；土类为水稻土，亚类为潴育型水稻土，土属为潴育型黄砂泥田，土种为中潴灰黄砂泥田。

（9）赣州市石城县大由乡高背村县级监测点　代码为 342700G20171008F028，建点于 2017 年，东经 116°12′38″，北纬 26°08′08″，由当地农户管理；土类为水稻土，亚类为潴育型水稻土，土属为潴育型紫泥田，土种为潴育型灰紫泥田。

（10）赣州市石城县琴江镇花园村县级监测点　代码为 342700G20171008F042，建点于 2017 年，东经 116°20′09″，北纬 26°17′05″，由当地农户管理；土类为水稻土，亚类为潴育型水稻土，土属为潴育型黄砂泥田，土种为弱潴黄砂泥田。

（11）赣州市石城县琴江镇兴隆村县级监测点　代码为 342700G20171018F037，建点于 2017 年，东经 116°21′01″，北纬 26°20′34″，由当地农户管理；土类为水稻土，亚类为潜育型水稻土，土属为潜育型紫泥田，土种为全层弱潜灰紫泥田。

（12）赣州市石城县琴江镇前江村县级监测点　代码为 342700G20171018F039，建点于 2017 年，东经 116°21′08″，北纬 26°17′19″，由当地农户管理；土类为水稻土，亚类为潜育型水稻土，土属为潜育型紫泥田，土种为全层弱潜灰紫泥田。

（13）赣州市石城县琴江镇沔坊村县级监测点　代码为 342700G20171112G042，建点于 2017 年，东经 116°23′21″，北纬 26°29′05″，由当地农户管理；土类为水稻土，亚类为潴育型水稻土，土属为潴育型紫泥田，土种为中潴灰紫泥田。

（14）赣州市石城县龙岗乡新南村县级监测点　代码为 342700G20171011F011，建点于 2017 年，东经 116°16′37″，北纬 26°12′50″，由当地农户管理；土类为水稻土，亚类为潜育型水稻土，土属为潜育型紫泥田，土种为中位弱潜灰紫泥田。

（15）赣州市石城县龙岗乡绿水村县级监测点　代码为 342700G20171011F015，建点于 2017 年，东经 116°21′32″，北纬 26°04′00″，由当地农户管理；土类为水稻土，亚类为潴育型水稻土，土属为潴育型黄砂泥田，土种为中潴灰黄砂泥田。

（16）赣州市石城县龙岗乡水庙村县级监测点　代码为 342700G20171011F020，建点于 2017 年，东经 116°20′12″，北纬 26°10′33″，由当地农户管理；土类为水稻土，亚类为潜育型水稻土，土属为潜育型鳝泥田，土种为全潜灰鳝泥田。

（17）赣州市石城县龙岗乡下迳村县级监测点　代码为 342700G20171011F025，建点于 2017 年，东经 116°15′20″，北纬 26°06′22″，由当地农户管理；土类为水稻土，亚类为潴育型水稻土，土属为潴育型黄泥田，土种为弱潴砂砾底黄泥田。

（18）赣州市石城县珠坑乡高玑村县级监测点　代码为342700G20171012G010，建点于2017年，东经116°20′09″，北纬26°10′21″，由当地农户管理；土类为水稻土，亚类为潴育型水稻土，土属为潴育型紫泥田，土种为中潴灰紫泥田。

（19）赣州市石城县珠坑乡珠坑村县级监测点　代码为342700G20171012G011，建点于2017年，东经116°21′54″，北纬26°13′00″，由当地农户管理；土类为水稻土，亚类为潴育型水稻土，土属为潴育型紫泥田，土种为中潴灰紫泥田。

（20）赣州市石城县珠坑乡塘台村县级监测点　代码为342700G20171012G012，建点于2017年，东经116°21′57″，北纬26°13′57″，由当地农户管理；土类为水稻土，亚类为潴育型水稻土，土属为潴育型紫泥田，土种为弱潴灰紫泥田。

（21）赣州市石城县珠坑乡坳背村县级监测点　代码为342700G20171012G013，建点于2017年，东经116°20′18″，北纬26°11′45″，由当地农户管理；土类为水稻土，亚类为潴育型水稻土，土属为潴育型紫砂泥田，土种为潴育型灰紫砂泥田。

（22）赣州市石城县横江镇丹阳村县级监测点　代码为342700G20171013G009，建点于2017年，东经116°19′52″，北纬26°09′23″，由当地农户管理；土类为水稻土，亚类为潴育型水稻土，土属为潴育型紫泥田，土种为中潴灰紫泥田。

（23）赣州市石城县横江镇横江村县级监测点　代码为342700G20171013G012，建点于2017年，东经116°20′23″，北纬26°08′56″，由当地农户管理；土类为水稻土，亚类为潴育型水稻土，土属为潴育型紫泥田，土种为中潴灰紫泥田。

（24）赣州市石城县横江镇友联村县级监测点　代码为342700G20171013G018，建点于2017年，东经116°18′49″，北纬26°07′39″，由当地农户管理；土类为水稻土，亚类为潴育型水稻土，土属为潴育型紫砂泥田，土种为表潴弱度紫砂泥田。

（25）赣州市石城县横江镇平阳村县级监测点　代码为342700G20171013G021，建点于2017年，东经116°19′25″，北纬26°09′24″，由当地农户管理；土类为水稻土，亚类为潴育型水稻土，土属为潴育型紫泥田，土种为中潴灰紫泥田。

（26）赣州市石城县屏山镇屏山村县级监测点　代码为342700G20171014G006，建点于2017年，东经116°17′12″，北纬26°13′24″，由当地农户管理；土类为水稻土，亚类为潴育型水稻土，土属为潴育型黄砂泥田，土种为中潴灰黄砂泥田。

（27）赣州市石城县屏山镇河东村县级监测点　代码为342700G20171014G011，建点于2017年，东经116°17′23″，北纬26°10′45″，由当地农户管理；土类为水稻土，亚类为潴育型水稻土，土属为潴育型黄砂泥田，土种为中潴灰黄砂泥田。

（28）赣州市石城县屏山镇长江村县级监测点　代码为342700G20171014G015，建点于2017年，东经116°20′03″，北纬26°15′30″，由当地农户管理；土类为水稻土，亚类为潴育型水稻土，土属为潴育型黄砂泥田，土种为中潴灰黄砂泥田。

（29）赣州市石城县丰山乡丰山村县级监测点　代码为342700G20171013F008，建点于2017年，东经116°26′54″，北纬26°24′52″，由当地农户管理；土类为水稻土，亚类为潴育型水稻土，土属为潴育型黄泥田，土种为弱潴砂砾底黄泥田。

（30）赣州市石城县丰山乡下湘村县级监测点　代码为342700G20171013F009，建点于2017年，东经116°24′27″，北纬26°23′47″，由当地农户管理；土类为水稻土，亚类为潜育型水稻土，土属为潜育型潮砂泥田，土种为表潜灰潮砂泥田。

（31）**赣州市石城县高田镇田心村县级监测点**　代码为342700G20171013F010，建点于2017年，东经116°28′25″，北纬26°29′29″，由当地农户管理；土类为水稻土，亚类为潜育型水稻土，土属为潜育型麻砂泥田，土种为中潜麻砂泥田。

（32）**赣州市石城县高田镇湖坑村县级监测点**　代码为342700G20171013F011，建点于2017年，东经116°28′58″，北纬26°26′57″，由当地农户管理；土类为水稻土，亚类为潜育型水稻土，土属为潜育型黄泥田，土种为弱潜砂砾底黄泥田。

（33）**赣州市石城县高田镇高田村县级监测点**　代码为342700G20171013F012，建点于2017年，东经116°28′09″，北纬26°28′03″，由当地农户管理；土类为水稻土，亚类为潜育型水稻土，土属为潜育型潮砂泥田，土种为中潜潮砂泥田。

13.1.3.17　章贡区

（1）**赣州市章贡区砂石镇埠上村市级监测点**　代码为360702JC20191，建点于2019年，东经114°57′28″，北纬25°46′43″，由当地农户管理；土类为水稻土，亚类为潜育型水稻土，土属为紫泥田，土种为灰紫泥田；一年一熟，作物类型为单季稻。

（2）**赣州市章贡区砂石镇甘霖村市级监测点**　代码为360702JC20201，建点于2020年，东经114°55′21″，北纬25°43′12″，由当地农户管理；土类为水稻土，亚类为潜育型水稻土，土属为鳝泥田，土种为灰紫泥田；一年一熟，作物类型为单季稻。

（3）**赣州市章贡区砂石镇埠上村县级监测点**　代码为360702JC20161，建点于2016年，东经114°57′28″，北纬25°46′43″，当地农户管理；土类为水稻土，亚类为潜育型水稻土，土属为紫泥田，土种为灰紫泥田。

（4）**赣州市章贡区砂石镇甘霖村县级监测点**　代码为360702JC20164，建点于2016年，东经114°56′46″，北纬25°43′34″，当地农户管理；土类为水稻土，亚类为潜育型水稻土，土属为潮泥田，土种为新建潮砂泥田。

（5）**赣州市章贡区砂石镇埠上村县级监测点**　代码为360702JC20165，建点于2016年，东经114°55′21″，北纬25°43′12″，当地农户管理；土类为水稻土，亚类为潜育型水稻土，土属为砂泥田，土种为乌黄砂泥田。

13.1.3.18　于都县

（1）**赣州市于都县梓山镇潭头村市级监测点**　代码为360731JC201901，建点于2019年，东经115°29′06″，北纬25°57′21″，由当地农户管理；土类为水稻土，亚类为潜育型水稻土，土属为黄泥田；一年一熟，作物类型为单季稻。

（2）**赣州市于都县车溪乡朱坑村市级监测点**　代码为360731JC201902，建点于2019年，东经115°32′28″，北纬26°03′05″，由当地农户管理；土类为水稻土，亚类为潜育型水稻土，土属为潮泥田，土种为潮砂泥田；一年一熟，作物类型为单季稻。

（3）**赣州市于都县仙下乡石陂村市级监测点**　代码为360731JC201903，建点于2019年，东经115°33′03″，北纬26°06′02″，由当地农户管理；土类为水稻土，亚类为潜育型水稻土，土属为潮泥田，土种为潮砂泥田；一年一熟，作物类型为单季稻。

（4）**赣州市于都县利村乡上下村市级监测点**　代码为360731JC201904，建点于2019年，东经115°25′50″，北纬25°55′25″，由当地农户管理；土类为水稻土，亚类为潴育型水稻土，土属为鳝泥田，土种为灰鳝泥田；一年一熟，作物类型为单季稻。

（5）**赣州市于都县罗坳镇罗坳村市级监测点**　代码为 360731JC202001，建点于 2020 年，东经 115°17′06″，北纬 25°55′40″，由当地农户管理；土类为水稻土，亚类为潴育型水稻土，土属为砂泥田，土种为潮砂泥田；一年一熟，作物类型为单季稻。

（6）**赣州市于都县岭背镇水头村市级监测点**　代码为 360731JC202002，建点于 2020 年，东经 115°29′13″，北纬 26°03′18″，由当地农户管理；土类为水稻土，亚类为潴育型水稻土，土属为砂泥田，土种为潮砂泥田；一年一熟，作物类型为单季稻。

13.2　赣州市各监测点作物产量

13.2.1　单季稻产量年际变化（2016—2020）

2016—2020 年 5 个年份赣州市常规施肥、无肥处理的单季稻分别有 13 个、17 个、15 个、13 个和 58 个监测点。由于每年都有新增或减少的监测点位，且同一监测点位的稻作制度不完全相同，个别点位还有种植包菜、柑橘等作物的情况，因此不同年份之间监测点位数量不同。

2016—2020 年 5 个年份赣州市无肥处理的单季稻年均产量分别为 308.96 kg/亩、293.45 kg/亩、283.37 kg/亩、280.83 kg/亩和 303.11 kg/亩；常规施肥处理的单季稻年均产量分别为 567.93 kg/亩、599.05 kg/亩、589.56 kg/亩、568.12 kg/亩和 532.69 kg/亩（图 13-1）。相较于无肥处理，常规施肥处理 2016—2020 年 5 个年份单季稻的产量分别提高了 83.82%、104.14%、108.05%、102.30%、75.74%。

从图 13-2 可以看出，2016—2020 年无肥处理单季稻的平均产量为 293.94 kg/亩，常规施肥处理的单季稻平均产量为 571.47 kg/亩。相较于无肥处理，常规施肥处理单季稻的平均产量提高了 94.42%，这表明相较于不施肥的处理，常规施肥处理可以显著提高单季稻产量。

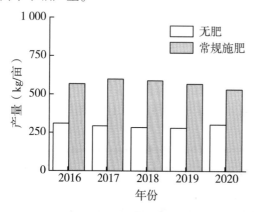

图 13-1　赣州市耕地质量监测点常规施肥、无肥处理对单季稻产量的影响

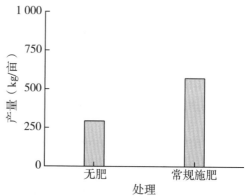

图 13-2　赣州市耕地质量监测点 2016—2020 年常规施肥、无肥处理下的单季稻平均产量

13.2.2　双季稻产量年际变化（2016—2020）

2016—2020 年 5 个年份赣州市常规施肥、无肥处理的双季稻分别有 32 个、34 个、31 个、30 个和 31 个监测点。与单季稻的情况类似，不同年份之间监测点位数量不同，主要原因为每年都有新增或减少的监测点位，且同一监测点位的稻作制度不完全相同，个别点位还有种植包菜、柑橘等作物的情况。

13.2.2.1　早稻产量年际变化（2016—2020）

2016—2020 年 5 个年份赣州市无肥处理的早稻年均产量分别为 246.26 kg/亩、236.85 kg/亩、260.39 kg/亩、256.93 kg/亩和 259.67 kg/亩，常规施肥处理的早稻年均产量分别为 480.32 kg/亩、480.60 kg/亩、484.19 kg/亩、473.37 kg/亩和 457.39 kg/亩（图 13-3）。相较于无肥处理，常规施肥处理 5 个年份的早稻年均产量分别提高了 95.05%、102.91%、85.95%、84.24%、76.14%。

从图 13-4 可以看出，2016—2020 年赣州市耕地质量监测点无肥处理的早稻平均产量为 252.02 kg/亩，常规施肥处理的早稻平均产量为 475.17 kg/亩。相较于无肥处理，常规施肥处理 2016—2020 年赣州市耕地质量监测点的早稻产量提高了 88.54%，这表明常规施肥处理能够显著提高早稻的产量。

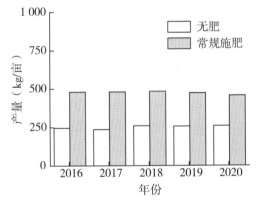 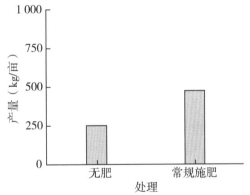

图 13-3　赣州市耕地质量监测点常规施肥、
无肥处理对早稻产量的影响

图 13-4　赣州市耕地质量监测点 2016—2020 年
常规施肥、无肥处理下的早稻平均产量

13.3.2.2　晚稻产量年际变化（2016—2020）

2016—2020 年 5 个年份赣州市无肥处理的晚稻年均产量分别为 265.84 kg/亩、260.05 kg/亩、269.09 kg/亩、273.94 kg/亩和 270.14 kg/亩，常规施肥处理的晚稻年均产量分别为 511.93 kg/亩、506.76 kg/亩、523.66 kg/亩、520.62 kg/亩和 491.69 kg/亩（图 13-5）。相较于无肥处理，常规施肥处理 5 个年份的早稻年均产量分别提高了 92.57%、94.87%、94.60%、90.05%、82.01%。

从图 13-6 可以看出，2016—2020 年赣州市耕地质量监测点无肥处理的晚稻平均产量为 267.81 kg/亩，常规施肥处理的晚稻平均产量为 510.93 kg/亩。相较于无肥处理，常规施肥处理 2016—2020 年赣州市耕地质量监测点的晚稻产量提高了 90.78%，这表明常规施肥处理能够显著提高晚稻的产量。

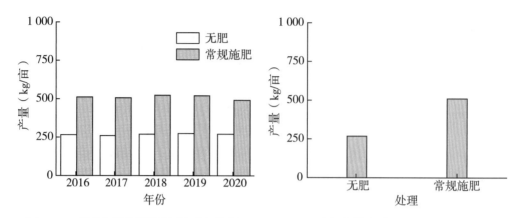

图 13-5　赣州市耕地质量监测点常规施肥、　　图 13-6　赣州市耕地质量监测点 2016—2020 年
　　　　无肥处理对晚稻产量的影响　　　　　　　　　常规施肥、无肥处理下的晚稻平均产量

13.2.2.3　双季稻总产量年际变化（2016—2020）

2016—2020 年 5 个年份赣州市无肥处理的双季稻年均产量分别为 512.10 kg/亩、496.90 kg/亩、529.48 kg/亩、530.87 kg/亩和 529.82 kg/亩，常规施肥处理下的双季稻年均产量分别为 992.25 kg/亩、987.36 kg/亩、1 007.84 kg/亩、993.99 kg/亩和949.09 kg/亩（图 13-7）。相较于无肥处理，常规施肥处理 5 个年份的双季稻年均产量分别提高了 93.76%、98.70%、90.35%、87.24%、79.13%。

从图 13-8 可以看出，2016—2020 年赣州市耕地质量监测点无肥处理的双季稻平均产量为 519.83 kg/亩，常规施肥处理的双季稻平均产量为 986.11 kg/亩。相较于无肥处理，常规施肥处理 2016—2020 年赣州市耕地质量监测点的双季稻产量提高了 89.70%。这表明常规施肥处理能够显著提高双季稻的产量。

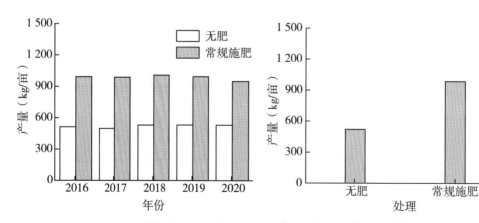

图 13-7　赣州市耕地质量监测点常规施肥、　　图 13-8　赣州市耕地质量监测点 2016—2020 年
　　　　无肥处理对双季稻产量的影响　　　　　　　　常规施肥、无肥处理下的双季稻平均产量

13.3 赣州市各监测点土壤性质

赣州市位于北纬 24°29′~27°09′、东经 113°54′~116°38′，地处中国东南偏中部长江中下游南岸，是江西省的南大门，是江西省面积最大、人口最多的地级市。本节汇总了赣州市 2016—2020 年各级耕地质量监测点的土壤理化性质，明确了赣州市常规施肥及无肥条件下土壤理化性质的差异。

2016—2020 年 5 个年份赣州市长期定位监测点分别有 182 个、182 个、182 个、182 个和 225 个。

13.3.1 土壤 pH 变化

2016—2020 年 5 个年份赣州市无肥处理的土壤 pH 分别为 5.24、5.20、5.25、5.24 和 5.38，常规施肥处理的土壤 pH 分别为 5.30、5.30、5.41、5.36 和 5.45（图 13-9）。与

2016 年的相比，2017—2020 年 4 个年份无肥处理的土壤 pH 分别增加了-0.04、0.01、0.00 和 0.14 个单位；常规施肥处理的土壤 pH 分别增加了 0.00、0.11、0.06 和 0.15 个单位。相较于无肥处理，2016—2020 年 5 个年份常规施肥处理的 pH 分别增加了 0.06、0.10、0.16、0.12 和 0.07 个单位。

从图 13-10 可以看出，赣州市耕地质量监测点 2016—2020 年无肥处理的 pH 平均值为 5.26，而常规施肥处理的 pH 平均值为 5.36。相较于无肥处理，2016—2020 年常规施肥处理的 pH 平均值增加了 0.10 个单位。

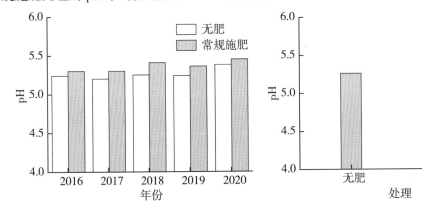

图 13-9 赣州市耕地质量监测点常规施肥、
无肥处理对土壤 pH 的影响

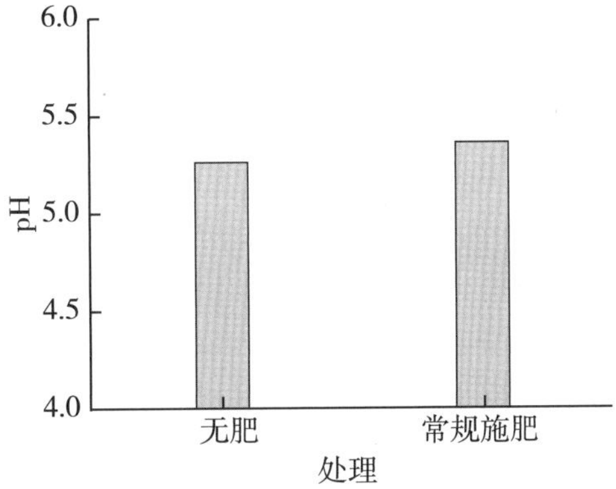

图 13-10 赣州市耕地质量监测点 2016—2020 年
常规施肥、无肥处理下土壤 pH 的平均值

13.3.2 土壤有机质年际变化

2016—2020 年 5 个年份赣州市无肥处理的土壤有机质分别为 18.54 g/kg、17.74 g/kg、18.04 g/kg、18.28 g/kg 和 25.59 g/kg，常规施肥处理的土壤有机质分别为 25.97 g/kg、24.80 g/kg、21.36 g/kg、27.32 g/kg 和 29.30 g/kg（图 13-11）。与

2016 年的相比，2017—2020 年 4 个年份无肥处理的土壤有机质分别增加了 -4.31%、-2.70%、-1.40% 和 38.03%；常规施肥处理的土壤有机质分别增加了 -4.51%、-17.75%、5.20% 和 12.82%。相较于无肥处理，2016—2020 年 5 个年份常规施肥处理的土壤有机质分别增加了 40.08%、39.80%、18.40%、49.45% 和 14.50%。

从图 13-12 可以看出，赣州市耕地质量监测点 2016—2020 年无肥处理的土壤有机质平均值为 19.64 g/kg，而常规施肥处理土壤有机质的平均值为 25.75 g/kg。相较于无肥处理，常规施肥处理 2016—2020 年土壤有机质的平均值增加了 31.10%。

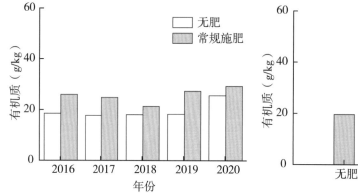

图 13-11 赣州市耕地质量监测点常规施肥、无肥处理对土壤有机质的影响　　**图 13-12** 赣州市耕地质量监测点 2016—2020 年常规施肥、无肥处理下土壤有机质的平均值

13.3.3 土壤全氮年际变化

2016—2020 年 5 个年份赣州市无肥处理的土壤全氮分别为 0.63 g/kg、0.66 g/kg、0.57 g/kg、0.63 g/kg 和 1.25 g/kg，常规施肥处理的土壤全氮分别为 0.82 g/kg、1.03 g/kg、0.91 g/kg、1.03 g/kg 和 1.52 g/kg（图 13-13）。与 2016 年的相比，2017—2020 年 4 个年份无肥处理的土壤全氮分别增加了 4.76%、-9.53%、0.00% 和 98.41%；

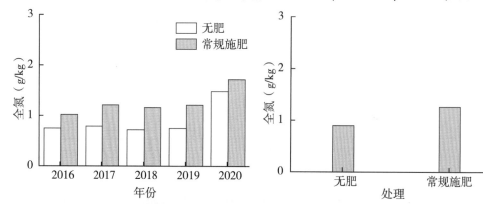

图 13-13 赣州市耕地质量监测点常规施肥、无肥处理对土壤全氮的影响　　**图 13-14** 赣州市耕地质量监测点 2016—2020 年常规施肥、无肥处理下土壤全氮的平均值

常规施肥处理的土壤全氮分别增加了 25.61%、10.98%、25.61% 和 85.37%。相较于无肥处理，2016—2020 年 5 个年份常规施肥处理的土壤全氮分别增加了 30.16%、56.06%、59.65%、63.49% 和 21.60%。

从图 13-14 可以看出，赣州市耕地质量监测点 2016—2020 年无肥处理的土壤全氮平均值为 0.75 g/kg，而常规施肥处理土壤全氮的平均值为 1.06 g/kg。相较于无肥处理，常规施肥处理 2016—2020 年土壤全氮的平均值增加了 41.30%。

13.3.4　土壤碱解氮年际变化

2016—2020 年 5 个年份赣州市无肥处理的土壤碱解氮分别为 96.87 mg/kg、96.56 mg/kg、98.25 mg/kg、97.83 mg/kg 和 132.18 mg/kg，常规施肥处理的土壤碱解氮分别为 144.28 mg/kg、139.09 mg/kg、148.36 mg/kg、146.72 mg/kg 和 146.85 mg/kg（图 13-15）。与 2016 年的相比，2017—2020 年 4 个年份无肥处理的土壤碱解氮分别增加了 -0.32%、1.42%、0.99% 和 36.45%；常规施肥处理的土壤碱解氮分别增加了 -3.60%、2.83%、1.69% 和 1.78%。相较于无肥处理，2016—2020 年 5 个年份常规施肥处理的土壤碱解氮分别增加了 48.94%、44.05%、51.00%、49.97% 和 11.10%。

从图 13-16 可以看出，赣州市耕地质量监测点 2016—2020 年无肥处理的土壤碱解氮平均值为 104.34 mg/kg，而常规施肥处理土壤碱解氮的平均值为 145.06 mg/kg。相较于无肥处理，常规施肥处理 2016—2020 年土壤碱解氮的平均值增加了 39.03%。

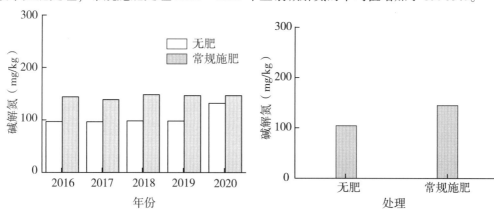

图 13-15　赣州市耕地质量监测点常规施肥、　　　图 13-16　赣州市耕地质量监测点 2016—2020 年
　　无肥处理对土壤碱解氮的影响　　　　　　　　　常规施肥、无肥处理下土壤碱解氮的平均值

13.3.5　土壤有效磷年际变化

2016—2020 年 5 个年份赣州市无肥处理的土壤有效磷分别为 20.24 mg/kg、18.30 mg/kg、16.93 mg/kg、18.90 mg/kg 和 27.76 mg/kg，常规施肥处理的土壤有效磷分别为 25.35 mg/kg、23.67 mg/kg、21.88 mg/kg、27.73 mg/kg 和 37.35 mg/kg（图 13-17）。与 2016 年的相比，2017—2020 年 4 个年份无肥处理的土壤有效磷分别增加了 -9.58%、-16.35%、-6.62% 和 37.15%；常规施肥处理的土壤有效磷分别增加了 -6.63%、-13.69%、9.39% 和 47.34%。相较于无肥处理，2016—2020 年 5 个年份常规

施肥处理的土壤有效磷分别增加了 25.25%、29.34%、29.24%、46.72%和34.55%。

从图 13-18 可以看出，赣州市耕地质量监测点 2016—2020 年无肥处理的土壤有效磷平均值为 20.43 mg/kg，而常规施肥处理土壤有效磷的平均值为 27.20 mg/kg。相较于无肥处理，常规施肥处理 2016—2020 年土壤有效磷的平均值增加了 33.12%。

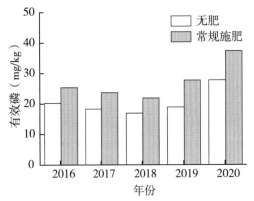

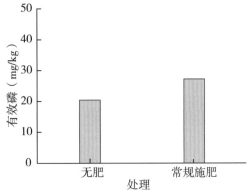

图 13-17　赣州市耕地质量监测点常规施肥、无肥处理对土壤有效磷的影响

图 13-18　赣州市耕地质量监测点 2016—2020 年常规施肥、无肥处理下土壤有效磷的平均值

13.3.6　土壤速效钾年际变化

2016—2020 年 5 个年份赣州市无肥处理的土壤速效钾分别为 60.01 mg/kg、61.50 mg/kg、62.87 mg/kg、61.77 mg/kg 和 90.98 mg/kg，常规施肥处理的土壤速效钾分别为 97.55 mg/kg、86.87 mg/kg、95.87 mg/kg、110.77 mg/kg 和 121.26 mg/kg（图 13-19）。与 2016 年的相比，2017—2020 年 4 个年份无肥处理的土壤速效钾分别增加了 2.48%、4.77%、2.93%和 51.61%；常规施肥处理的土壤速效钾分别增加了-10.95%、

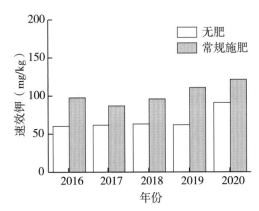

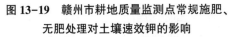

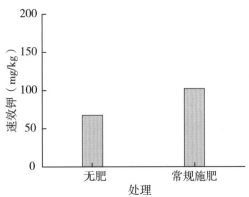

图 13-19　赣州市耕地质量监测点常规施肥、无肥处理对土壤速效钾的影响

图 13-20　赣州市耕地质量监测点 2016—2020 年常规施肥、无肥处理下土壤速效钾的平均值

−1.72%、13.55%和24.31%。相较于无肥处理，2016—2020年5个年份常规施肥处理的土壤速效钾分别增加了62.56%、41.25%、52.49%、79.33%和33.28%。

从图13-20可以看出，赣州市耕地质量监测点2016—2020年无肥处理的土壤速效钾平均值为67.43 mg/kg，而常规施肥处理土壤速效钾的平均值为102.46 mg/kg。相较于无肥处理，常规施肥处理2016—2020年土壤速效钾的平均值增加了51.95%。

13.3.7　土壤缓效钾年际变化

2016—2020年5个年份赣州市无肥处理的土壤缓效钾分别为133.81 mg/kg、138.75 mg/kg、126.11 mg/kg、131.11 mg/kg和340.99 mg/kg，常规施肥处理的土壤缓效钾分别为162.07 mg/kg、269.33 mg/kg、204.00 mg/kg、189.13 mg/kg和363.25 mg/kg（图13-21）。与2016年的相比，2017—2020年4个年份无肥处理的土壤缓效钾分别增加了3.69%、−5.75%、−2.02%和154.83%；常规施肥处理的土壤缓效钾分别增加了66.18%、25.87%、16.70%和124.13%。相较于无肥处理，2016—2020年5个年份常规施肥处理的土壤缓效钾分别增加了21.12%、94.11%、61.76%、44.25%和6.53%。

从图13-22可以看出，赣州市耕地质量监测点2016—2020年无肥处理的土壤缓效钾平均值为174.15 mg/kg，而常规施肥处理土壤缓效钾的平均值为237.56 mg/kg。相较于无肥处理，常规施肥处理2016—2020年土壤缓效钾的平均值增加了36.41%。

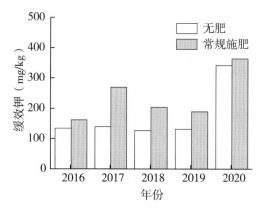 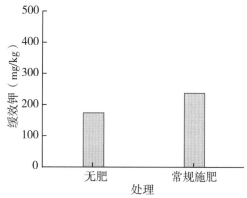

图13-21　赣州市耕地质量监测点常规施肥、无肥处理对土壤缓效钾的影响 ｜ 图13-22　赣州市耕地质量监测点2016—2020年常规施肥、无肥处理下土壤缓效钾的平均值

13.3.8　耕层厚度及土壤容重

2016—2020年5个年份赣州市无肥处理的土壤耕层厚度分别为18.20 cm、18.24 cm、18.11 cm、18.24 cm和19.77 cm，常规施肥处理的土壤耕层厚度分别为18.53 cm、19.14 cm、19.07 cm、19.06 cm和19.60 cm（表13-1）。与2016年的相比，2017—2020年4个年份无肥处理的土壤耕层厚度分别增加了0.04 cm、−0.09 cm、0.04 cm和1.57 cm；常规施肥处理的土壤耕层厚度分别增加了0.61 cm、0.54 cm、0.53 cm和1.07 cm。相较于无肥处理，2016—2020年5个年份常规施肥处理的土壤耕

层厚度分别增加了 0.33 cm、0.90 cm、0.96 cm、0.82 cm 和 -0.17 cm。

从表 13-1 可以看出，赣州市耕地质量监测点 2016—2020 年无肥处理的土壤耕层厚度平均值为 18.51 cm，而常规施肥处理土壤耕层厚度的平均值为 19.08 cm。相较于无肥处理，常规施肥处理下 2018—2020 年土壤耕层厚度的平均值增加了 0.57 cm。

表 13-1　赣州市耕地质量监测点 2016—2020 年常规施肥、无肥处理的土壤耕层厚度

单位：cm

年份	无肥处理	常规施肥处理
2016	18.20	18.53
2017	18.24	19.14
2018	18.11	19.07
2019	18.24	19.06
2020	19.77	19.60
平均	18.51	19.08

2016—2020 年 5 个年份赣州市无肥处理的土壤容重分别为 1.19 g/cm^3、1.19 g/cm^3、1.16 g/cm^3、1.19 g/cm^3 和 1.15 g/cm^3，常规施肥处理的土壤容重分别为 1.20 g/cm^3、1.19 g/cm^3、1.17 g/cm^3、1.18 g/cm^3 和 1.16 g/cm^3。与 2016 年的相比，2017—2020 年 4 个年份无肥处理的土壤容重分别减少了 0.00%、2.52%、0.00% 和 3.36%；常规施肥处理的土壤容重分别增加了 0.83%、-2.50%、-1.67% 和 -33.30%。相较于无肥处理，2016—2020 年 5 个年份常规施肥处理的土壤容重分别增加了 0.84%、0.00%、0.86%、-0.84% 和 0.87%。

从表 13-2 可以看出，赣州市耕地质量监测点 2016—2020 年无肥处理的土壤容重平均值为 1.18 g/cm^3，而常规施肥处理的土壤容重的平均值为 1.18 g/cm^3。相较于无肥处理，常规施肥处理 2016—2020 年土壤容重的平均值没有变化。

表 13-2　赣州市耕地质量监测点 2016—2020 年常规施肥、无肥处理的土壤容重

单位：g/cm^3

年份	无肥处理	常规施肥处理
2016	1.19	1.20
2017	1.19	1.19
2018	1.16	1.17
2019	1.19	1.18
2020	1.15	1.16
平均	1.18	1.18

13.3.9 土壤理化性状小结

2016—2020 年赣州市耕地质量监测点无肥处理的土壤 pH 为 5.20~5.38，常规施肥处理的土壤 pH 为 5.30~5.45，均为酸性和弱酸性土壤；耕地质量监测点无肥处理的土壤有机质为 17.74~25.59 g/kg，为四级至三级，常规施肥处理的土壤有机质为 21.36~29.30 g/kg，为三级；耕地质量监测点无肥处理的土壤全氮为 0.57~1.25 g/kg，为五级至三级，常规施肥处理的土壤全氮为 0.82~1.52 g/kg，为四级至二级；耕地质量监测点无肥处理的土壤碱解氮为 96.56~132.18 mg/kg，常规施肥处理的土壤碱解氮为 139.09~148.36 mg/kg；耕地质量监测点无肥处理的土壤有效磷为 16.93~27.76 mg/kg，为三级至二级，常规施肥处理的土壤有效磷为 21.88~37.35 mg/kg，为一级至二级；耕地质量监测点无肥处理的土壤速效钾为 60.01~90.98 mg/kg，为四级至三级，常规施肥处理的土壤速效钾为 86.87~121.26 mg/kg，为三级至二级；长期定位监测点无肥处理的土壤缓效钾为 126.11~340.99 mg/kg，为五级至四级，常规施肥处理的土壤缓效钾为 162.07~363.25 mg/kg，为五级至四级。

13.4 赣州市各监测点耕地质量等级评价

赣州市耕地质量监测点主要分布在大余县、安远县、崇义县、定南县、赣县区、会昌县、龙南市、南康区、宁都县、全南县、瑞金市、上犹县、石城县、信丰县、兴国县、寻乌县、于都县、章贡区 18 个县区。2016—2019 年大余县耕地质量监测点均为 5 个，2020 年为 6 个，其各点位综合耕地质量等级 2016 年、2017 年和 2020 年为 5 等，2018 年和 2019 年为 4 等（图 13-23）；2016—2020 年安远县耕地质量监测点分别有 5 个、5 个、5 个、5 个、3 个，但有部分年份没有数据，可得其各点位综合耕地质量等级 2020 年为 5 等（图 13-23 中未显示）；2016—2020 年崇义县耕地质量监测点分别有 5 个、5 个、5 个、5 个、7 个，但有部分年份没有数据，可得其各点位综合耕地质量等级 2020 年为 3 等（图 13-23 中未显示）；2016—2020 年定南县耕地质量监测点分别有 5 个、5 个、5 个、5 个、4 个，但有部分年份没有数据，其各点位综合耕地质量等级 2016 年和 2019 年为 3 等，2017 年为 4 等，2020 年为 1 等；2016—2020 年赣县区耕地质量监测点分别有 1 个、1 个、1 个、1 个、4 个，其各点位综合耕地质量等级 2016—2019 年均为 2 等，2020 年降为 3 等；2016—2020 年会昌县耕地质量监测点分别有 5 个、5 个、5 个、5 个、8 个，其各点位综合耕地质量等级在 2016 为 4 等，2017—2020 年均升为 3 等；2016—2020 年龙南市耕地质量监测点分别有 2 个、2 个、2 个、2 个、3 个，但有部分年份没有数据，其各点位综合耕地质量等级 2020 年为 5 等（图 13-23 中未显示）；2016—2020 年南康区耕地质量监测点分别有 6 个、5 个、5 个、5 个、8 个，其各点位综合耕地质量等级 2016—2020 年均为 3 等；2016—2020 年宁都县耕地质量监测点分别有 85 个、85 个、85 个、85 个、84 个，但有部分年份没有数据，其各点位综合耕地质量等级 2016 年和 2017 年为 3 等，2019 年和 2020 年为 4 等；2016 年、2017 年、2018 年和 2020 年全南县耕地质量监测点分别有 1 个、1 个、1 个、2 个，其各点位综合耕地质量等级 2016 年和 2017 年为 5 等，2020 年为 3 等；2016—2020 年瑞金市长期定位监测点分别有 3 个、3 个、3

個、7 個，其各點位綜合耕地質量等級 2016 年為 5 等，2017—2020 年均升為 4 等；2016—2020 年上猶縣耕地質量監測點分別有 6 個、6 個、6 個、6 個、6 個，其各點位綜合耕地質量等級 2016—2019 年均為 3 等，2020 年降為 5 等；2016—2020 年石城縣耕地質量監測點有 33 個、33 個、33 個、33 個、35 個，但有部分年份沒有數據，可得其各點位綜合耕地質量等級 2020 年為 5 等（圖 13-23 中未顯示）；2016—2020 年信豐縣耕地質量監測點分別有 2 個、2 個、2 個、2 個、8 個，其各點位綜合耕地質量等級 2016 年和 2017 年為 4 等，2018—2020 年均升為 3 等；2016—2020 年興國縣耕地質量監測點分別有 5 個、5 個、5 個、5 個、11 個，其各點位綜合耕地質量等級 2016—2019 年均為 5 等，2020 年升為 4 等；2016—2020 年尋烏縣耕地質量監測點分別有 5 個、5 個、5 個、6 個、7 個，其各點位綜合耕地質量等級 2016—2020 年均為 4 等；2016—2020 年于都縣耕地質量監測點分別有 5 個、5 個、5 個、5 個、6 個，其各點位綜合耕地質量等級 2016 年和 2017 年為 4 等，2018—2020 年均升為 3 等；2016—2019 年章貢區長期定位監測點分別有 4 個、4 個、4 個、4 個、5 個，但有部分年份沒有數據，其各點位綜合耕地質量等級 2016—2019 年均為 5 等（圖 13-23）。

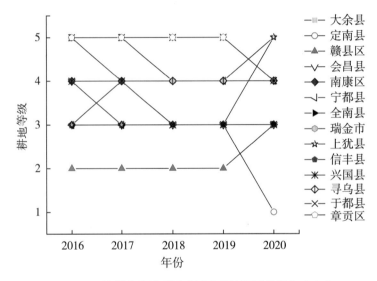

圖 13-23　贛州市耕地質量監測點耕地質量等級年度變化

第十四章　江西省耕地质量等级现状

14.1　江西省耕地质量等级现状

通过 2019 年耕地质量提升后，截至 2019 年年末，江西省总耕地面积为 2 856 540 hm²，其中质量等级为 1 的耕地面积为 136 321 hm²，占总耕地面积的 4.77%；质量等级为 2 的耕地面积为 244 095 hm²，占总耕地面积的 8.55%；质量等级为 3 的耕地面积为 403 475 hm²，占总耕地面积的 14.12%；质量等级为 4 的耕地面积为 500 089 hm²，占总耕地面积的 17.50%；质量等级为 5 的耕地面积为 499 543 hm²，占总耕地面积的 17.49%；质量等级为 6 的耕地面积为 434 002 hm²，占总耕地面积的 15.19%；质量等级为 7 的耕地面积为 296 432 hm²，占总耕地面积的 10.38%；质量等级为 8 的耕地面积为 221 415 hm²，占总耕地面积的 7.75%；质量等级为 9 的耕地面积为 105 575 hm²，占总耕地面积的 3.70%；质量等级为 10 的耕地面积为 15 593 hm²，占总耕地面积的 0.55%。面积加权后，2019 年底耕地质量等级平均为 4.86 等。全省耕地质量各级分布见表 14-1。

表 14-1　江西省耕地质量等级分布

项目	1 等地	2 等地	3 等地	4 等地	5 等地	6 等地	7 等地	8 等地	9 等地	10 等地	总计
面积（hm²）	136 321	244 095	403 475	500 089	499 543	434 002	296 432	221 415	105 575	15 593	2 856 540
比例（%）	4.77	8.55	14.12	17.50	17.49	15.19	10.38	7.75	3.70	0.55	100

14.1.1　江西省 2019 年年初、年底耕地质量等级对比

从 14-2 表可知，2019 年年初耕地面积为 2 864 769 hm²，到 2019 年年底耕地面积为 2 856 540 hm²，较年初耕地面积减少 8 229 hm²，耕地质量从原来的 4.97 等提升为 4.86 等，提升了 0.11 个等级。各级分布对比可知，2019 年年初 1 等地、2 等地、3 等地、4 等地面积分别为 121 472 hm²、228 723 hm²、386 938 hm²、493 052 hm²，到 2019 年年底 1 等地、2 等地、3 等地、4 等地面积分别为 136 321 hm²、244 095 hm²、403 475 hm²、500 089 hm²，较 2019 年年初，1 等地、2 等地、3 等地、4 等地面积增加；2019 年年初 5

等地、6 等地、7 等地、8 等地、9 等地、10 等地面积分别为 502 831 hm²、446 174 hm²、310 345 hm²、235 762 hm²、119 561 hm²、19 911 hm²，到 2019 年年底 5 等地、6 等地、7 等地、8 等地、9 等地、10 等地面积分别为 499 543 hm²、434 002 hm²、296 432 hm²、221 415 hm²、105 575 hm²、15 593 hm²，较 2019 年年初，5 等地、6 等地、7 等地、8 等地、9 等地、10 等地面积减少。分析得出，2019 年年底江西省耕地面积减少 8 229 hm²、耕地质量等级提高，表明近年来耕地保护工作成效较为显著。

表 14-2　2019 年度江西省耕地质量等级面积变动　　　　单位：hm²

项目	1 等地	2 等地	3 等地	4 等地	5 等地	6 等地	7 等地	8 等地	9 等地	10 等地	总计
2019 年年初	121 472	228 723	386 938	493 052	502 831	446 174	310 345	235 762	119 561	19 911	2 864 769
增加	16 002	17 546	19 358	12 695	7 961	3 739	2 149	1 802	879	607	82 738
减少	1 153	2 174	2 821	5 658	11 249	15 911	16 062	16 149	14 865	4 925	90 967
2019 年年底	136 321	244 095	403 475	500 089	499 543	434 002	296 432	221 415	105 575	15 593	2 856 540

14.1.2　各市 2019 年年初、年底耕地质量等级对比

从各地区对比可知，江西省各地市都表现为耕地质量提升（表 14-3），具体变化如下。

（1）**抚州市**　2019 年年初的耕地面积为 305 588 hm²，2019 年年底的耕地面积为 305 845 hm²，耕地面积有所增加，增加量为 257 hm²。对 1 等地、2 等地、3 等地、4 等地、5 等地来说，2019 年年初耕地面积分别为 1 626 hm²、18 208 hm²、44 768 hm²、53 086 hm²、52 102 hm²，2019 年年底耕地面积分别为 2 144 hm²、20 439 hm²、47 371 hm²、54 017 hm²、53 185 hm²，耕地面积均有所增加，增加量分别为 518 hm²、2 231 hm²、2 603 hm²、931 hm²、1 083 hm²；对 6 等地、7 等地、8 等地、9 等地来说，2019 年年初耕地面积分别为 55 548 hm²、34 437 hm²、29 546 hm²、16 267 hm²，2019 年年底耕地面积分别为 53 049 hm²、33 631 hm²、27 513 hm²、14 496 hm²，耕地面积均有所减少，减少量分别为 2 499 hm²、806 hm²、2 033 hm²、1 771 hm²；对 10 等地来说，2019 年年初和 2019 年年底 10 等地的耕地面积均为 0。抚州市 2019 年年初耕地质量平均等级为 5.24 等，到 2019 年年底耕地质量平均等级为 5.14 等，耕地质量提升了 0.10 个等级。

（2）**赣州市**　2019 年年年初的耕地面积为 400 896 hm²，2019 年年底的耕地面积为 392 105 hm²，耕地面积有所减少，减少量为 8 791 hm²。对 1 等地、2 等地、3 等地、4 等地来说，2019 年年初耕地面积分别为 21 297 hm²、32 330 hm²、50 727 hm²、64 366 hm²，2019 年年底耕地面积分别为 22 972 hm²、33 394 hm²、52 042 hm²、64 557 hm²，耕地面积均有所增加，增加量分别为 1 675 hm²、1 064 hm²、1 315 hm²、191 hm²；对 5 等地、6 等地、7 等地、8 等地、9 等地、10 等地来说，2019 年年初耕地面积分别为 69 323 hm²、65 119 hm²、46 529 hm²、32 156 hm²、15 623 hm²、3 426 hm²，2019 年年底耕地面积分别为 67 855 hm²、61 518 hm²、43 982 hm²、29 257 hm²、13 847 hm²、2 681 hm²，耕地面积均

表14-3　2019年各地区耕地质量等级变化对比

地区	时间	面积（hm²）											平均等级	提升情况
		1等地	2等地	3等地	4等地	5等地	6等地	7等地	8等地	9等地	10等地	合计		
抚州市	年初	1 626	18 208	44 768	53 086	52 102	55 548	34 437	29 546	16 267	0	305 588	5.24	
	年底	2 144	20 439	47 371	54 017	53 185	53 049	33 631	27 513	14 496	0	305 845	5.14	0.10
赣州市	年初	21 297	32 330	50 727	64 366	69 323	65 119	46 529	32 156	15 623	3 426	400 896	4.97	
	年底	22 972	33 394	52 042	64 557	67 855	61 518	43 982	29 257	13 847	2 681	392 105	4.86	0.11
吉安市	年初	22 570	36 147	53 105	75 158	70 605	64 761	42 711	32 790	15 352	4 144	417 343	4.88	
	年底	25 158	37 983	55 990	76 599	70 093	63 914	40 717	30 086	13 778	3 154	417 472	4.77	0.11
景德镇市	年初	4 461	8 112	9 990	15 128	15 782	12 033	9 038	6 472	3 190	736	84 942	4.87	
	年底	4 842	8 542	10 112	15 424	15 675	11 739	8 535	6 449	3 127	538	84 983	4.80	0.07
九江市	年初	16 646	24 388	35 355	45 641	49 352	40 843	30 627	21 816	10 575	2 979	278 222	4.89	
	年底	18 070	25 626	37 567	46 796	48 079	40 858	28 997	20 420	9 550	2 572	278 535	4.78	0.11
南昌市	年初	14 824	23 462	35 208	43 899	50 510	37 522	24 332	17 798	9 781	2 173	259 509	4.79	
	年底	16 441	24 454	35 646	45 025	50 553	35 903	22 906	17 163	8 959	1 836	258 886	4.70	0.09
萍乡市	年初	3 549	4 361	7 202	9 782	10 015	9 053	6 857	5 129	2 160	629	58 737	4.97	
	年底	3 930	4 526	7 675	9 824	10 073	8 840	6 607	4 725	2 086	533	58 819	4.88	0.09
上饶市	年初	25 378	39 680	59 982	77 337	82 583	63 490	47 927	35 064	18 193	4 364	453 998	4.87	
	年底	28 716	42 768	61 944	77 561	83 201	61 282	46 664	33 070	16 350	3 242	454 798	4.76	0.11
新余市	年初	3 802	5 809	10 981	10 723	14 944	9 508	8 648	6 205	3 079	633	74 332	4.94	
	年底	4 318	6 000	11 450	10 298	15 191	8 964	7 950	5 922	2 908	431	73 432	4.84	0.10
宜春市	年初	1 928	28 381	66 029	81 146	75 179	76 165	50 133	42 300	22 148	0	443 409	5.19	
	年底	3 482	32 487	70 120	83 118	72 935	75 838	47 774	41 043	17 524	0	444 321	5.07	0.12
鹰潭市	年初	5 391	7 845	13 591	16 786	12 436	12 132	9 106	6 486	3 193	827	87 793	4.75	
	年底	6 248	7 876	13 558	16 870	12 703	12 097	8 669	5 767	2 950	606	87 344	4.64	0.11

有所减少，减少量分别为 1 468 hm²、3 601 hm²、2 547 hm²、2 899 hm²、1 776 hm²、745 hm²。赣州市 2019 年年初耕地质量平均等级为 4.97 等，到 2019 年年底耕地质量平均等级为 4.86 等，耕地质量提升了 0.11 个等级。

（3）**吉安市** 2019 年年初的耕地面积为 417 343 hm²，2019 年年底的耕地面积为 417 472 hm²，耕地面积有所增加，增加量为 129 hm²。对 1 等地、2 等地、3 等地、4 等地来说，2019 年年初耕地面积分别为 22 570 hm²、36 147 hm²、53 105 hm²、75 158 hm²，2019 年年底耕地面积分别为 25 158 hm²、37 983 hm²、55 990 hm²、76 599 hm²，耕地面积均有所增加，增加量分别为 2 588 hm²、1 836 hm²、2 885 hm²、1 441 hm²；对 5 等地、6 等地、7 等地、8 等地、9 等地、10 等地来说，2019 年年初耕地面积分别为 70 605 hm²、64 761 hm²、42 711 hm²、32 790 hm²、15 352 hm²、4 144 hm²，2019 年年底耕地面积分别为 70 093 hm²、63 914 hm²、40 717 hm²、30 086 hm²、13 778 hm²、3 154 hm²，耕地面积均有所减少，减少量分别为 512 hm²、847 hm²、1 994 hm²、2 704 hm²、1 574 hm²、990 hm²。吉安市 2019 年年初耕地质量平均等级为 4.88 等，到 2019 年年底耕地质量平均等级为 4.77 等，耕地质量提升了 0.11 个等级。

（4）**景德镇市** 2019 年年初的耕地面积为 84 942 hm²，2019 年年底的耕地面积为 84 983 hm²，耕地面积有所增加，增加量为 41 hm²。对 1 等地、2 等地、3 等地、4 等地来说，2019 年年初耕地面积分别为 4 461 hm²、8 112 hm²、9 990 hm²、15 128 hm²，2019 年年底耕地面积分别为 4 842 hm²、8 542 hm²、10 112 hm²、15 424 hm²，耕地面积均有所增加，增加量分别为 381 hm²、430 hm²、122 hm²、296 hm²；对 5 等地、6 等地、7 等地、8 等地、9 等地、10 等地来说，2019 年年初耕地面积分别为 15 782 hm²、12 033 hm²、9 038 hm²、6 472 hm²、3 190 hm²、736 hm²，2019 年年底耕地面积分别为 15 675 hm²、11 739 hm²、8 535 hm²、6 449 hm²、3 127 hm²、538 hm²，耕地面积均有所减少，减少量分别为 107 hm²、294 hm²、503 hm²、23 hm²、63 hm²、198 hm²。景德镇市 2019 年年初耕地质量平均等级为 4.87 等，到 2019 年年底耕地质量平均等级为 4.80 等，耕地质量提升了 0.07 个等级。

（5）**九江市** 2019 年年初的耕地面积为 278 222 hm²，2019 年年底的耕地面积为 278 535 hm²，耕地面积有所增加，增加量为 313 hm²。对 1 等地、2 等地、3 等地、4 等地、6 等地来说，2019 年年初耕地面积分别为 16 646 hm²、24 388 hm²、35 355 hm²、45 641 hm²、40 843 hm²，2019 年年底耕地面积分别为 18 070 hm²、25 626 hm²、37 567 hm²、46 796 hm²、40 858 hm²，耕地面积均有所增加，增加量分别为 1 424 hm²、1 238 hm²、2 212 hm²、1 155 hm²、15 hm²；对 5 等地、7 等地、8 等地、9 等地、10 等地来说，2019 年年初耕地面积分别为 49 352 hm²、30 627 hm²、21 816 hm²、10 575 hm²、2 979 hm²，2019 年年底耕地面积分别为 48 079 hm²、28 997 hm²、20 420 hm²、9 550 hm²、2 572 hm²，耕地面积均有所减少，减少量分别为 1 273 hm²、1 630 hm²、1 396 hm²、1 025 hm²、407 hm²。九江市 2019 年年初耕地质量平均等级为 4.89 等，到 2019 年年底耕地质量平均等级为 4.78 等，耕地质量提升了 0.11 个等级。

（6）**南昌市** 2019 年年初的耕地面积为 259 509 hm²，2019 年年底的耕地面积为 258 886 hm²，耕地面积有所减少，减少量为 623 hm²。对 1 等地、2 等地、3 等地、4 等地、5 等地来说，2019 年年初耕地面积分别为 14 824 hm²、23 462 hm²、35 208 hm²、43 899 hm²、50 510 hm²，2019 年年底耕地面积分别为 16 441 hm²、24 454 hm²、35 646 hm²、45 025 hm²、50 553 hm²，耕地面积均有所增加，增加量分别为 1 617 hm²、992 hm²、438 hm²、1 126 hm²、43 hm²；对 6 等地、7 等地、8 等地、9 等地、10 等地来说，2019 年年初耕地面积分别为 37 522 hm²、24 332 hm²、17 798 hm²、9 781 hm²、2 173 hm²，2019 年年底耕地面积分别为 35 903 hm²、22 906 hm²、17 163 hm²、8 959 hm²、1 836 hm²，耕地面积均有所减少，减少量分别为 1 619 hm²、1 426 hm²、635 hm²、822 hm²、337 hm²。南昌市 2019 年年初耕地质量平均等级为 4.79 等，到 2019 年年底耕地质量平均等级为 4.7 等，耕地质量提升了 0.09 个等级。

（7）萍乡市　2019 年年初的耕地面积为 58 737 hm²，2019 年年底的耕地面积为 58 819 hm²，耕地面积有所增加，增加量为 82 hm²。对 1 等地、2 等地、3 等地、4 等地、5 等地来说，2019 年年初耕地面积分别为 3 549 hm²、4 361 hm²、7 202 hm²、9 782 hm²、10 015 hm²，2019 年年底耕地面积分别为 3 930 hm²、4 526 hm²、7 675 hm²、9 824 hm²、10 073 hm²，耕地面积均有所增加，增加量分别为 381 hm²、165 hm²、473 hm²、42 hm²、58 hm²；对 6 等地、7 等地、8 等地、9 等地、10 等地来说，2019 年年初耕地面积分别为 9 053 hm²、6 857 hm²、5 129 hm²、2 160、629 hm²，2019 年年底耕地面积分别为 8 840 hm²、6 607 hm²、4 725 hm²、2 086 hm²、533 hm²，耕地面积均有所减少，减少量分别为 213 hm²、250 hm²、404 hm²、74 hm²、96 hm²。萍乡市 2019 年年初耕地质量平均等级为 4.97 等，到 2019 年年底耕地质量平均等级为 4.88 等，耕地质量提升了 0.09 个等级。

（8）上饶市　2019 年年初的耕地面积为 453 998 hm²，2019 年年底的耕地面积为 454 798 hm²，耕地面积有所增加，增加量为 800 hm²。对 1 等地、2 等地、3 等地、4 等地、5 等地来说，2019 年年初耕地面积分别为 25 378 hm²、39 680 hm²、59 982 hm²、77 337 hm²、82 583 hm²，2019 年年底耕地面积分别为 28 716 hm²、42 768 hm²、61 944 hm²、77 561 hm²、83 201 hm²，耕地面积均有所增加，增加量分别为 3 338 hm²、3 088 hm²、1 962 hm²、224 hm²、618 hm²；对 6 等地、7 等地、8 等地、9 等地、10 等地来说，2019 年年初耕地面积分别为 63 490 hm²、47 927 hm²、35 064 hm²、18 193 hm²、4 364 hm²，2019 年年底耕地面积分别为 61 282 hm²、46 664 hm²、33 070 hm²、16 350 hm²、3 242 hm²，耕地面积均有所减少，减少量分别为 2 208 hm²、1 263 hm²、1 994 hm²、1 843 hm²、1 122 hm²。上饶市 2019 年年初耕地质量平均等级为 4.87 等，到 2019 年年底耕地质量平均等级为 4.76 等，耕地质量提升了 0.11 个等级。

（9）新余市　2019 年年初的耕地面积为 74 332 hm²，2019 年年底的耕地面积为 73 432 hm²，耕地面积有所减少，减少量为 900 hm²。对 1 等地、2 等地、3 等地、5 等地来说，2019 年年初耕地面积分别为 3 802 hm²、5 809 hm²、10 981 hm²、14 944 hm²，2019 年年底耕地面积分别为 4 318 hm²、6 000 hm²、11 450 hm²、15 191 hm²，耕地面积均有所增加，增加量分别为 516 hm²、191 hm²、469 hm²、247 hm²；对 4 等地、6 等地、7 等地、8 等地、9 等地、10 等地来说，2019 年年初耕地面积分别为 10 723 hm²、9 508 hm²、8 648 hm²、6 205 hm²、3 079 hm²、633 hm²，2019 年年底耕地面积分别为

10 298 hm²、8 964 hm²、7 950 hm²、5 922 hm²、2 908 hm²、431 hm²，耕地面积均有所减少，减少量分别为 425 hm²、544 hm²、698 hm²、283 hm²、171 hm²、202 hm²。新余市 2019 年年初耕地质量平均等级为 4.94 等，到 2019 年年底耕地质量平均等级为 4.84 等，耕地质量提升了 0.10 个等级。

（10）**宜春市**　2019 年年初的耕地面积为 443 409 hm²，2019 年年底的耕地面积为 444 321 hm²，耕地面积有所增加，增加量为 912 hm²。对 1 等地、2 等地、3 等地、4 等地来说，2019 年年初耕地面积分别为 1 928 hm²、28 381 hm²、66 029 hm²、81 146 hm²，2019 年年底耕地面积分别为 3 482 hm²、32 487 hm²、70 120 hm²、83 118 hm²，耕地面积均有所增加，增加量分别为 1 554 hm²、4 106 hm²、4 091 hm²、1 972 hm²；对 5 等地、6 等地、7 等地、8 等地、9 等地来说，2019 年年初耕地面积分别为 75 179 hm²、76 165 hm²、50 133 hm²、42 300 hm²、22 148 hm²，2019 年年底耕地面积分别为 72 935 hm²、75 838 hm²、47 774 hm²、41 043 hm²、17 524 hm²，耕地面积均有所减少，减少量分别为 2 244 hm²、327 hm²、2 359 hm²、1 257 hm²、4 624 hm²。宜春市 2019 年年初耕地质量平均等级为 5.19 等，到 2019 年年底耕地质量平均等级为 5.07 等，耕地质量提升了 0.12 个等级。

（11）**鹰潭市**　2019 年年初的耕地面积为 87 793 hm²，2019 年年底的耕地面积为 87 344 hm²，耕地面积有所减少，减少量为 449 hm²。对 1 等地、2 等地、4 等地、5 等地来说，2019 年年初耕地面积分别为 5 391 hm²、7 845 hm²、16 786 hm²、12 436 hm²，2019 年年底耕地面积分别为 6 248 hm²、7 876 hm²、16 870 hm²、12 703 hm²，耕地面积均有所增加，增加量分别为 857 hm²、31 hm²、84 hm²、267 hm²；对 3 等地、6 等地、7 等地、8 等地、9 等地、10 等地来说，2019 年年初耕地面积分别为 13 591 hm²、12 132 hm²、9 106 hm²、6 486 hm²、3 193 hm²、827 hm²，2019 年年底耕地面积分别为 13 558 hm²、12 097 hm²、8 669 hm²、5 767 hm²、2 950 hm²、606 hm²，耕地面积均有所减少，减少量分别为 33 hm²、35 hm²、437 hm²、719 hm²、243 hm²、221 hm²。鹰潭市 2019 年年初耕地质量平均等级为 4.75 等，到 2019 年年底耕地质量平均等级为 4.64 等，耕地质量提升了 0.11 个等级。

耕地质量有待持续通过种植绿肥、施用石灰、秸秆还田等技术手段提升耕地土壤肥力及改善土壤酸性，以达到耕地质量提升效果。各地区详细等级分布比例及耕地质量变化情况见表。

14.2　耕地地力评价结果差异分析

1~3 等地自然条件优越，适于农作物生长和耕作，应以维护和提高耕地地力为主。首先要增加土壤养分含量，增施有机肥，实行秸秆还田，提高土壤有机质含量；采用轮作、合理复种制度，保持耕地原有好的地力水平，不断优化耕地土壤资源；增强耕作层的保水、保肥性，对山地丘陵区域中旱地耕地的山、田、林、水等地进行统一、综合的科学管理；禁止闲置抛荒高产田耕地，加强对耕地的保护，有效指导农业产业结构调整，以提高当地的农业收入。

4~6 等地中的养分含量相对于 1~3 等地偏低，要增施有机肥、钾肥、磷肥，采用平衡施肥或测土配方施肥，高效利用肥料，改善土壤养分；由于自然条件制约，中产田含有一定的障碍层因素，灌排能力较差，应改变灌溉方式，建立完善的疏通排涝系统；同时将坡地改为梯田，做好水土保持，提高耕地利用能力。

7~9 等地主要分布在山地丘陵区域，该地区土壤养分含量低，缺乏农业基础设施，应根据当地养分含量丰缺，针对性合理施肥，并配合施用适量的石灰等碱性物质或碱性肥料与土壤中的酸性物质相中和，以改善土壤理化性状；加强基础设施配套建设，在灌溉能力弱的地区，修建排灌渠道，适当调低地下水位，消除耕作层、犁底层积水的现象，提高土壤管理能力；该地区土层较薄、成土母质和质地较差，应采用土壤改良的方法消除耕地的障碍因素，在冬季时可深耕翻动耕地表层土壤，以增加活土层。

14.3 不同等级耕地的利用改良与维护提高

14.3.1 1 等地利用改良与维护提高

1 等地是江西省最好的耕地，各种评价指标均属良好型，是适宜农业利用的土壤，属高肥力型土壤，有机质、速效钾和有效磷的含量大部分在中等以上水平，养分均衡，保肥能力强，且灌溉有保障，在 1 m 以内无障碍层次。1 等地属高产稳产田，肥力最高、土地平整、灌溉有保障、土体团粒结构合理、孔隙度好、水气协调，土地利用基本没有限制，宜种性广，作物基本都能高产。1 等地的土壤可耕性好，土酥软绵，宜耕期长，爽气通水，施肥见效快，肥劲前期平缓。这类土壤主要为增施有机肥和配合磷钾肥，防止地力下降；同时也可以调节土壤酸度，使其更适合水稻生长。

14.3.2 2 等地利用改良与维护提高

2 等地与 1 等地类似，水田排灌条件较好，大部分能水旱轮作，排灌条件较好。土体结构完整、无障碍层次，养分含量较高，也是江西省较好的耕地，各种评价指标均属良好型。肥力较高、土地较平整、灌溉有保障、土体团粒结构比较合理、孔隙度较好、水气协调，土地利用基本没有限制，宜种性广，作物大部分都能高产。

2 等地有效磷和速效钾含量分布不均，这类土壤主要为增施有机肥和配合磷钾肥，防止地力下降；同时也可以调节土壤酸度，使其更适合水稻生长；针对耕地侵蚀程度高的区域应加强治理，提高耕地质量。

14.3.3 3 等地利用改良与维护提高

3 等地土壤肥力较好，大部分无明显侵蚀，保肥能力较好，3 等地也划入高产田范围，土壤肥力整体质量较好，土体孔隙比较好，物理性较好，耕层较厚，耕作性较好。

3 等地在江西省各设区市均有分布，分布较广，增产潜力大，应加强对侵蚀土壤的治理，提高耕地质量；土壤养分相对于 2 等地略低，有提高空间，可增施有机肥料或秸秆还田，提高耕层有机质含量，合理确定氮磷钾与微肥的比例和数量，使土壤养分更加集中。

14.3.4　4 等地利用改良与维护提高

4 等地属于中产田，土体无障碍层次，但部分地区有较强侵蚀，灌溉水主要以河流、水库水为主，灌溉得以满足。

对于 4 等地，应协调氮磷钾投入比例，提高土壤肥力；完善排灌系统，同时发展节水农业，提高水资源生产效率；实行秸秆还田，改良土壤。

14.3.5　5 等地利用改良与维护提高

5 等地与 4 等地同属于中产田，土体无障碍层次，但部分区域有较强侵蚀，保肥能力较弱，肥力水平较低，灌排设施基本完善。

对于 5 等地，加强灌溉能力，根据 5 等地的具体水资源情况，因地制宜完善灌排设施；提高有机质含量，增强保水保肥能力；消减耕地侵蚀影响，加强秸秆还田。

14.3.6　6 等地利用改良与维护提高

6 等地与 4 等地、5 等地共同组成中产田，对农作物的选择性较强，土壤质量较差，土体结构较差，固、液、气三相不协调；存在障碍层次，部分区域存在强侵蚀，灌排系统有较大提升空间。

对于 6 等地，应结合水资源特点，发展灌溉，完善灌排设施，提高排水能力；增施有机肥料，实施秸秆还田，提高耕层有机质含量；平衡施肥，提高养分含量，平衡养分结构。

14.3.7　7 等地利用改良与维护提高

7 等地是农业利用中有一定限制因素的土壤，强度侵蚀，保肥能力弱，属于低产田，对作物有较强的选择性，需要合理的改良措施方能保证产量，存在障碍层次。

对于 7 等地，一是提高灌排能力，因地制宜修建农田水利设施；二是消减土壤侵蚀，提高保水保肥能力；三是增施有机肥料，实行秸秆还田；四是提高土壤养分含量，平衡养分结构；五是增加土层厚度。

14.3.8　8 等地利用改良与维护提高

8 等地属于低产田，田面坡度大，水土流失也较大，保肥能力弱；旱涝对收成影响大；田块缓冲能力弱。8 等地整体质量差，土壤通透性不好，物理性差，土壤养分含量缺乏，养分不均衡。

对于 8 等地，一是发展节水灌溉，以减轻排水压力；二是加强基础设施建设；三是实行耕地定向培育，对养分低的区域可采用测土配方施肥、秸秆还田、增施有机肥等方式提高土壤肥力。

14.3.9　9 等地利用改良与维护提高

9 等地主要为对农业生产有较大限制的耕地，存在部分不适宜农业利用的土地，旱地灌溉困难，水田常年积水，养分运行缓慢，土壤整体质量差，固、液、气三相不协调，导致大量养分被固定，影响养分的有效利用，养分利用率低。

对于 9 等地，一是改变利用方式，在受水资源和地形制约而难以实施一般性农田水利设施建设的，可适当采取滴灌形式；二是实行耕地定向培育，对耕层浅的地区，实行深松深耕制度，逐步加深土层厚度；三是消减土壤侵蚀。

14.3.10 10 等地利用改良与维护提高

10 等地属于低产田，对农业生产有较大限制，存在部分不适宜农业利用的土地，养分利用率低，对农作物选择性强，存在障碍层次，土壤通透性不好，物理性能差，怕渍怕旱。

10 等地的改良要结合 10 等地的主要限制因素区别对待。一是针对丘陵山地区，难以实施一般性农田水利设施建设的，要发展新型节水农业；二是针对耕层浅、养分低的地区，积极推行深松深耕制度，采取增施有机肥、测土配方施肥、秸秆还田等培肥措施提高土壤养分含量；三是针对环鄱阳湖的耕地与长江江边的耕地，要加强田间排水的配套设施；四是消减侵蚀。

14.4 施肥及管理建议

根据江西省耕地地力水平情况，提出如下施肥及管理方面的建议。一是加强和充实耕地管理机构，建立依法管理耕地质量的体制，执行并完善耕地质量管理法规，建立和完善耕地质量监测体系；在江西省的县区土地管理机构加强培养专业技术人员力度，促进依法管理耕地质量，严格执行国家和地方已颁布的法规，建立土地质量监测体系。严格依照《土地法》《基本农田保护条例》中关于耕地质量保护的条款，对已造成耕地损毁或质量恶化等违法行为依照规定进行处罚，尤其是江西省现处于快速发展阶段，严格把控城乡建设、交通运输等非农业占用耕地。建立切实可行的责任制，不断促进各级政府和耕地所有者保护耕地质量的职责和意识，建立和完善耕地质量监测体系。二是制订保护耕地质量的鼓励政策，从多方面大力鼓励农民向耕地投资，结合经济奖惩办法，改变掠夺性的经营方式，恢复地力，保护耕地。例如，对于促进耕地质量提升的个人或单位给予名誉和物质奖励。物质奖励可以包括减免部分税收或者发放有机肥等实用性物品，为种植大户优先提供贷款和技术服务等。三是加强农业技术培训，推广农业标准化生产；制订合理的农业技术培训计划，规范农民的栽培措施，进行系统的技术培训，充分发挥江西省、市、县、乡农技推广队伍的作用，建立一批种植业示范户，建设农业科技示范园，推广农业标准化生产，减少不正确耕种行为造成的耕地质量下降，推广种植农作物的科学示范。四是加强耕地质量提升和管理的科技宣传，要使江西省全体市民都来关注耕地质量，关注农产品品质，可以开展农产品知识竞赛，让普通市民群众也参与进来，多关注耕地质量，促进品质提升。五是依据保护耕地质量的原则调整农业和农村经济结构，遵循可持续发展原则，优质化、区域化发展思路，以土地适应性为主要因素决定其利用途径和方法，发展优势和特色农产品，着力抓好龙头企业建设，实施品牌战略，增强优势产业辐射力和带动力，实现经济发展与土壤环境改善的统一。六是推广平衡施肥技术，提高施肥效果，改变施肥品种结构，增加土壤有机质，调节土壤施肥比例，保持土壤中各养分元素的平衡，提高土壤的通透性，使其易耕作、保肥水。充分发挥各县区农技站经销肥料的积极性，与各街镇农技站开展专用肥连锁经营，开展"测土配方、生产供应、施肥技术指导"一条龙施肥技术服务，加速平衡施肥技术产业化，通过专用配方肥的形式将平衡施肥技术直接送到千家万户，落实到田间地头。七是用养结合，探索用地与养地新模式，针对各种作物的生物学特性、栽培特点及其对肥料响应的不同，进行合理搭配，轮换种植。只有实现用养结合，才能长久有效保护耕地。八是根据江西省耕地质量监测点位的耕地地力评价结果，合理改良土壤，提升耕地质量，提高耕地质量等级。在江西省耕地质量较差的地区，加强排涝设施的建设，改善土壤的理化性状，提升有机质和速效养分含量，全面培肥地力。实施秸秆还田计划，提升土壤碳存量，增加有机质，改善土壤理化性质，促进农业可持续发展；有目的性地增施化肥，促进耕地养分提升，在局部地区注重有机肥和钾肥的混合施用；建立完善的灌排体系，提升灌溉排涝能力，增加生产潜力；因地制宜新修水库，确保灌溉水源，防止旱灾的发生；保护耕层土壤的同时有计划地平整土地，治理陡坡地和塝田，减少水土流失。九是科学制定土壤改良规划，进一步加强领导，研究和解决改良过程中出现的重大问题和困难，切实制定出有利于粮食安全、农业可持续发展的改良规划和具体实施措施。财政、金融、土地、水利、计划等部门要协同作战。鼓励和扶持农民积极进行土壤改良，兼顾经济、社会、生态效益，促使土壤良性循环，为今后农业生产奠定坚实基础。

调节土壤 pH 主要包括如下措施。一是增施有机肥。由于土壤的缓冲性与土壤中腐殖质的含量密切相关，而腐殖质主要来源于有机质，故在农业生产中，必须强调增施有机肥料。为此，必须重视多积农家土杂肥，多种绿肥（或豆科作物）。二是合理施用化肥。在增施有机肥，提高土壤缓冲性能的基础上，还应根据土壤酸碱程度及肥力状况等，合理配施化肥。一般说来，凡属酸性土壤，宜选施碳铵、氨水等碱性氮化肥，磷肥则以选施钙镁磷肥为佳，若需施用过磷酸钙或其他酸性化肥，则应结合适施石灰中和。碱性土壤，宜选施易溶性酸性化肥，如氮肥中的氯化铵、磷肥中的过磷酸钙等，若施碳铵，则应注意在土壤湿润条件下进行适当深施，或施后覆土，以使作物缓慢吸收，并防止氨的挥发损失。尿素属中性有机态氮化肥，可不择土壤，但应注意施后隔 3~5 d，待其在土壤中转化成碳铵后，再进行灌水，以防止流失，提高肥效。三是适施石灰。石灰属碱性，有中和土壤酸性的作用，主要作为一种间接肥料使用。凡酸性较强（pH 5.5以下）、土质黏重、有机质含量较高的土壤，宜适当增施石灰，且旱地用量可比水田稍多些。其适宜施用量，每年每亩 50~100 kg，并作基肥为主，同时注意逐年递减，一般至第 4~5 年，宜暂停施用 1~2 年。

合理施用磷肥，提高磷肥利用率主要包括如下措施。不同作物对磷肥需求量和吸收能力存在一定的差异，不同土壤类型也影响磷肥施用的效果。一是根据作物特点选用合适的肥料及其用量。蔬菜产量高，复种指数高，但根系不发达，吸收磷的能力差，因此，最好选用水溶性的过磷酸钙，且用量较多。而油菜、绿肥等对磷的吸收能力很强，可以选用难溶的磷矿粉或钙镁磷肥。含淀粉、脂数较多的作物（如薯类、油料作物）需要施较多的磷肥。豆科作物也需要施较多的磷肥，以磷增氮。禾本科作物需磷较少，而该县大部分土壤含磷量丰富，可以适当少施。二是根据土壤特点选用磷肥。土壤 pH 明显影响磷肥的有效性，酸性土壤可增加难溶性磷矿粉和钙镁磷肥的溶解性，提高肥效，节约有限水溶性磷肥。中性和石灰性土壤可选用呈酸性的过磷酸钙，既可补充磷营养，又可改良土壤。

提高钾肥利用率主要包括如下措施。多年来我国普遍存在"重磷肥、偏氮肥、少钾肥，缺有机肥，肥料利用率低"的生产实际问题，同时存在盲目施肥、施肥时期不当、施用方法不合理等技术问题，制约了作物单产水平和效益进一步提高，施用钾肥应列为作物增产增收的首要措施。一是合理施用钾肥要考虑到土壤的供钾水平，制订钾肥施用方案；考虑生产水平和氮、磷、钾的施用量，高产量下氮、磷肥施用量大就应增施钾肥，一般氮、磷、钾比例为 1：0.5：0.4。二是考虑耕作制订和复种指数，复种指数高的应增施钾肥。三是考虑不同作物的需钾特性和施钾效果，喜钾作物应多施。钾肥施入土壤后，流动性小，故钾肥一般做底肥或早期追肥，而对于生长期长的作物或土壤保肥能力差的砂质土壤也可分次施用，应掌握前重后轻，在植物生长阶段如果作物显示缺钾症状，影响其正常生长时可以叶面喷施浓度为 2% 的硫酸钾。

增加土壤有机质含量主要包括如下途径。土壤有机质的含量取决于其生成量和年矿化量的相对大小，当生成量大于矿化量时，有机质含量会逐步增加；反之，将会逐步降低。土壤肥力的提高不仅与土壤有机质含量多少有关，也依赖于土壤有机质的不断更新。重视施用有机肥料，不仅能够补充土壤有机质的消耗，而且更重要的是能够提高土壤微生物的活性。施用有机肥料对恢复土壤的团聚体结构、更新土壤腐殖质、维护和提高土壤肥力都有重要的作用。为了保持土壤有机质含量不下降，增施有机肥料必须广开有机肥源。一是继续提倡秸秆还田，在稻田区尽可能采用高留茬或秸秆翻压还田，或用稻草覆盖冬小麦；二是发展绿肥，采用高效种植技术，提高绿肥单产；三是增施农家肥；四是积极推广有机无机复混肥。

第十五章 结论

15.1 结论

在现有耕作制度和施肥水平条件下，相关监测指标变化趋势如下。

耕地地力变化方面。全省布设了 4 000 多个调查点位，开展耕地质量等级年度变更评价工作。结果显示，耕地质量等级由 2018 年度的 4.97 上升到 2019 年度的 4.86，提升了 0.11 个等级，高、中产田占比提高了 1.56%。表明通过实施耕地质量保护与提升行动，开展高标准农田建设、秸秆综合利用、轮作休耕、化肥农药减量增效、果菜茶有机肥替代化肥、农机深松深耕、畜禽粪污资源化利用等工作，采取综合措施培肥改良土壤，有效推动了耕地质量保护。但江西省中低产田比例仍然较大，要实现农业可持续发展和农产品有效供给，必须加强耕地质量建设，提高耕地地力。

土壤酸度变化情况：监测数据显示，耕层土壤 pH 变幅为 3.9～8.3，pH 平均值为 5.4，比上年提高 0.1 个单位；其中 pH 小于 5.5 的监测点占 69.6%。

耕层及其土壤养分情况：监测数据显示，耕层厚度平均为 19.6 cm，处较高水平；土壤容重平均为 1.19 g/cm^3，处高水平；有机质平均为 32.9 g/kg，处中上水平；全氮平均为 1.60 g/kg，处中水平；碱解氮平均为 151 mg/kg；有效磷为 26.4 mg/kg，处较高水平；速效钾为 101 mg/kg，处中水平；缓效钾为 287 mg/kg，处较低水平。其原因可能是江西省处在亚热带地区，成土母质多为第四纪红壤（酸性土壤），土壤中全钾和有效钾基础含量很低，农作物生产只能靠外源钾肥的供给，导致土壤中钾含量不够丰富。

总体来看，全省通过大力开展高标准农田建设，实施酸化土壤改良、化肥减量增效、果菜茶有机替代等耕地质量建设项目，耕地土壤酸化变缓，耕地质量演变趋势总体向好，但仍然存在中低产田面积大、酸性土壤范围广、土壤养分不平衡等问题。

15.2 措施

加快集成应用耕地保护与质量提升技术。加快推进由单一技术向集成创新转变，大力推广秸秆还田利用、种植绿肥、增施有机肥、酸化土壤改良培肥等耕地保护与质量提升综合技术措施。集中连片推进以农业机械为载体的减肥增效技术模式。

加快开展高标准农田建设。加快建设集中连片、旱涝保收、高产稳产、生态友好的高标准农田。

　　加快推进与科研、教学等部门的密切结合。加快与科研单位开展联合攻关，创新构建一批改良土壤、培肥地力、高效节水的技术模式。

　　加快建立健全耕地质量监测体系。积极争取资金支持，扩大省、市、县 3 级监测点规模，建设市、县级耕地质量监测区域站，打造省级耕地质量管理数据中心，为政府制定耕地质量保护政策和指导农民科学施肥提供科学依据。

参考文献

蔡泽江，2010. 长期施肥下红壤酸化特征及影响因素 [D]. 北京：中国农业科学院.

陈延华，王乐，张淑香，等，2019. 我国褐土耕地质量的演变及对生产力的影响 [J]. 中国农业科学，52 (24)：4540-4554.

丁英，王飞贾，登泉，等，2014. 有机肥对土壤培肥作用长期定位研究 [J]. 新疆农业科学，51 (10)：1857-1861.

傅高明，李纯忠，1989. 土壤肥料的长期定位试验 [J]. 世界农业 (12)：22-25.

李丹丹，2018. 黑河市耕地地力评价与土壤改良对策研究 [D]. 哈尔滨：东北农业大学.

李冬初，王伯仁，黄晶，等，2019. 长期不同施肥红壤磷素变化及其对产量的影响 [J]. 中国农业科学，52 (21)：3830-3841.

李贵华，1990. 国外近百年来的长期肥料定位试验 [J]. 新疆农业科学 (3)：140.

李涛，王景明，吴建富，等，2013. 长期定位施肥对双季水稻产量和土壤钾素形态的影响 [J]. 中国稻米，19 (1)：32-35.

李晓亮，吴克宁，褚献献，等，2019. 耕地产能评价研究进展与展望 [J]. 中国土地科学，33 (7)：91-100.

李燕青，赵秉强，李壮，2017. 有机无机结合施肥制度研究进展 [J]. 农学学报，7 (7)：22-30.

梁文举，施春健，姜勇，2005. 长期定位试验地耕层土壤氮素空间变异性及其应用 [J]. 水土保持学报，19 (1)：79-93.

廖育林，2010. 长期施用化肥和稻草下红壤性水稻土钾素肥力演变规律的研究 [D]. 长沙：湖南农业大学.

廖育林，郑圣先，鲁艳红，等，2011. 长期施用化肥和稻草对红壤性水稻土钾素固定的影响 [J]. 水土保持学报，25 (1)：70-73，95.

廖育林，郑圣先，聂军，等，2009. 长期施用化肥和稻草对红壤水稻土肥力和生产力持续性的影响 [J]. 中国农业科学，42 (10)：3541-3550.

刘斯静，2015. 长江中游水稻主产区耕地地力评价研究 [D]. 武汉：华中农业大学.

刘希玉，2015. 长期施肥对红壤水稻土碳氮分布影响的研究 [D]. 长春：东北师范大学.

刘晓霞，陆若辉，戴佩彬，等，2018. 化肥与有机肥长期配施对水稻产量和土壤肥力的影响 [J]. 浙江农业科学，59（5）：694-697.

毛雪，2018. 基于 GIS 的皖江流域耕地地力评价研究 [D]. 合肥：安徽农业大学.

毛雪，孟源思，张东红，等，2019. 基于 GIS 的皖江流域耕地地力评价研究 [J]. 中国农业资源与区划，40（7）：110-118，125.

孟红旗，2013. 长期施肥农田的土壤酸化特征与机制研究 [D]. 杨凌：西北农林科技大学.

聂胜委，陈源泉，高旺盛，等，2009. 玉米与不同功能植物间作对环境影响的研究初探 [J]. 农业环境科学学报，28（10）：2204-2210.

聂胜委，黄绍敏，张水清，等，2012. 长期定位施肥对土壤效应的研究进展 [J]. 土壤，2012，44（2）：188-196.

漆睿，2012. 江西省上高县耕地地力评价与应用 [D]. 南昌：江西农业大学.

曲潇琳，任意，王红叶，等，2020. 我国耕地质量主要性状 30 年变化情况报告 [J]. 中国农业综合开发（5）：25-26.

石宁，李彦，井永苹，等，2018. 长期施肥对设施菜田土壤氮、磷时空变化及流失风险的影响 [J]. 农业环境科学学报，37（11）：2434-2442.

覃迎姿，陀少芳，梁雄，等，2020. 基于长期定位监测下的近 35 年广西耕地质量演变趋势研究 [J]. 土壤通报，51（6）：1290-1296.

田秀英，2002. 国内外的长期肥料试验研究 [J]. 渝西学院学报，15（1）：14-17，30.

王齐齐，2019. 长期不同培肥模式下典型潮土有机碳、氮矿化特征及其驱动因素 [D]. 北京：中国农业科学院.

王姗娜，2012. 长期施肥下我国典型红壤性水稻土肥力演变特征与持续利用 [D]. 北京：中国农业科学院.

徐虎，2017. 长期施肥下我国典型农田土壤剖面碳氮磷的变化特征 [D]. 贵阳：贵州大学.

徐明岗，卢昌艾，张文菊，等，2016. 我国耕地质量状况与提升对策 [J]. 中国农业资源与区划，37（7）：8-14.

严昶升，1988. 土壤肥力研究方法 [M]. 北京：中国农业出版社.

姚归耕，金耀青，1979. 略论土壤肥料长期定位田间试验的意义和作用 [J]. 土壤通报（4）：1-10.

张淑香，张文菊，沈仁芳，等，2015. 我国典型农田长期施肥土壤肥力变化与研究展望 [J]. 植物营养与肥料学报，21（6）：1389-1393.

张永春，2012. 长期不同施肥对土壤酸化作用的影响研究 [D]. 南京：南京农业大学.

赵秉强，张夫道，2002. 我国长期肥料定位试验研究 [J]. 植物营养与肥料学报，8（增刊）：3-8.

周世伟，2017. 长期施肥下红壤酸化特征及主要作物的酸害阈值 [D]. 北京：中国农业科学院.

周晓阳，周世伟，徐明岗，等，2015. 中国南方水稻土酸化演变特征及影响因素
　　［J］. 中国农业科学，48（23）：4811-4817.

朱海娣，王丽，马友华，等，2019. 基于 GIS 的合肥市耕地地力评价［J］. 中国农
　　业资源与区划，40（8）：64-73.

AE N，ARIHARA J，OKADA K，et al.，1990. Phosphorus uptake by pigeonpea and its
　　role in cropping systems of the Indian subcontinent［J］. Science，248：477-480.

KHAN A，2018. Phosphorus accumulation and distribution in deep soil profile under
　　long-term fertilization and land use change［D］. Yangling：Northwest A & F University.

PIOTROWSKA A，WILCZEWSKI E，2012. Effects of catch crops cultivated for green
　　manure and mineral nitrogen fertilization on soil enzyme activities and chemical proper-
　　ties［J］. Geoderma，189-190：72-80.

附　　录

附录1　监测点基本情况记载表

监测点代码：　　　　　　　　　　　　　　　　　　　建点年度：

<table>
<tr><td rowspan="28">基本情况</td><td colspan="2">省（区、市）名</td><td></td><td colspan="2">地（市、州、盟）名</td><td colspan="2"></td></tr>
<tr><td colspan="2">县（旗、市、区）名</td><td></td><td colspan="2">乡（镇）名</td><td colspan="2"></td></tr>
<tr><td colspan="2">村名</td><td></td><td colspan="2">农户（地块）名</td><td colspan="2"></td></tr>
<tr><td colspan="2">县代码</td><td></td><td colspan="2">经度（°/′/″）</td><td colspan="2"></td></tr>
<tr><td colspan="2">纬度（°/′/″）</td><td></td><td colspan="2">常年降水量（mm）</td><td colspan="2"></td></tr>
<tr><td colspan="2">常年有效积温（℃）</td><td></td><td colspan="2">常年无霜期（天）</td><td colspan="2"></td></tr>
<tr><td colspan="2">地形部位</td><td></td><td colspan="2">地块坡度（°）</td><td colspan="2"></td></tr>
<tr><td colspan="2">海拔高度（m）</td><td></td><td colspan="2">潜水埋深（m）</td><td colspan="2"></td></tr>
<tr><td colspan="2">障碍因素</td><td></td><td colspan="2">耕地地力水平</td><td colspan="2"></td></tr>
<tr><td colspan="2">灌溉能力</td><td></td><td colspan="2">排水能力</td><td colspan="2"></td></tr>
<tr><td colspan="2">地域分区</td><td></td><td colspan="2">熟制分区</td><td colspan="2"></td></tr>
<tr><td colspan="2">典型种植制度</td><td></td><td colspan="2">产量水平（kg/亩）</td><td colspan="2"></td></tr>
<tr><td rowspan="2">常年施肥量
（折纯，kg/亩）</td><td>化肥</td><td>N</td><td>P$_2$O$_5$</td><td></td><td>K$_2$O</td><td></td></tr>
<tr><td>有机肥</td><td>N</td><td>P$_2$O$_5$</td><td></td><td>K$_2$O</td><td></td></tr>
<tr><td colspan="2">田块面积（亩）</td><td></td><td colspan="2">代表面积（亩）</td><td colspan="2"></td></tr>
<tr><td colspan="2">土壤代码</td><td></td><td colspan="2">成土母质</td><td colspan="2"></td></tr>
<tr><td colspan="2">土类</td><td></td><td colspan="2">亚类</td><td colspan="2"></td></tr>
<tr><td colspan="2">土属</td><td></td><td colspan="2">土种</td><td colspan="2"></td></tr>
<tr><td colspan="2">质地构型</td><td></td><td colspan="2">有效土层厚度</td><td colspan="2"></td></tr>
<tr><td colspan="2">生物多样性</td><td></td><td colspan="2">农田林网化程度</td><td colspan="2"></td></tr>
<tr><td colspan="2">土壤养分状况</td><td></td><td colspan="2">盐渍化程度</td><td colspan="2"></td></tr>
<tr><td colspan="2" rowspan="2">盐碱地类型及盐碱程度（盐碱地监测点填写）</td><td>盐碱地类型</td><td>盐碱程度</td><td rowspan="2">地下水成分</td><td>无机氮类型</td><td>含量</td></tr>
<tr><td></td><td></td><td></td><td></td></tr>
<tr><td colspan="2">地下水矿化度</td><td></td><td></td><td></td><td></td><td></td></tr>
</table>

景观照片拍摄时间：	剖面照片拍摄时间：

监测单位：

注：本表建点时填写，填表说明详见《耕地质量监测技术规程》（NY/T 1119—2019）。

附录2 监测点土壤剖面性状记载表

监测点代码：

项目		发生层次				
层次代号						
层次名称						
层次深度						
剖面描述	颜色					
	结构					
	紧实度					
	土壤容重（g/cm³）					
	新生体					
	植物根系					
机械组成	D>2 mm（%）					
	2 mm≥D>0.02 mm（%）					
	0.02 mm≥D>0.002 mm（%）					
	D<0.002 mm（%）					
	质地命名					
化学性状	有机质（g/kg）					
	全氮（g/kg）					
	全磷（g/kg）					
	全钾（g/kg）					
	pH					
	碳酸钙（g/kg）					
	阳离子交换量（cmol/kg）					

取样时间：　　　　　　　　　　　　　　　检测时间：

监测单位：　　　　　　　　　　　　　　　检测单位：

注1：本表建点时填写，填表说明详见《耕地质量监测技术规程》（NY/T 1119—2012）。

注2：机械组成中 D 代表土壤颗粒有效直径。

附录 3　国家级耕地质量监测点年度监测数据汇总表

监测点代码：　　　　　　　　　　　监测年度：

统计项目			第一季	第二季	第三季
基本情况汇总	作物名称				
	作物品种				
	生育期（天）				
	大田期	起始（年/月/日）			
		结束（年/月/日）			
	灌水总量（方/亩）				
作物产量汇总（kg/亩）	常规区	果实			
		茎叶			
	活动无肥区	果实			
		茎叶			
	无肥区	果实			
		茎叶			
常规区作物养分含量（%）	果实	N			
		P			
		K			
	茎叶	N			
		P			
		K			
常规区施肥（折纯，kg/亩）	有机肥	N			
		P_2O_5			
		K_2O			
	化肥	N			
		P_2O_5			
		K_2O			

（续表）

统计项目			第一季	第二季	第三季	
耕层物理性状	处理		质地（国际制）	耕层厚度（cm）	土壤容重（g/cm³）	水稳性团聚体（%）
	常规区					
	活动无肥区					
	无肥区					

	处理	测试项目							
		取样深度（cm）	pH	有机质（g/kg）	全氮（g/kg）	碱解氮（mg/kg）	有效磷（mg/kg）	速效钾（mg/kg）	缓效钾（mg/kg）
	常规区								
	活动无肥区								
	无肥区								
耕层化学性状	处理	交换性镁（cmol/kg）	有效硫（mg/kg）	有效硅（mg/kg）	有效铁（mg/kg）	有效锰（mg/kg）	有效铜（mg/kg）	有效锌（mg/kg）	有效硼（mg/kg）	有效钼（mg/kg）	铬（mg/kg）
	常规区										
	活动无肥区										
	无肥区										
	处理	镉（mg/kg）	铅（mg/kg）	砷（mg/kg）	汞（mg/kg）	盐分（g/kg）	盐碱地类型	CEC（cmol/kg）	农药残留	除草剂残留
	常规区									
	活动无肥区									
	无肥区									

监测单位：_____（公章）　　　　　　　　　填报人：

审核人：_____　　　　　　　　　　　　填报日期：

注：填表说明详见《耕地质量监测技术规程》（NY/T 1119—2019）。

附录 4　长江中下游地区耕地质量划分指标

指标	1 等	2 等	3 等	4 等	5 等	6 等	7 等	8 等	9 等	10 等
地形部位	宽谷盆地，平坝、低塝田、下冲垄田、河湖冲、沉积平原、冲积海积平原、滨海平原、河流中下游平缓阶地、山间盆地		山间畈田、缓塝田、缓丘坡田、冲垄下部、下部田，平原湖（圩）田、河湖冲、沉积平原、冲积海积平原、滨海平原河流上游宽谷阶地、低丘坡田		河湖冲、沉积平原低洼地、滨海平原洼地、新垦滩涂、河谷低阶地、丘陵低谷地、盆谷阶地、江河高阶地、缓岗地、丘陵中部、下部、冲垄上部田			封闭洼地、山间谷地、丘陵谷地、新垦滩涂、河谷阶地、高丘山地、山垄上冲田、丘陵上部			
有效土层厚度（cm）	≥100				60~100			<60		
有机质含量（g/kg）	≥24			18~40			10~30		<10	
耕层质地	中壤、重壤、轻壤				砂壤、轻壤、中壤重壤、黏土			砂土、重壤、黏土		
团粒结构（%）	>50				20~50			<30		
质地剖面	上松下紧型、海绵型			松散型、紧实型、夹黏型			夹砂型、上紧下松型、薄层型			
土壤养分状况	最佳水平			潜在缺乏或养分过量			养分贫瘠			
生物多样性	丰富			一般			不丰富			
水田氧化还原电位（mV）	200~400			−100~200			<−100			
障碍因素	100 cm 内无障碍因素或障碍层出现			50~100 cm 内出现障碍层（潜育层、网纹层、白土层、黏化层、盐积层、焦砾层、砂砾层等），或有其他障碍因素			50 cm 内出现障碍层（潜育层、白土层、网纹层、盐积层、黏化层、焦砾层、砂砾层、腐泥层、泥炭层等），或有其他障碍因素			
灌溉能力	充分满足			满足			基本满足		不满足	
排水能力	充分满足			满足			基本满足		不满足	
清洁程度	清洁、尚清洁									

（续表）

指标	1等	2等	3等	4等	5等	6等	7等	8等	9等	10等
酸碱度	6.0~8.0				5.5~8.5		4.5~6.5、8.5~9.0		>9.0，<4.5	
农田林网化程度	高、中				中				低	